KB119656

뇌, 가장 위대한 내비게이션

뇌, 가장 위대한 내비게이션

길을 찾는 평범한 능력은
어떻게 인간의 지능을 확장하는가

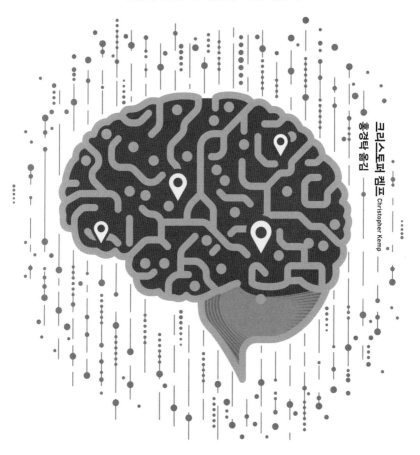

크리스토퍼 켐프 Christopher Kemp

홍경탁 옮김

위즈덤하우스

...

나의 가족에게

그리고 내가 가야 할 방향을 가르쳐주셨던 분들에게

일러두기

- 외래어 인명과 지명은 국립국어원 표준국어대사전의 외래어 표기법 및 용례를 따랐다. 단 표기가 불분명한 일부는 실제 발음을 따라 썼다.
- 본문에서 언급된 도서 중 국내에 번역 출간된 것은 한국어판 제목을, 그 외의 경우에는 가제와 원제를 병기했다.
- 원서에서 기울임체로 강조한 단어는 고딕체로 표기했다.

저자의 말

이 책은 전문과학서가 아니다. 세상에는 신경과학자들이 쓴, 길 찾기 능력에 관한 좋은 전문과학서들이 많다. 이 책을 쓰면서 나는 (본문에서 자세히 소개할) 더드첸코 Dudchenko의 《사람들은 왜 길을 잃을까? Why People Get Lost》나 엑스트롬 Ekstrom, 스피어스 Spiers, 보보 Bohbot, 로젠바움 Rosenbaum 등이 함께 쓴 《인간의 공간 탐색 Human Spatial Navigation》 같은 몇몇 저서의 도움을 받았다.[1] 이외에 각종 기사나 보고서, 리뷰, 사료, 논평 등 수많은 과학 문헌도 큰 도움이 되었다. 하지만 나는 드넓은 데이터의 바다에 조심스레 발가락을 담갔을 뿐이다. 매달 100편 이상 발표되는 새로운 과학 논문들은 길 찾기 능력의 토대가 되는 신경 경로의 다양한 측면을 설명하는 퍼즐의 한 조각 같은 역할을 한다. 대부분의 경우 글의 사실성을 위해 그중 일부만을 참고했다. 아마도 같은 의미를 설명해주는 수백 편의 참고자료가 존재할 것이다. 그렇지만 지나치게 완벽주의를 추구하고 싶지는 않았다. 이 책은 내 뇌의 문제점을 이해하려는 하나의 시도다. 어쩌면 여러분은 그 과정에서 자기 자신을 좀 더 이해하게 되거나, 답답한 마음을 참아가며 식료품점 가는 길을 알려주었던 가족이나 연인의 새로운 면을 볼 수 있을지 모른다.

기억하라. 방황하는 이들 모두가 길을 잃은 사람들은 아니라는 사실을.

그러나 길을 잃어 방황하는 사람들이 있다는 사실을.

차례

✦ 길찾기 능력과 관련된 뇌 부위 ✦

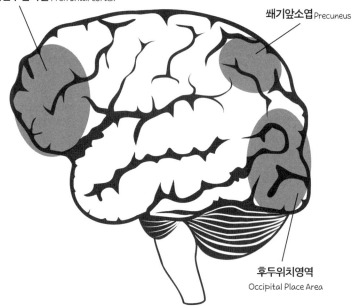

전전두엽피질 Prefrontal Cortex

쐐기앞소엽 Precuneus

후두위치영역
Occipital Place Area

✦ 해마와 그 주변의 변연계 ✦

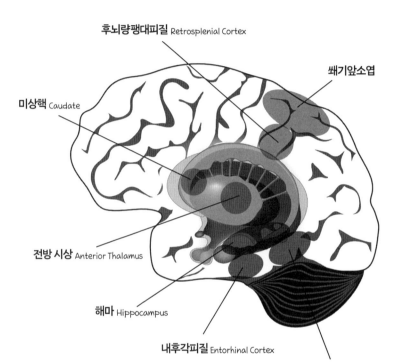

후뇌량팽대피질 Retrosplenial Cortex

쐐기앞소엽

미상핵 Caudate

전방 시상 Anterior Thalamus

해마 Hippocampus

내후각피질 Entorhinal Cortex

해마주변 위치영역
Parahippocampal Place Area

• • •

뇌는 다수의 미개척 대륙과
광대한 미지의 영역으로 구성된 세계다.

_산티아고 라몬 이 카할(1852~1934, 스페인의 신경과학자)

길을 잃었다고 할 수는 없지만, 3일 동안 당황한 적은 있다.

_대니얼 분(미국의 탐험가)

아빠, 엉뚱한 길로 가고 있어요.

_이지 켐프, 7세

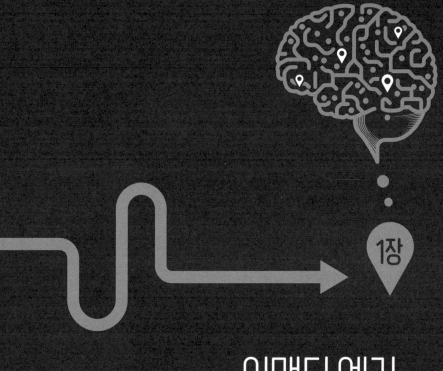

어맨다 엘러,
길을 잃다

1장

DARK AND MAGICAL PLACES
The Neuroscience of Navigation

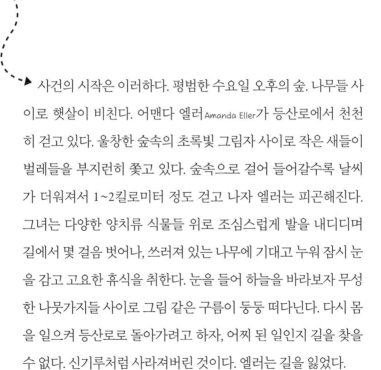

사건의 시작은 이러하다. 평범한 수요일 오후의 숲. 나무들 사이로 햇살이 비친다. 어맨다 엘러Amanda Eller가 등산로에서 천천히 걷고 있다. 울창한 숲속의 초록빛 그림자 사이로 작은 새들이 벌레들을 부지런히 쫓고 있다. 숲속으로 걸어 들어갈수록 날씨가 더워져서 1~2킬로미터 정도 걷고 나자 엘러는 피곤해진다. 그녀는 다양한 양치류 식물들 위로 조심스럽게 발을 내디디며 길에서 몇 걸음 벗어나, 쓰러져 있는 나무에 기대고 누워 잠시 눈을 감고 고요한 휴식을 취한다. 눈을 들어 하늘을 바라보자 무성한 나뭇가지들 사이로 그림 같은 구름이 둥둥 떠다닌다. 다시 몸을 일으켜 등산로로 돌아가려고 하자, 어찌 된 일인지 길을 찾을 수 없다. 신기루처럼 사라져버린 것이다. 엘러는 길을 잃었다.

우선 엘러는 길을 잃은 다른 사람들처럼 등산로로 돌아가기 위해 주변을 한 바퀴 둘러본다. 하지만 보이는 것은 온통 나무뿐이다. 줄기에 홈이 파인 채 높게 쭉 뻗은 나무, 어린나무, 그늘에서 성장해 가늘고 긴 나무, 다른 나무에 기대어 특이한 형태로 서있는 나무, 서서히 숲의 일부로 되돌아가고 있는 죽은 나무, 커다랗고 둥근 옹이가 박힌 나무 등. 엘러는 등산로 근처에서 보았던 나무들의 특징을 다시 찾아보려 애쓰지만, 야속하게도 눈에 띄는 것은 없다.

2019년 5월 8일 엘러는 하와이의 마카와오Makawao 보존림에 서 있다. 할레아칼라Haleakalā산 북서부 기슭에 위치한 보존림은 마우이족이 거주하는 지역으로, 약 8제곱킬로미터 크기에 지형이 매우 험준하다. 숲 주변을 훨씬 더 큰 숲이 둘러싸고 있는, 버려진 땅 가운데에 있는 버려진 땅이다. 구글 어스로 보면 마카와오 보존림은 잘 익은 아보카도처럼 보인다. 아보카도 위로 만화처럼 선으로만 그려놓은 것 같은 구름이 무리 지어 떠다닌다. 엘러는 아주 고약한 상황에 빠져 있다. 숲이 울창해서 어떤 곳은 발을 들이는 것조차 불가능하고, 가파르고 험하며, 보이지 않던 계곡이 갑자기 나타나기도 한다. 어떤 곳은 양치식물이 숨 막힐 정도로 많고, 또 어떤 곳은 덩굴에 가려 보이지 않는다. 엘러는 오전 10시 30분경 등산로 입구에 자동차를 주차해놓았다.[1] 주위는 고요했다. 엘러는 허리를 숙여 자동차 열쇠를 앞바퀴 밑에 놓아두었다. 35세의 요가 강사이자 물리치료사인 엘러는 평소에도 자주 걷던 익숙한 등산로를 따라 5킬로미터 정도 짧은 산책을 하고 돌아올 생각이었다.

엘러는 하늘을 뒤덮은 황록색 나무들 아래 서서 눈을 감고 심호흡하며 마음을 진정시킨다. 그리고 근처의 나무 둥치에서, 어느 낯선 나라의 지도처럼 생긴 연한 색의 이끼 무리가 자라고 있는 모습을 살핀다. '내가 어느 쪽에서 걸어왔더라?'

집어삼켜지다

엘러는 나무들이 빽빽이 들어서 있는 숲속에서 길을 잃은 채,[2] 오후 서너 시가 되도록 몇 시간 동안 등산로를 찾아 헤맸다. 이제 태양은 하늘 높이 떠올라 숲 위에 걸려 있다. '이건 너무 바보 같은 짓이야.' 그녀는 생각한다. 곧 누군가가 자신처럼 등산로를 따라 숲으로 걸어 들어올 것이고, 그러면 소리를 질러 도움을 청할 수 있을 것이다. 산책하던 이들은 엘러와 함께 덤불과 양치식물이 얽히고설킨 곳을 지나 안전한 길로 되돌아 나올 것이다. 하지만 아무도 오지 않는다. 잠시 좁고 구불구불한 오솔길을 따라가 보지만, 잠시 뒤 그 길은 멧돼지들이 덤불을 헤치고 나아가면서 생긴 길이라는 것을 깨닫는다.

새들은 여느 때처럼 부지런히 지저귀며 이 나무에서 저 나무로 날아다닌다. 바로 그 순간, 엘러를 둘러싼 세계가 안으로는 방 하나의 크기로 수축하는 동시에, 밖으로는 무한대로 확장된다.

조용한 나무들 사이에 서 있으니 갑자기 모든 소리, 작지만 미묘한 소리들이 끊임없이 들려온다.

그러는 동안에 태양은 하늘 높은 곳에서 호를 그리며 제 갈 길을 가다가, 새들이 소리 죽여 노래하는 나무들 사이로 서서히 사라진다. 이제 사방이 어둡다. 만약 엘러가 바람에 흔들리는 초록 지붕 너머로 하늘을 바라본다면 별이 몇 개 보일 것이다. 어떤 이들에게는 별이 나침반이 되어줄 수 있겠지만, 엘러의 경우는 아니었다. 마침내 그녀를 걱정하는 친구들이 보낸 문자가 도착했음을 알리는 휴대전화 진동음이 울리기 시작한다. 그러나 그녀는 이 소리를 듣지 못한다. 탱크톱과 요가팬츠 차림으로 오느라 휴대전화를 물병, 지갑과 함께 자동차에 두고 왔기 때문이다. 엘러는 이러한 상황에 전혀 대비되어 있지 않다. 그녀는 그저 잠시 문명에서 벗어나고 싶었을 뿐이다. 이제 심장은 덫에 걸린 새처럼 요동치기 시작하고, 그녀는 나무 밑동에 앉아 첫날 밤이 지나가기를 기다린다. 숲이 그녀를 집어삼켰다.

누군가는 이미 엘러의 행동을 비판하고 있을지 모르겠다. 하지만 대부분의 사람에게 엘러가 처한 상황은 두려울 만한 것이다. 최근 미시간주 북부로 캠핑을 떠났을 때, 일곱 살배기 로언이 새벽 4시에 화장실에 가려고 나를 깨웠다. 우리는 함께 텐트 밖으로 기어 나와 칠흑같이 어두운 밤에 숲이 울부짖는 소리를 들으며 서 있었다. 일기예보는 그날 오전에 태풍이 도착할 것이라고 했다. 나뭇가지가 바람에 미친 듯이 흔들렸다. 나는 새벽 4시의 어두운 숲속에서 방향감각도 잃고 대피할 곳도 없는 상황에 처한다는 것이 사고기능이 멈출 정도로 무서운 일이라는 사실을, 엘러와는 비교할 수도 없을 만큼 하찮고 불완전한 방식으로나마 이해할 수 있었다.

등산로를 벗어나 사라지기 전까지 엘러는 평범한 하루를 보냈다. 여느 수요일과 다르지 않은 평범한 하루였다. 그런데 갑자기 모든 것이 바뀌었다. 한순간의 실수로 앞으로 펼쳐질 그녀의 미래가 완전히 바뀌기 시작한 것이다. 비록 그녀 자신은 아직 그 사실을 모르고 있지만 말이다. 똑같은 순간이 무한 반복되는 영화였다면 엘러는 자리에서 일어나, 힘차게 걸으며, 상쾌한 기분으로, 등산로를 찾아 돌아 나올 것이다. 주차장에서 (약간 목이 마르고, 벌써 점심으로 무엇을 먹을지 고민 중인) 엘러가 자동차 문을 열고, 안으로 들어가 휴대전화를 힐끗 쳐다보아도 부재중 전화는 없을 것이다.

거의 언제나 이런 식이었고, 늘 그래왔다. 하지만 **언제나** 그런 것은 아니다.

이번이 바로 그런 경우다.

나는 왜 지도를 보면서도 길을 잃을까

걷는 사람이 많은 보존림의 등산로에서, 그것도 이정표까지 있는 길에서 겨우 몇 걸음 벗어났다고 어떻게 사람이 실종될 수 있을까?

내가 엘러의 실종에 관한 글을 읽게 된 것은 그 사건이 일어나고 나서 얼마 되지 않았을 때였다. 그 사건은 나를 사로잡았다. 매일 업데이트되는 기사를 집에서 찾아 읽으며 사건의 전개 과정을 확인했다. 그 이야기는 이후로도 오랫동안 나를 떠나지 않았고, 어리고 연약한 나무처럼 내 머릿속에 뿌리를 내린 채 점점 크게 자라났다. 나도 엘러처럼 몇 차례 숲에서 길을 잃은 적이 있었다. 잠시 당황해서 그랬던 것이기는 하지만.

사실 나는 방향감각이 없어서 항상 길을 잃는다. 누군가가 내 눈을 가린 다음 10년 넘게 살고 있는 미시간주 그랜드래피즈Grand Rapids의 집에서 몇 블록 정도 떨어진 곳에 세워놓는다면, 갑자기 아이슬란드의 수도인 레이캬비크Reykjavik의 변두리로 공간이동이라도 한 것처럼 길을 잃을 것이다. 사람이 많은 곳, 어두워진 숲, 테마파크, 도시, 내가 자주 다니던 거리, 대형 상점, 계단, 1차선 도로로 연결된 영국의 작은 마을 같은 곳에선 금세 길을 잃고 만다. 밤에는 어디서나 길을 잃는다.

낯선 건물에 가면, 나는 어려운 수수께끼를 풀어야 하는 심정이 된다. 한번은 병원을 방문했다가, 나오려고 할수록 오히려 안쪽 깊숙한 곳으로 들어가서, 갑자기 쇳소리가 나는 파이프와 반쯤 차 있는 양동이로 가득한 무덥고 어두운 방에 서 있었던 적이 있다. 주치의의 방으로 가는 길은 미로처럼 복잡하게 이어진 토끼굴 같았다. 조명 때문에 지나치게 환한 쇼핑몰은 공포를 표현한 완벽한 걸작이고, 다층 구조의 주차장은 콘크리트 브루털리즘의 전성기에나 볼 수 있었던 소련의 감옥을 연상시킨다.

하지만 미술관들은 아름다운 예외다. 뉴욕의 메트로폴리탄미술관은 내가 기꺼이 길을 잃고 싶어지게 하는 전 세계에서 몇 안 되는 장소 중 하나다. 그곳에서 나는 고요하면서도 만족스러운 미혹에 빠져 부드러운 조명이 비추고 있는 넓은 전시관들을 오가며 방황한다.

최근에 나는 멕시코의 한 도시 외곽에 있는 드넓은 휴양지에서 일주일을 보냈다. 반짝이는 바다가 통행이 불가능한 국경처럼 둘러싸고 있고, 육지 쪽의 리조트에는 마치 홀이 없는 골프장 같은 길들이 파도치듯 일렁이며 초록색 그물망을 이루고 있었다. 사방에 수영장이 있어서 마치 영국 화가 데이비드 호크니David Hockney의 그림 속에 갇혀 있는 것 같았다. 나는 일주일 내내 길을 잃었다. 어느 뜨거운 오후에 방으로 돌아오다가 나는 또다시 길을 잃었는데, 그날 아침 일찍 이구아나 한 마리(돌아올 때는 이미 어디론가 가고 없었다)를 랜드마크로 삼았다는 기억이 떠오르기도 했다.

운전할 때는 종종(인정하기는 싫지만 사실은 훨씬 자주) 집을 지나친다. 지도가 도움이 되긴 하지만, 여전히 자주 실수하는 편이다. 특정 지역까지 가는 경로(내가 다니는 치과, 공항, 아이가 다니는 학교)를 기억할 수는 있지만, 한 달 정도 그 길로 갈 일이 없으면

서서히 기억에서 지워져 결국 완전히 잊고 만다. 10점을 만점으로 하고 1점을 매우 나쁜 상태라고 할 때, 내 공간능력은 1점이다(이하 몇몇 인물에는 그들의 공간능력 점수가 병기되어 있다―옮긴이). 그리고 바로 그 점이 중요하다.

연구결과에 따르면, 우리는 스스로의 길 찾기 능력에 대해 상당히 정확한 평가를 내린다. 바꿔 말해 길치들은 자신이 길치라는 사실을 알고 있다. 나의 이런 단점들은 공간과 관련된 모든 능력에도 영향을 미친다. 나는 머릿속에서 물건을 회전시키거나 우리 집에 있는 방들의 상대적인 위치를 그려내지 못한다. 지도를 읽지 못할 뿐 아니라, 지도를 다시 깔끔하게 사각형으로 접지도 못한다. 직소 퍼즐, 사람들로 붐비는 해변가, 번호키 자물쇠 등은 내게 공포의 대상이다. 종이접기는 쳐다보기도 싫다. 루빅스 큐브는 내 마음 깊은 곳에서 영원히 부끄러운 기억으로 남아 있을 것이다. 병원에서 파란색 가운으로 갈아입을 때 목뒤에서 리본을 매지도 못한다. 낯선 도시를 운전해야 할 때면 땀이 흐르고, 목이 말라오며, 몸이 부어오르고, 숨이 가빠오며, 손에서 땀이 난다. 존재론적인 불안감, 죽음, 바로크적인 공포가 이런 것일까? 불길한 가고일 떼가 내 머리 위에서 돌고 있는 것 같다.

40대 초반이 되어서야 비로소 내가 얼마나 공간능력이 부족한 사람인지 깨달았다. 그 전까지만 해도 모든 사람이 나와 비슷하다고만 생각했는데, 실상은 그렇지 않았던 것이다.

뇌에 답이 있다

아내 에멀린은 별다른 노력 없이 직관적으로 길을 찾아낸다. 물리적인 세계에 대한 그녀와 나의 경험이 너무 달라서, 이따금 나는 그녀가 기발하고 복잡한 거짓말을 한다고 생각했다. 마치 아내는 자신이 동물과 대화를 나눌 수 있다고 말하는 것 같았다. 하지만 아내는 언제나 자신의 탁월한 길 찾기 능력을 내게 입증해 보였다. 그녀는 어디를 가든 뇌 깊숙한 곳에 저장된, 복잡하지만 온전히 기능하는 지도를 가지고 다닌다. 그 내면의 지도에는 매우 상세하고 유익한 내용들이 담겨 있다. 그것은 공간정보로 가득 차 있다. 신경과학자들은 이것을 '인지지도cognitive map'라고 부른다. 우리가 최근 10년 이상 가본 적이 없는 도시를 여행할 때, 아내는 손쉽게 자기 내면의 지도에 접근할 것이다. 낯선 환경에서 그녀는 재빨리 (경계를 확장하고, 미지의 여백을 채우면서) 새로운 지도를 만들어내기 시작한다.

아내는 어떻게 이런 일을 해낼 수 있는 것일까? 우리의 뇌는 서로 다른 것일까, 아니면 단지 뇌를 다르게 사용하는 것뿐일까? 그렇다면 내 뇌의 사용법을 바꿀 수는 없을까? 이 책은 그러한 차이를 이해하려는 하나의 시도다. 이렇듯 '끊임없이 길을 잃어버리는 나'는 아내에게 엄청난 스트레스를 안겨주곤 한다. 언제나 제대로 기능하는 인지지도를 펼쳐 볼 수 있는 그녀 같은 사람에겐, 집에서 두 블록 떨어진 곳에서 길을 잃는 내가 도무지 이해되지 않는 것이다.

아내는 내가 길을 잃는 이유가 이동할 때 주변에 주의를 기울이지 않기 때문이라고 생각할지 모른다. 하지만 그것은 색맹이어도 나무를 열심히 연구한다면 언젠가는 나무가 초록색이라는 것을 알게 되리라는 말과 같다.

시골에선 언덕배기의 농장, 꼬불꼬불한 길, 건초 더미, 악보 같은 전선 위에 앉아 있는 새 떼, 농장의 트랙터, 여기저기 흩어져 있는 까마귀 무리, 곡물용 저장탑 같은 것들 때문에 방향을 찾기가 어렵다. 하지만 도시에선 더 어렵다. 도시는 어둡고 신비로운 곳이다. 내가 묵는 호텔들은 마치 하루 중 특정한 시간에만 이용할 수 있다는 듯 사라졌다가 나타나기를 반복하는 것 같다. 도시의 거리는 우주의 물리 법칙을 따르지 않는다. 블록 전체가 한 장소에서 다른 쪽으로 미끄러지는 것 같아 보인다. 도시에서(그곳이 **어떤** 도시이든) 나는 속절없이 길을 잃는다. 스마트폰 덕분에 나 같은 사람들도 길을 찾기가 쉬워졌다. 화면에 표시된 길을 따라 걸을 때 나는 조용히 깜박이는 파란색 화살표가 된다. 그러나 어둠의 마법은 여전히 내 주변에 도사리며 멀리서 불어오는 태풍처럼 스마트폰 배터리가 떨어지기만을 기다리고 있다.

그리하여 엘러의 이야기를 처음 읽었을 때, 나는 심장이 멎을 것 같은 야생의 공포를 느꼈다. 어디로 이어져 있는지 모르는 멧돼지의 길, 자동차 뒷좌석에 두고 온 휴대전화라니.

마치 내 이야기 같았다.

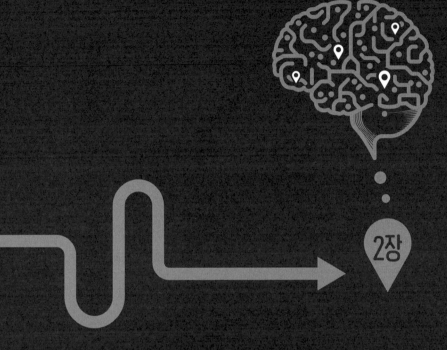

2장

길 찾기의
시작과 끝, 기억

DARK AND MAGICAL PLACES
The Neuroscience of Navigation

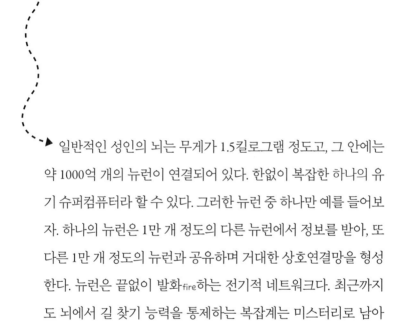

일반적인 성인의 뇌는 무게가 1.5킬로그램 정도고, 그 안에는 약 1000억 개의 뉴런이 연결되어 있다. 한없이 복잡한 하나의 유기 슈퍼컴퓨터라 할 수 있다. 그러한 뉴런 중 하나만 예를 들어보자. 하나의 뉴런은 1만 개 정도의 다른 뉴런에서 정보를 받아, 또 다른 1만 개 정도의 뉴런과 공유하며 거대한 상호연결망을 형성한다. 뉴런은 끝없이 발화fire하는 전기적 네트워크다. 최근까지도 뇌에서 길 찾기 능력을 통제하는 복잡계는 미스터리로 남아 있다.

하지만 근래 들어 상황이 바뀌기 시작했다. 지난 수십 년 동안 신경학자들은 인간이라는 존재의 근본적인 측면이기도 한, 뇌가 세상을 탐색하는 방법에 대해 훨씬 깊고 상세하게 이해할 수 있게 되었다. 길 찾기 능력의 토대가 되는 신경계는 언어나 문화보다도 오래된 것이다. 이 신경계 덕분에 우리는 새로운 종으로서 동아프리카의 리프트밸리 Rift Valley (호모사피엔스의 발원지로 추정되는 곳—옮긴이)에서 사방으로 퍼져나가, 마침내 세상의 모든 것을 남김없이 소유하고 바꿔버렸다.

신경과학자들은 이제 장소세포place cell, 격자세포grid cell, 머리방향세포head-direction cell 등 길 찾기에 관여하는 매우 다양하고 특별한 뉴런 집단을 식별해 설명한다. 관련해 뇌의 다양한 영역이 우리가 길을 찾을 수 있도록 협력한다. 해마, 전전두엽, 해마주변 위치영역, 내후각 및 후뇌량팽대피질, 미상핵 등이 협업해서 끝없이 펼쳐지는 세계의 지도를 제공하고 우리의 탐험을 돕는다. 뇌에는 랜드마크에 대해 특별히 친밀감을 느끼는 부분, 경계선에 가까이 갈 때만 반응하는 전문화된 뉴런, 경로를 계획하는 영역이 각각 존재한다. 하지만 풀지 못한 미스터리가 여전히 많이 남아 있다.

2019년의 한 연구는 지구자기장이 변화할 때 인간의 뇌파가 반응한다는 사실을 보여주었다. 이는 우리가 뱀장어나 철새처럼 보이지 않는 지구의 힘을 무의식적으로 이용해서 길을 찾을지도 모른다는 것을 암시한다.[1] 수많은 뉴런과 시스템, 다양한 뇌 영역이 모두 함께 올바르게 기능해야만 한다. 제대로 기능하지 않는다면 우리의 길 찾기 능력은 금세 퇴화하기 시작할 것이다.

길 찾기 능력은 뇌의 모든 부분과 연관되어 있다. 아마 여러분은 복잡하게 배치된 말들의 움직임을 일곱 수 앞까지 예상해 시각화하거나, 동시에 100만 가지의 다양한 가능성을 검토할 수 있는 체스 그랜드마스터는 아닐 것이다. 어쩌면 큰 숫자를 나누는 것조차 어려워할 수 있다. 하지만 그런 것은 중요하지 않다. 사람들로 붐비는 이케아 매장에서 길을 잃지 않는 것이야말로 신경계가 수행하는 훨씬 복잡한 작업이다. 가끔 시스템 오류가 발생하는 이유는 길 찾기 활동이 그만큼 극도로 복잡하기 때문이다. 잠시 '길 찾기'에 대한 《옥스퍼드 영어사전》의 정의를 살펴보자.

> **길 찾기**Navigation: 위치를 정확히 알아낸 다음, 경로를 계획해 그 경로를 따라가는 과정이나 행동.

다시 말해 길 찾기는 단일한 활동이 아니다. 과학 전문 사전은 아니지만 《옥스퍼드 영어사전》에 따르면, 길 찾기는 적어도 세 가지의 서로 다른 기능이 조합된 결과다. 먼저 위치를 파악하고, 그런 다음 주변환경에 맞게 경로를 계획하고, 그 경로를 따라가는 것이다. 이 중에서 하나라도 실패한다면, 우리는 길을 찾지 못한다. 이들 길 찾기의 개별 구성요소가 서로 다른 뇌 영역 사이에서 왈츠를 추듯 그 나름의 복잡한 상호작용을 연쇄적으로 발생시켜야만 한다. 그리고 이 과정은 절대 멈추지 않는다. 우리는 **언제나** 길을 찾는다. 현관문을 열고 주차해놓은 자동차가 있는 곳으로 걸어갈 때, 또는 식료품점의 진열대 사이를 탐색할 때마다 길 찾기 능력의 도움을 받아 목적지에 도착한다. 심지어 우리는 집 안에서도 길 찾기 능력을 활용한다. 이때 우리는 해마라는 작지만 강력한 뇌의 일부분에 의존한다.

해마라는 아름다운 연구 대상

1560년대의 어느 날, 율리우스 카이사르 아란티우스Julius Caesar Arantius는 사망한 지 얼마 되지 않은 사람의 뇌를 조심스럽게 작업대 위에 올려놓았다.[2] 볼로냐대학교의 해부학자인 아란티우스는 밝은 빛 아래에서 뇌를 조사하기 위해 한 걸음 물러섰다.[3] 섬세한 격자무늬를 이루고 있는 빨간색 정맥들로 뒤덮인, 구불구불한 계곡들과 산등성이들로 가득한, 빛나는 핑크빛 돔 모양의 뇌는 그 자체의 무게에 의해 서서히 테이블 위에 자리를 잡았다. 몸을 곧추세운 아란티우스는 날카롭게 벼른 뼈칼을 신중히 피질의 표면에 대고 일정하게 힘을 주어 아래쪽으로 밀어 내렸다. 뇌는 반으로 쪼갠 사과처럼 두 조각이 났다. 아란티우스는 뇌의 절단면 가까이 몸을 숙여 빽빽하게 채워진 그 내부와 해안선처럼 생긴 피질의 수많은 만灣과 협만峽灣, 범람의 흔적 등 복잡한 지형을 조사했다. 그리고 나서 심호흡한 뒤, 뇌 속으로 손가락을 집어넣어 무언가를 찾았다.

아란티우스는 뇌의 중심부 깊은 곳에서 작은 'C'자 모양의 구조물을 발견했다. 나이키의 로고처럼 반고리 모양을 한 그것은 뇌간의 거의 맨 꼭대기에서 다른 복잡한 구조물들의 사이를 뚫고 튀어나와 있었다. 뇌의 좌우에 각각 하나씩 있는 그것을, 아란티우스는 천천히 주변 조직에서 분리해 축축하고 손상되지 않은 원래 상태 그대로 작업대 위에 올려놓았다. 그는 오늘날 뇌활 foenix('아치'를 뜻하는 라틴어에서 유래했다)로 불리는 그것의 긴 곡선을 물끄러미 바라보며 해마 또는 숫양의 뿔, 어쩌면 누에를 닮은 것 같다고 생각했다. 참으로 아름다운 연구 대상이었다.

아란티우스는 1564년 출간한 《인간의 태아에 관한 책 De Humano Foetu Liber》에서 처음으로 그것의 존재를 설명하면서, 마침내 '해마 hippocampus'(그리스어로 'hippo'는 '말 horse'을, 'kampos'는 '바다의 괴물'을 뜻한다)라는 이름을 사용했다. 뇌에서 해마를 분리해 위아래를 뒤집어 작업대 위에 올려놓으면, 점점 가늘어지는 쉼표의 꼬리처럼 말린 뇌활의 모습이 기이한 연분홍빛 해마와 정말 비슷해 보인다. 그러니 참 잘 어울리는 이름이다. 해마는 어둠 속의 한 줄기 빛 같은 중대한 발견이었다.

참고로 아란티우스의 동시대인들은 여전히 마녀의 존재를 철석같이 믿고 있었다. 영국에서는 엘리자베스 여왕의 의회가 반 反마녀법(마술 행위와 마녀를 금지하는 법안)을 통과시켰다. 이 법의 첫 번째 희생자는 엘리자베스 로위스 Elizabeth Lowys였는데, 그녀는 어둠의 힘을 이용해 세 명을 살해했다는 혐의로 바로 그해에 교수형을 당했다.[4] 일반적인 질병은 대부분 피를 뽑아 치료했고,

범죄는 잔혹한 고문으로 다스렸다. 일식은 새의 입을 다물게 하는 멸망의 전조로 여겨졌고, 연금술사들은 납을 금으로 바꿔주는 불가능한 화학공식을 찾고 있었다. 암흑의 중세시대였다.《인간의 태아에 관한 책》이 출간된 해에 아란티우스가 있던 곳에서 아펜니노산맥 너머로 160킬로미터 정도 떨어진 피사에서는 천문학자 갈릴레오 갈릴레이가 태어났다. 과학적 각성이 일어나고는 있었지만, 이제 겨우 걸음마를 뗐을 뿐이었다.[5] 오늘날 신경과학자들은 해마가 신경가소성neuroplasticity이나 학습, 기억 같은 복잡한 뇌 기능에서 결정적인 역할을 한다는 사실을 알고 있다. 그뿐 아니라 해마는 공간을 기억하고 길을 찾을 때도 핵심적인 역할을 한다. 놀랍게도 해마의 기능은 1564년 이후 무려 4세기 동안이나 완벽한 미스터리로 남아 있었다.

발작과 건망증

1950년대가 되어서야 신경과학자들은 비로소 해마가 하는 일이 무엇인지에 대한 실마리를 찾을 수 있었다. 실마리는 모두 한 사람의 뇌에서 나온 것이었다. 400여 년 동안의 미스터리가 H. M.이라는 어느 불행한 사람 덕분에 해결된 것이다.[6] 수십 년 동안 H. M.이라는 이니셜로만 알려진 것은 그의 사생활을 보호하기 위해서였다. 2008년 그가 82세의 나이로 세상을 떠나고 나서야 사람들은 헨리 구스타프 몰래슨Henry Gustav Molaison이라는 그의 이름을 온전하게 들을 수 있었다.

H. M.이 세상을 떠나자 그의 뇌는 분리되어 포르말린에 담기고 젤라틴으로 동결된 다음 마이크로톰microtome(시료를 일정한 두께로 자르는 장치―옮긴이)을 이용해 2401장의 얇은 절편으로 절개되었다. 각각의 관상단면coronal section(뇌의 횡단면)의 두께는 약 70미크론으로, 이는 사람의 머리카락 굵기와 비슷하다. 이 작업은 휴식시간 없이 53시간 동안 계속되었는데, 전 과정이 인터넷 방송으로 중계되었다. 폭이 넓은 금속의 칼날이 얼음 블록 속 동결된 뇌의 표면을 가로지르며 메트로놈만큼이나 규칙적으로 서서히 미끄러지는 모습을 보고 있노라면 최면에 빠질 것 같다. 칼날이 지나갈 때마다 신경과학자 자코포 아네스Jacopo Annese가 부드러운 솔을 이용해 완벽한 뇌의 단면을 수습한 뒤 장기간 보관하기 위해 용기에 담았다.

H. M.은 열 살 때부터 뇌전증 발작에 시달렸다. 세월이 흐르면서 발작은 점점 더 잦고 심해져서 정상적인 생활이 불가능해졌다. H. M.이 스물일곱 살이던 1953년 9월 1일, 윌리엄 비처 스코빌William Beecher Scoville이라는 한 신경외과 의사가 '근본적인' 치료에 나섰다. 바로 내측두엽 절제술이었다. 이것은 윤리적으로 문제가 될 수 있는 외과수술이었다. 스코빌이 이마에 구멍을 뚫는 동안 H. M.은 의식이 있는 상태로 의자에 똑바로 앉아 있었다. 이후 스코빌은 마치 **게임**을 하듯 H. M.의 뇌에 외과수술 장

비를 삽입하기 시작했다. 그는 스패튤러spatula(주걱 모양의 수술 도구—옮긴이)를 이용해 전두엽을 살짝 밀어 한쪽에 제쳐놓은 다음 거의 모든 해마와 그 주변 피질을 제거했다. 결과는 성공적이었다. 발작은 사라졌다. 하지만 새로운 문제가 기다리고 있었다.

캘리포니아대학교 샌디에이고 캠퍼스에서 기억을 연구하는 래리 스콰이어Larry Squire(스스로의 공간능력에 8점 또는 9점을 매겼다)는 이렇게 설명한다. "H. M.은 기본적으로 건망증이 아주 심했어요." 이것은 꽤 절제된 표현이다. 수술 뒤부터 H. M.은 거의 아무것도 기억하지 못했다. 장기기억long-term memory이 한순간에 영원히 소거되고 만 것이었다. H. M.의 뇌는 광범위한 손상을 입었다고 스콰이어는 말한다. "그중에는 해마와 편도체를 비롯해 내후각피질, 후각주위피질perirhinal cortex, 해마곁피질parahippocampal cortex 등 피질로 덮인 모든 것이 포함되었습니다." H. M.의 수술 전에 신경과학자들은 기억이 뇌 전반에서 이루어지는 어떤 과정을 통해 암호화된다고 믿었다. 분명히 말해 이것은 사실과 전혀 달랐다.

기억은 어디에 저장되는가

기억의 종류는 다양하다. 그리고 각각의 기억은 뇌의 다양한 구조에 영향받는다. 가장 수명이 짧은 것은 감각기억sensory memory이다. 감각기억은 순식간에 사라진다. 그리고 (아마 1초도 지나지 않아) 급격히 퇴화하거나 단기기억short-term memory으로 옮겨진다. 단기기억으로 옮겨진 정보는 20초에서 30초 정도 더 오래 유지된다. 우리는 전화번호 같은 일련의 숫자를 기억하거나 간단한 일을 수행할 때 단기기억을 이용한다. 연구결과에 따르면 전전두엽피질이 단기기억과 연관된다.

미국의 심리학자 윌리엄 제임스William James는 1890년에 출간한 자신의 기념비적인 교과서《심리학의 원칙The Principles of Psychology》에서 단기기억(그는 **즉시기억** immediate memory이라고 불렀다)을 "진정한 과거가 아닌, 현재 시공간의 뒷부분에 속하는 것"이라고 정의했다.[7] 단기기억은 퇴화하거나 사라진다. 또는 해마에서 일어나는 **장기 강화 작용**long-term potentiation에 의해 장기기억으로 암호화된다. 장기기억은 훨씬 영구적이다. 장기기억은 개인적인 사건에 관한 자전적인 기억인 일화기억episodic memory과 의미기억semantic memory(사실에 관한 기억)으로 세분화할 수 있다. 장기기억은 깊이 파묻힌 기억의 저장고다. 제임스가 말한 대로 "기억해낸 어떤 대상은 의식에서 완전히 사라졌다가 지금 이 순간 새롭게 되살아난 것이다. 무수히 많은 다른 대상과 함께 시야에서 사라진 채 저장소에 묻혀 있다가 다시 소환되고, 기억되고, 길어 올려진 것이다".

이런저런 실험에서 H. M.은 짧은 대화를 지속하거나, 간단한 일을 완수할 수 있었다. 연구자들이 들려주는 일련의 숫자를 따라 말할 수도 있었다.[8] 즉 그의 단기기억은 온전했다. 전전두엽 피질은 거의 영향받지 않았던 것이다. 하지만 장기기억은 수술 때문에 심각하게 영향받았다. 일화기억들이 소거되었다. 자기 삶에 대한 개인적인 기억은 모두 사라졌지만, 수술 이전에 있었던 일부 의미기억들은 남았다.

기억이 생성되는 정확한 과정은 여전히 밝혀지지 않았다. 스콰이어는 나와 통화하며 지금 나누고 있는 대화에 대해 생각해보라고 말했다. "우리의 삶에서 이전에는 한 번도 일어난 적이 없는 무언가가 일어나고 있어요. 공간적으로나 시간적으로나 특별한 일이 벌어지고 있습니다. 모든 측면에서 이것은 독특한 일이에요."

이 두 번 다시 없는 단 한 번의 순간은 인지, 단기기억, 장기기억 형성과 관련한 뇌 영역을 활성화한다. 해마는 다른 뇌 영역과의 연결망을 통해 이처럼 다양한 영역을 모두 하나로 만든다는게 스콰이어의 설명이다. "전화를 끊으면 방금 나눈 이야기를 우리가 직접적으로 인지할 방법은 사라지지만, 해마가 모두 한데 묶어 보관하기 때문에 다시 불러올 수 있게 되죠." 시간이 흐름에 따라 뇌의 다양한 영역 사이의 연결성이 강화될 수 있으며, 이러한 연결성이 점점 강해지면 이들(시간과 공간)의 조합을 하나로 나타낼 수 있다. 그 순간의 구체적인 세부사항은 영구적으로 하나로 묶여 있게 된다(가령 '3월의 어느 수요일 오후, 비가 오는데 트럭 한 대가 내가 사는 거리를 요란하게 달리고 있었다' 같은 기억). 결국 해마의 도움 없이도 세부사항을 떠올릴 수 있게 되는 것이다. 이러한 세부사항들은 피질 안에서 기억을 형성한다. 스콰이어에 따르면 "이렇게 점진적으로 해마에서 피질로 책임을 이전하는 과정을 '강화'라고" 한다.

기억의 저장소인 피질은 방대하고 무한한 도서관 같은 곳이다. 2016년의 한 연구는 뇌의 기억 용량이 1000조 바이트, 즉 1페타바이트에 달할 것으로 추정했다. 이는 이전의 추정치보다 약 10배가 많은 것이다.[9] 참고로 2019년 4월 나사는 지구에서 5500만 광년 떨어진 처녀자리 은하단에 있는 초대형 타원은하 메시에 87 Messier 87의 중심부에 위치한 블랙홀의 이미지를 선보였다. 그 이미지는 5페타바이트라는 엄청난 양의 데이터(다섯 명의 뇌 기억 용량)로 구성되었다. 1953년의 수술 이후 H. M.의 강화 과정은 중단되었고, 더는 기억의 도서관으로 새로운 정보가 전달되지 않았다. 새롭게 출간된 책이 없었던 셈이다. 1957년에 의사들이 그해가 몇 년도인지 묻자 H. M.은 1953년이라고 대답했다. 스콰이어에 따르면 미스터리는 여전히 남아 있다. "우리는 아직 장기 기억이 저장되는 방식을 모릅니다. 저장 메커니즘이라든지, 세포가 실제로 어떻게 기억을 암호화하는지, 그 세포가 어디에 있는지 밝혀지지 않았어요."

최근 몇 년 사이에는 그동안 널리 인정받아온 장기기억 모델조차 의심을 불러일으키고 있다. "그 모델은 꽤 오랫동안 표준이라 여겨져왔고, 나도 30~40년 전에는 그 모델을 사용했죠." 애리조나대학교의 신경과학자 린 네이델Lynn Nadel의 설명이다("심상 회전mental rotation 능력은 절망적일 정도지만"이라고 덧붙이면서 자신의 공간능력을 8점 또는 9점이라고 평가했다). "하지만 그 모델을 뒤흔드는 증거들이 나오고 있어요. 해마와 관련된 수많은 기억은 결국 해마의 외부에 저장될 겁니다. 다만 일부는 해마에 남겠죠. 남아 있는 기억들은 훨씬 상세한 기억입니다. 해마는 여전히, 매우 생생한 기억들과 그 기억들에 접근하는 데 중요한 역할을 하는 것 같습니다."

기억과 길 찾기는 구분할 수 없다

한 가지는 분명하다. 해마는 기억을 형성하고 저장하는 데 중심적인 역할을 하므로, 길 찾기 능력에서도 중요하다는 사실이다. "기억과 길 찾기를 구분하는 것은 어렵습니다." 캘리포니아대학교 샌디에이고 캠퍼스의 로버트 클라크Robert Clark는 말한다. 해마 없이 길을 찾는 것은 불가능하다. 마치 다리 없이 걷는 것과 같다. 다른 많은 연구자처럼 클라크도 동물(대개 쥐를 사용한다)을 이용해서 실험한다. "저는 언제나 인간의 관점에서 이러한 질문들을 살펴본 다음, 인간 연구에서도 흥미로운 점을 찾을 수 있는 동물 연구를 설계하려고 노력합니다." 일반적인 동물 연구에서 연구자들은 특정 뇌 구조를 손상시켜(**병변** lesion을 만든다고 한다)

그곳의 기능을 조사한 다음 그 효과를 연구한다. 예를 들어 길을 찾을 때 해마의 역할을 이해하고 싶다면 쥐의 해마에 병변을 만든 다음 공간과 관련된 임무를 수행하게 한다.

"해마에 병변을 만들었을 때 길을 제대로 찾지 못한다면, 그것은 해당 동물이 길을 찾을 때 필요한 연산을 더는 수행할 수 없기 때문일 수도 있지만, 길 찾기에 성공하기 위해서는 기억을 이용해야 하기 때문일 수도 있습니다."

원인이 무엇이든 기억을 새롭게 생성하는 능력이 사라진다면 길 찾기는 완전히 불가능해진다.[10] 기억의 손상이 생긴 H. M.은 온갖 유형의 공간 관련 과제를 수행하는 데 어려움을 겪었다. 그만 그런 것이 아니었다.

1985년 클라이브 웨어링 Clive Wearing이라는 영국인이 단순헤르페스뇌염 herpes simplex encephalitis에 걸렸다. 이 병은 뇌 조직이 부어오르는 희귀한 신경성 감염병이다.[11] 의사들은 결국 병의 감염을 통제하고 치료할 수 있었지만, 웨어링의 뇌가 부어올라 심각한 손상을 입은 뒤였다. 그의 해마는 파괴되었다. 감염되기 전 웨어링은 성공한 음악가이자 음악학자였고, 피아노 연주자이자 테너 가수였다. 16세기 르네상스 시대의 작곡가 오를란도 디 라소 Orlando di Lasso(아란티우스와 동시대 인물이다)의 복잡한 다성주의 작품을 편곡하고 지휘하기도 했다. 감염병에 걸린 후 웨어링은 건망증이 너무 심해져서 더는 능력을 정상적으로 발휘하지 못했다. 시도 때도 없이 그의 의식은 재가동되어, 모두 잊었다가 다시 기억하는 순환을 무한히 반복했다. 그의 아내 드보라의 말처럼 "잠에서 깨는 순간이 영원히 반복되는 것"이다. 때때로 이처럼 의식되는 순간이 단기기억의 수명인 30초까지 지속되지만, 보통은 그보다 짧은 10초 또는 7초 정도 지속된다. 웨어링은 끊임없는 혼돈 상태에서 살고 있다.

1988년 BBC의 TV 시리즈인 〈마인드 The Mind〉가 웨어링과 그의 심각한 기억상실을 소개했다. 한 장면에서 웨어링은 옅은 가을 햇살을 맞으며 공원 벤치에 앉아 있다. 웨어링은 길고 높게 쭉 뻗은 코와 각진 턱선을 가진 잘생긴 남성이다. 그의 옆에 앉은 창백한 얼굴의 드보라는 갈색 곱슬머리를 한 아름다운 여성이다. 그들 뒤편의 거리에서 자동차들이 빠르게 지나가자 드보라가 그를 살짝 밀면서 묻는다. "우리가 어떻게 여기 왔는지 알아?"

클라이브 아니.

드보라 앉아 있던 건 기억해?

클라이브 아니.

드보라 내 생각엔 10분 넘게 여기 있었던 것 같아.

클라이브 그렇군. 그런데 잘 모르겠어. 이제 막 눈이 보이기 시작해서, 지금까지 본 건 그게 전부야.

드보라 그런데 정말 괜찮아?

클라이브 아니, 안 괜찮아. 뭐가 뭔지 모르겠어.

드보라 뭐가 뭔지 모르겠다고?

클라이브 그래. 먹어본 적도 없고, 맛을 느끼거나, 만져보거나, 냄새를 맡아본 적도 없는데, 사람들은 무슨 근거로 자기가 살아 있다고 하는 거지?

드보라 하지만 살아 있잖아.

클라이브 그래, 분명히 살아 있기는 해. 하지만….

10초 뒤 컷. 다시 시작.

바이러스에 의해 파괴되기 전까지 웨어링의 해마는 무게가 5.7그램밖에 나가지 않았다. 일반적인 A4 용지 한 장의 무게와 비슷하다. 기억의 활발한 중추인 해마는 뇌 전체 무게의 겨우 0.5퍼센트를 차지하고 있는데, 너무나 작은 크기에 비해 지나치게 큰 힘을 갖고 있다. 스콰이어는 말한다. "해마에는 기억의 건축물들을 구성하는 임시세포temporal cell와 시간세포time cell, 장소세포 같은 특수장비들이 갖춰져 있다고 볼 수 있습니다." 공간과 시간은 기억을 구축하는 발판이자, 길 찾기의 원재료다. 궁극적으로 길 찾기는 기억하는 행위, 즉 해마와 관련 뇌 구조들이 밀접하게 연관되어 서로 영향을 미치는, 감각기억과 단기 및 장기기억이 매끄럽게 연결되는 행위다. 하지만 이 또한 한시적인 지식일 뿐이다.

네이델은 말한다. "어떤 면에서 우리는 해마에 관해 많이 안다고 생각하죠. 저도 해마에 대해 정말 많은 것을 알고 있다고 확신

합니다. 하지만 이와 다른 차원에서 해마가 무엇을 하고 있는지에 대해서는 아무런 단서가 없습니다. 나사가 얼마 전 공개한 블랙홀의 사진은 어떤 수준에서 우리가 우주를 이해하고 있다는 것을 보여줍니다. 왜냐하면 우리는 우주 안에서 맡은 역할을 수행하고, 제 나름의 방법으로 세상을 운영하며, 앞날을 예측하기 때문입니다. 하지만 또 다른 면에서 보자면, 아직 아무런 실마리도 얻지 못했다고 할 수 있죠. 안 그런가요? 우주가 27차원으로 된 멀티버스일까요? 저는 감도 못 잡겠습니다. 해마도 마찬가지입니다."

네이델 같은 신경과학자에게 뇌 안의 세계는 천문학자가 머나먼 우주의 일부를 들여다볼 때 직면하는 것과 비슷한 과제를 제시한다. "우리는 해마에 관해 어마어마한 양의 정보를 가지고 있습니다. 해마가 무슨 일을 하는지 대략적으로는 알고 있어요. 하지만 여러분이 뒤로 한 발짝 물러나 '해마가 **진짜** 하는 일이 뭔가요? 이 신경망은 하는 일이 뭔가요? 어떻게 이것들이 함께 작동하는 건가요?'라고 물으신다면 다시 원점으로 돌아갈 수밖에 없습니다."

가장 외로운 죽음

구조대는 언제나 세상 어딘가에서 누군가를 찾고 있다. 뉴잉

글랜드의 산간벽지나 데스밸리(미국 캘리포니아주에 있는 국립공
원. 한여름의 지옥 같은 더위로 유명하다―옮긴이)의 말라붙은 관목
을 샅샅이 살펴보고 있을 것이다. 헬리콥터 한 대가 스코틀랜드
의 황야지대를 저공비행 중이다. 오스트레일리아의 외딴 지역이
거나, 황량한 회색빛 아이슬란드의 해안가일지도 모르겠다. 은
빛 헬리콥터 한 대가 평평한 검은 바위 너머로 굉음을 내며 날아
가고 있다. 여러분이 이 글을 읽는 동안에도 구조대는 열정적인
수색견들을 사람들에게 거의 잊힌 골짜기 어딘가로 데려가기 위
해 애쓰고 있다. 개들이 요란스럽게 골짜기로 뛰어들며 목줄을
팽팽하게 끌어당긴다. 개들이 땅에 코를 박고 냄새를 맡는다.

사람들이 늘 길을 잃는다는 것은 단순한 사실이지만 그것은
때때로 재앙으로 이어지기도 한다. 어떤 이야기는 초현실적이
다. 나는 그런 이야기를 수집하기 시작했다. 내 책상 위에는 기이
하지만 실제로 일어났던 이야기들이 쌓여 있다. 2013년 7월 어느
날 아침 도보여행객 제럴딘 라게이Geraldine Largay는 숲에서 용변
을 보기 위해 애팔래치아산맥의 등산로에서 벗어났고, 두 번 다
시 그 길을 찾지 못했다. 다람쥐들이 주위의 나무줄기를 정신없
이 오르내리고 있을 때, 라게이는 보급품을 가지고 뒤따라오고
있을 남편에게 문자 메시지를 보냈다.

문제 발생. 볼일을 보려고 등산로에서 벗어남. 길을 잃었음.
AMC(애팔래치아산악회―옮긴이)에 전화해서 관리인에게

도움을 청할 것. 숲길 북쪽 어딘가에서. Xox ('Hugs and Kiss'를 뜻하는 약어―옮긴이).

하지만 메인주의 울창한 삼림지대에서도 외딴곳에 있었던 라게이는 휴대전화 기지국과 멀리 떨어져 있었다. 휴대전화는 전혀 쓸모가 없었다. 신호가 잡히지 않아 문자 메시지는 발송되지 못한 채 휴대전화에 남아 있었다. GPS 기기가 있었지만, 모텔에 두고 와버렸다. 나침반도 있었지만, 사용법을 몰랐기 때문에 라게이는 휴대전화를 들고 언덕을 오르며 신호를 찾았다. 하지만 제자리를 맴돌 뿐이었다. 그녀의 길 찾기 능력은 길을 찾는 데 도움을 주지 못했다. 그녀가 실종된 메인주에서는 매년 약 20명이 등산로에서 길을 잃지만, 대부분 48시간 안에 발견된다. 하지만 그녀는 초록빛 바다에서 표류하고 있었다.[12]

2018년 1월 타일러 배치 Tylor Batch는 빌린 중형 세단을 몰고 오리건주 해안 산간벽지의 노면 상태가 불량한 삼림 도로를 달리다가 멈출 수밖에 없었다.[13] 자동차가 망가졌기 때문이다. 후드티와 벌목화를 착용한 34세의 청년은 자동차를 포기한 채 4.5리터짜리 물통 하나를 들고 숲으로 들어갔다. 그는 자신이 왔던 길(약 50킬로미터)을 걸어서 되돌아 나가는 대신 숲을 가로지르는 지름길을 선택했다. 그 후 배치는 7일 동안 외딴 숲을 헤맸다.[14]

벌목화에 살갗이 쓸리자 배치는 맨발로 숲을 돌아다녔다. 절망에 빠진 그는 개울로 들어가 물살에 몸을 맡기고 떠내려갔다.

"개울물은 굽이치며 흘러 내려갔어요. 평생 숲에서 살아왔지만 생각지도 못한 일이 일어난 겁니다." 끔찍한 일주일을 버티고 나서 결국 그는 길을 찾았고 지나가는 운전자에게 구출되었다.

2017년 3월 칠레인 관광객 메이쿨 코로세오 아쿠냐Maykool Coroseo Acuña가 볼리비아의 울창한 열대우림에서 길을 잃은 지 9일째 되던 날 구조대에게 발견되었다. 그는 원숭이들이 매일 나무에서 먹을거리를 던져 주고 물이 있는 곳을 알려주는 등 생존을 유지하는 데 도움을 주었다고 밝혔다.[15]

2017년 3월 25세의 리사 테리스Lisa Theris는 함께 있던 남자 두 명이 사냥꾼들의 야영장을 털기로 하자 앨라배마주에 있는 외딴 숲으로 도망쳤다.[16] 충동적인 결정이었다. 리사는 한 달 동안 나타나지 않았다. 마침 외딴 시골길을 운전 중이던 한 여성이 리사 옆을 지나쳤을 때 이 여성은 자신이 사슴을 보았다고 생각했다. 벌거벗은 데다가 온몸이 상처와 먼지투성이였던 리사는 베리와 버섯을 먹고 더러운 물을 마시며 살아남았다. 지역 경찰은 그녀가 숲으로 도망칠 때 나무 사이로 달리며 옷이 벗겨진 것으로 보아 마약에 취해 있던 것은 아닌지 의심했다. "우리는 그 사람들이 모두 약에 취해 있었다고 생각하고 있습니다." 당시 《데일리 메일》에 실린 지역 보안관의 인터뷰다.[17]

어떤 이야기들은 필연적으로 재앙으로 끝난다. 그것은 아마도 세상에서 가장 외로운 죽음일 것이다.

2015년 10월 라게이가 사라진 지 2년이 지난 어느 날, 한 삼림

감독관이 그녀의 유해를 발견했다. 등산로에서 800미터도 떨어지지 않은 곳이었다. 그녀의 캠프에는 풀이 제멋대로 자라 있었다. 반쯤 나뭇잎에 묻혀 있던 무너진 텐트, 이끼가 자라난 일기장, 지도 한 장, 묵주 하나, 여전히 작동하는 손전등, 침낭에 싸여 있는 두개골. 라게이는 등산로를 벗어난 뒤에 거의 4주 동안 생존해 있었다. 수색견 세 마리가 그녀의 캠프에서 90미터 이내까지 접근하기도 했다.[18] 이끼로 뒤덮인 일기장에는 그녀가 실종된 지 2주 이상이 지난 8월 6일에 쓴 글이 남아 있었다.

> 제 시체를 발견하면 남편 조지와 딸 케리에게 전화해주세요. 아무리 많은 시간이 흘렀어도 저의 죽음과 발견 장소를 알려주시는 것이 남편과 딸에게 베풀 수 있는 가장 큰 친절일 것입니다.

길을 잃는 끔찍한 경험만으로는 충분치 않다는 듯이 숲, 협곡, 사막, 산길 등에서 실종된 사람들은 군중의 비난이라는 모욕을 견뎌내야 한다. 신문 기사나 뉴스 한 꼭지로 소식을 접하는 사람들은 길이 없는 숲에서 방향을 잘못 잡아 실종되는 상황을 제대로 상상하지 못한다. 대중문화가 전하는 메시지는 단순하다. 똑똑하고 능력 있는 사람은 길을 잃지 않는다는 것이다. 엘러가 사라진 지 며칠 만에 공식적인 수색작업이 중단되었다. 자원봉사자들이 공식구조대가 철수한 빈자리를 메꿨다. 군중들은 그게 최선이라고 생각하며 그녀에게 책임을 돌렸다. **왜 자동차에 휴대전화와 물병을 두고 내렸는가? 왜 타이어 밑에 열쇠를 두었나?** 배치는 별생각 없이 자신이 온 길을 되짚어 가는 대신 관리되고 있지 않은 미지의 지름길을 선택했다. 라게이는 나침반을 사용하지 못했다.

그렇다면 길을 잃는다는 것은 대체 어떤 의미일까? 모든 분류 체계에는 그 자체의 독자적인 방법이 있다. 길을 잃는 것도 다르지 않다. 길 잃음의 정도 또한 다양하다. 뉴캐슬대학교의 지리학자 제러미 크램튼Jeremy Cramton(지도를 가지고 있으면 6점)이 발표한 1988년 논문에 그 개요가 나와 있다.[19] 예를 들어 자신이 길을 잃었다는 사실을 아는 도보여행객이 있다고 해보자. 그가 길을 잃었다는 사실은 사람들에게도 알려져 있다. 그에게는 중대한 문제가 있다. 자신의 현재 위치를 모른다는 사실이다. 하지만 적어도 자신이 길을 잃었다는 사실은 알고 있다. 그는 익숙한 지형으로 돌아가거나, 높은 곳에 올라가거나, 풍경의 윤곽을 이용해 방향을 찾거나, 마침 소지하고 있다면 나침반을 이용할 수 있다. 그리고 태양을 이용해 자신의 위치를 알아내려고 시도하거나, 길을 찾아보거나, 강을 따라 물이 흐르는 방향으로 내려갈 수도 있다. 그에게는 많은 선택지가 있다. 하지만 전혀 다른 차원에서 길을 잃는 사람도 있다. 그는 훨씬 위험하다. 바로 자신이 길을 잃었는지조차 모르는 도보여행객이다. 그는 자기 머릿속 인지지도의 경계를 벗어났지만, 아직 그 사실을 모른다. 오히려 미지의 영역으로 더 깊이, 낯선 지형 속으로 더 멀리 들어간다. 그는 점점 더 길에서 멀어진다. 숲에서 양 갈래 길을 만나면, 의도하지는 않았지만 사람들이 많이 다니지 않는 쪽을 선택한다. 크램튼은 이 사람을 무명의 실종자the unknown lost로 구분했다. 그리고 이 무명의 실종자는 큰 곤경에 처한다. 마침내 엘러는 길을 잃었다는 사실을 깨달았다. 그때까지 등산로로 돌아가려 할 때마다 그녀는 길에서 점점 더 멀어지고 있었다.

미로가 뇌에 대해 알려주는 것들

제2차 세계대전이 끝난 직후, 행동심리학자 에드워드 톨먼Edward Tolman은 캘리포니아대학교 버클리 캠퍼스에 있는 연구실에서 직사각형 모양의 나무 미로를 관찰하고 있었다. 서쪽으로는 샌프란시스코만을 가로지른 태양이 붉게 타오르는 바닷속으로 가라앉고 있었고, 캠퍼스 북쪽의 버클리 힐스에서는 덤불과 세이지 관목숲이 암회색 황혼의 그림자 속으로 사라지고 있었다. 머리가 약간 벗겨지고 안경을 쓴, 은행 지점장 같은 인상의 톨먼은 때가 탄 실험실 가운을 입고 양손에는 쥐를 한 마리씩 들고 있었다. 윗입술 위의 짧게 깎은 갈색 콧수염은 봉우리가 마치 두 개인 산처럼 보인다. 올빼미를 닮은 아치 모양의 눈썹은 늘 치켜올라가 있었다. 하지만 톨먼은 원조 히피였다. 몇 년 뒤 매카시

즘McCarthyism(1950년대 미국 사회를 휩쓴 극단적 반공주의—옮긴이)이 최고조에 이르렀을 때 잠시 일자리를 잃기도 했다. 자신이 공산당원이 아니라고 하는 충성서약에 서명하는 것을 계속해서 거부했기 때문이다.[20]

　톨먼이 변함없이 믿었던 것 중 하나는 미로였다. 그는 잘 설계된 미로에는 뇌의 비밀을 밝혀줄 힘이 있다고 믿었다. 몇 년 앞서 열린 미국심리학회에서도 같은 말을 했다. 톨먼은 그 자리에 모인 심리학자들 앞에서, 미로에 갇힌 쥐가 결정을 내리는 방법을 관찰하면 심리학 분야에 남아 있는 모든 중요한 질문의 답을 찾을 수 있다고 연설했다. 즉 미로에 해답이 있다는 것이었다. 미로가 뇌의 비밀을 찾는 데 사용된 지 거의 반세기가 지났다. 그동안 미로는 보이지 않는 인지 과정, 특히 공간 학습과 기억을 지배하는 인지 과정을 들여다보는 하나의 창이며, 의식이라는 블랙박스를 들여다보는 하나의 도구였다. 그리하여 'T'자형 미로, 'X'자형 미로, 'Y'자형 미로 등을 비롯해, 수 세기 전에 지어진 런던 햄프턴궁전의 엘리자베스 미로를 축소 복제한 복잡한 미로까지 등장했다. 이러한 미로 연구에는 당황해 우왕좌왕하는 인간들 대신 통로를 따라 날쌔게 움직이는 호기심 많은 쥐들을 이용했다. 다만 한 심리학자는 인간을 실험 대상으로 삼은 대형 미로를 만들기도 했다. 그는 사람들이 미로에서 어떻게 이동했는지 추적하기 위해 구멍 난 밀가루 포대를 동여매놓고 눈을 가린 채 미로를 지나게 했다.[21]

미로는 여전히 실험에 사용된다. 현대의 과학자들은 뉴런의 전기적 활동까지 감지할 수 있지만, 길 찾기 능력에 관한 지식은 대부분 미로에서 길을 찾는 동물들에게서 얻은 것이었다. 가상 현실VR, Virtual Reality의 등장으로 미로는 더욱 강력해졌고, 쓰임새가 많아졌다. 지금까지 인간의 공간능력을 연구하기 위해 거대한 미로를 만드는 일은 비현실적이었다. 어떤 연구기관이 인간이 길을 찾기 충분할 정도로 큰 미로를 지을 수 있을까? 누가 그 많은 밀가루 포대를 가지고 있을까? 하지만 이제 인간은 컴퓨터와 VR 고글을 이용해서 가상의 미로(햄프턴궁전의 미로를 확대 복제한 미로, 시뮬레이션으로 구현된 샌프란시스코나 런던 등)를 돌아다닐 수 있다.

과학자들이 미로를 사용하기 시작한 지 한 세기가 지났지만, 여전히 동물들의 공간기억을 테스트하는 데 유용하게 이용되고 있다. 미로의 가능성은 거의 무한하다. 방사형 미로radial arm maze는 공간 학습 연구에서 가장 널리 사용되는 것으로, 1976년에 개발되었다. 또 다른 미로인 모리스 수중 미로Morris water maze는 1981년에 탄생했다. 십자형 높은 미로elevated plus maze는 1984년에 발명되었다. 지금 이 순간 어느 벌 전문가가 호박벌 한 마리를 그에 맞춰 축소한 크기의 방사형 미로 안에 조심스럽게 넣는다고 해보자. 방사형 미로의 통로는 바퀴살처럼 바깥 방향으로 퍼져나간다.[22] 각각의 통로에는 호박벌을 유혹하는 조화造花가 있다. 이 방법을 이용하면 살충제가 벌의 공간기억에 미치는 영향을 테스트할 수

있다.[23]

어떤 과학자들은 갑오징어가 염수를 채운 T자형 미로에서 투명한 벽 사이로 길을 찾아가는 모습을 관찰해서 그 인지능력을 측정한다.[24] 박쥐가 날아다니며 음파로 탐지해 길을 찾도록 특수하게 개조한 미로나,[25] 혼자 돌아다니는 정탐 개미가 어떻게 식량의 위치를 기억해 자신의 서식지에 있는 다른 개미들에게 알리는지[26] 조사하는 데 유용한 이진 트리 미로binary tree maze도 있다. 곤충학자들은 나방이 애벌레일 때와 성체일 때 Y자형 미로에서 길을 찾는 모습을 관찰함으로써, 변태라는 세포의 격변기 동안 어떻게 공간기억이 유지되는지 그 비밀을 밝히고자 노력 중이다.[27]

식물학자들도 환경 조건이 반영된 다양한 형태의 미로에 씨앗을 뿌리고 묘목을 심어 성장을 측정하는 방법으로 여러 식물 종에 대한 신경생물학 연구를 진행하고 있다. 2020년에 발표된, 세포들이 어떻게 조직tissue을 통해 이주하는지 살펴본 어느 연구는 세포들의 방향 탐색 과정을 관찰하기 위해 미니어처 미로를 만들기도 했다. 그 결과 딕티오스텔리움 디스코이데움Dictyostelium discoideum 아메바 세포가 미로를 빠져나가는 모습(세포 하나가 좁은 복도를 따라 미친 듯이 움직인다)이 담긴 영상이 공개되었다.[28] 그것이 그저 하나의 단세포라는 사실을 알고 있는데도 흡사 술 취한 관광객 같아 보였다.

모든 뇌는 지도 제작자다

한번은 가족과 함께 시카고에 있는 과학산업박물관에 갔는데, 거울 미로라고 하는 것 때문에 끔찍한 시간(몇 분 정도였다고 한다)을 보내야 했다. 무수히 많은 삼각형 거울이 들어차 있는 거울 미로는 악몽, 끝없는 악몽이었다. 시카고 도심지 한가운데에 고문실이 있는 것이다. 당황스러운 거울 미로 안에서는 좁고 어두운 모퉁이를 돌 때마다 또 다른 자신과 만나게 된다. 때로는 서너 명의 내가 한 점에 모이게 되어, 나의 옆모습과 비스듬한 각도의 옆모습 그리고 정면에서 본 모습을 동시에 볼 수도 있다. 또한 네 명의 내가 모두 같은 공을 받으려고 달려가는 사람들처럼, 갑자기 네온 불빛이 번쩍이는 거울을 향해 움직이기 시작한다. 거울에는 무수히 많은 내 모습이 있다. 혼란이 커지면서 공포에 빠진 얼굴로 갑자기 뒤돌아서는 바람에 코트자락이 휘날리면 마치 영원히 그 모습으로 멈춘 것처럼 보일지 모른다.

우리를 지나쳐 뛰어가던 다른 가족들은 거울 미로에서 억제할 수 없는 즐거움을 느꼈을 것이 분명하다. 무한한 즐거움. 나도 가족과 함께였지만, 자아를 완전히 잃을 위기에 처했다. 내 경우는 단지 길을 잃었던 것이 아니라, 여러 버전의 나 자신이 동시에 길을 잃는 모습을 지켜보았던 것이다. 희미한 어둠 속에서 나는 겁에 질려가는 내 자신들을 보았다. 또 다른 거울이 있는 막다른 곳에 다다르자, 어떻게 하면 경보를 울릴 수 있는지 궁금해지기 시작했다. 미로를 빠져나가는 데 얼마나 오랜 시간이 걸릴 거로 생각했을까? 미로에 들어온 지 하루가 지난 건 아닐까? 우리가 지나온 방향이나 통로에 대한 감각이 전혀 남아 있지 않았다. 마치 실타래가 풀려버린 것처럼 시간의 순서도 뒤죽박죽이 되어버렸다. 정말로 창피한 경험이었다.

결국 큰아들 맥스가 나를 데리고 미로에서 빠져나왔다. 맥스는 부드럽게 내 손을 잡고 오로라 같은 네온 불빛을 통과해 출구로 이끌었다. 맥스가 어떻게 했는지 모르겠다. 당시에 맥스는 예닐곱 살 정도였다. 맥스는 어디로 가야 할지 알고 있었다.

1945년 톨먼이 가르치는 대학원생 가운데 한 명이 스승이 만든 미로의 입구에 조심스럽게 쥐 한 마리를 놓았다. 연구실 밖으로 보이는 노스 비치와 미션 디스트릭트의 불빛이 마치 다른 세계로 향하는 미로처럼 반짝이고 있었다. 당시에는 심리학 분야에서 행동주의behaviorism가 형성되고 있었다. 행동주의는 급진적이었다. 행동주의자들은 의식은 관찰할 수 없으니 무시할 수 있다고, 따라서 인지의 복잡도는 행동이라는 프리즘을 통해서만 연구해야 한다고 주장했다.

행동주의자들은 행동으로 관찰할 수 없다면 어떤 것도 진실이 아니라고 생각했다. 엄격한 행동주의자들은 한발 더 나아가 우리가 하는 행동은 모두 행동 반사, 즉 외부의 자극에 대한 멈출 수 없는 반응이며 자유의지는 그저 환상에 지나지 않는다고 밀어붙였다. 미로의 좁은 통로를 달리는 쥐가 거둔 성과는 일련의 단순한 반사작용의 최종산물일 뿐이다. 미로를 처음 달릴 때 쥐는 느리다. 쥐는 실수한다. 수많은 실수, 그릇된 시작, 막다른 곳에 이르는 결말. 하지만 쥐는 빨리 배운다. 보상을 통해 쥐가 특정한 경로를 따라 미로를 통과하도록 길들이면, 실수는 줄어들 것이다. 최종적으로 쥐는 요리조리 재빠르게 목표지점을 향해 달려서 미로를 통과하고 말 것이다.

1948년 톨먼은 이렇게 썼다. "이러한 행동주의자들의 견해에 따르면, 쥐의 중추신경계는 복잡한 전화교환대에 비유할 수 있을 것이다." 즉 쥐는 단순한 기계라고 할 수 있다. 환경에 관한 정보는 감각기관에서 수신되고, 그런 다음 근육으로 전달된다. 이것이 행동주의였다. (매서운 눈초리에 흰 수염이 난, 어두운 표정의 산타클로스처럼 생긴) 이반 파블로프는 개를 길들여 벨 소리에 침을 흘리게 한 공로로 1904년에 노벨상을 받았다. 그는 행동주의자였다. 1930년대 하버드대학교의 저명한 행동주의자인 B. F. 스키너B. F. Skinner(수염은 없었다)는 '스키너 상자'라고 알려진 특별히 설계된 상자에서 나오는 특정 신호에 반응하도록 쥐와 비둘기를 길들였다. 상자 안에서 동물들은 레버나 열쇠를 밀어 자극에 반응했다. 스키너는 자유의지가 환상이라고 생각했다. 우리는 환경에 반응하는 기계라는 것이다. 그러나 톨먼은 동의하지 않았다. 그는 행동주의자가 아니었다. 그 대신 자신을 현장이론가라고 불렀다.

1930년대에 시작된 일련의 미로 실험을 통해 톨먼은 몇 가지 놀라운 사실을 발견했다. 그는 행동주의가 모든 것을 설명하지 못한다는 것을 보여주었다. 어떤 것들은 관찰할 수 없을지라도 진실이다! 예를 들어 톨먼은 쥐가 복잡한 미로를 통과해 먹이가 든 상자까지 가도록 훈련시켰다. 그런 다음 먹이가 있는 곳까지 가는 경로를 막아버렸다. 톨먼은 쥐가 복잡한 미로를 통과하는 다른 경로(장애물을 우회하는)를 찾으려 한다는 것을 발견했다. 실제로 다른 실험에서 쥐는 전에는 가지 않았던 지름길을 선택해 미로를 통과했다. 톨먼은 쥐가 단지 목표지점까지 가기 위한 일련의 방향전환(좌회전 → 좌회전 → 우회전 → 좌회전 → 먹이)만 학습하는 것(행동주의)이 아니라는 사실을 입증했다. 그 대신 쥐는 머릿속에 미로를 공간적으로 재현했다. 심상지도mental map를 구축한 것이다. 심상지도는 현장이론가에게 꿈의 결과물이다. 행동주의로는 예측하지 못했을 결과였다. 단순한 기계로는 불가능한 일이었다. "우리는 학습 과정에서 환경에 대한 현장지도 같은 무언가가 쥐의 뇌에 확립된다고 생각한다." 톨먼은 다음과 같이 결론을 내렸다. "그리고 그것은 경로 및 환경과의 관계를 가리키는 잠정적인 지도다. 이 지도에 따라 어떻게 반응할 것인지가 정해지게 될 것이다."

톨먼은 이것을 **인지지도**라고 불렀다. 이것은 내 아내가 시카고 중심부에서 길을 찾을 때나 어떤 사람이 낯선 건물에서 길을 찾을 때 사용하기도 하는 심상지도와 같은 것이다.[29]

그것은 완전히 새로운 발견이었다. 이 발견은 행동심리학을 근본적으로 뒤집어버렸다. 1948년 톨먼은 〈쥐와 인간의 인지지도 Cognitive Maps in Rats and Men〉라는 제목의 기념비적인 논문을 발표했다. 이는 20세기의 다른 위대한 과학적인 발견인 원자를 쪼갤 수 있다는 사실이나 DNA가 나선 구조로 되어 있다는 사실에 필적할 만한 것이었다. 톨먼은 미로를 연구해 빛이 가지 못하는 무의식의 깊은 곳으로 뛰어들었다. 톨먼의 연구는 우리 존재의 가장 기본적인 측면 중 하나인 '우리가 어디에 있는지 어떻게 아는가?'에 관한 사고방식을 근본적으로 바꿔놓았다.

지도를 뛰어넘는 인지지도

인지지도는 공간을 훨씬 단순하게 재현하는 위상학적 지도와는 다르다. 위상학적 지도에서 서로 다른 점의 위치는 어느 정도 (적어도 서로 상대적으로는) 정확하지만, 위상학적 지도에서의 거리와 방향, 크기가 현실을 있는 그대로 나타내는 것은 아니다. 위상학적 지도는 진실을 말하는 거짓말이다. 1931년에 설계된 런던 지하철의 도식적인 노선도는 위상학적 지도의 좋은 예다. 혼란에 빠진 통근객에게 정보를 전달하려는 의도로 만들어진 이 노선도는 회로도처럼 직사각형들이 질서 정연하게 배열되어 있는데, 색색의 직선이 서로 평행, 수직, 대각선을 이루며 교차하고 그 사이에 역들이 표시되어 있어서, 적어도 내가 보기에는 놀라울 만큼 만족스럽지만 실제와는 다르다. 유클리드 기하학적인 측면에서는 전혀 말이 되지 않는다.

노선도에서 영국의 우체통처럼 빨간 센트럴 라인은 동쪽에서 서쪽으로 곧게 날아가는 화살표처럼 런던을 이등분하고 있지만, 실제 센트럴 라인은 구불구불하다. 직선으로 된 구간은 하나도 없다. 노선도에서는 템스강마저도 파란 리본처럼 간단한 형태로 표시되어 있다. 1931년 이전의 노선도는 지리학적으로 훨씬 정확했지만 이해하기가 불가능했다. 현대 런던의 지하철 시스템이 정확하게 담긴 지도들은 온라인에서 볼 수 있는데, 진짜 노선들은 접시 가득 형형색색의 스파게티를 마구 뒤섞어놓은 것처럼 보인다. 위상학적 지도처럼 진실을 반영해야 할 필요가 없는 노선도는 현실을 단순화함으로써 이 문제를 해결했다.

주변환경에 대한 인지지도는, 충분한 정보만 있다면 현실세계에서 경험하는 거리, 축척, 방향이 그대로 반영되므로 훨씬 더 정확하다. 톨먼의 쥐가 미로를 통과하는 지름길을 찾는 데 사용한 것과 같은 방식으로, 우리도 이 지도를 사용해서 특정 위치로 가는 정확한 경로를 계산할 수 있다. 바로 이것이 인지지도가 가진 힘이다.

노라 뉴컴Nora Newcombe(7점. 처음에는 3, 4점이었지만 연습을 통해 발전했다)은 템플대학교의 인지심리학자다. 그녀는 다양한 사람이 자신의 세상을 어떻게 정신적으로 재현하는지에 대해 연구한다. 그녀는 사람들이 머리로 그려내는 심상지도가 모두 같지 않다는 것을 발견했다. 실제로 피험자 중 3분의 1은 어떠한 종류의 인지지도도 형성하지 않는 것처럼 보인다. 뉴컴은 묻는다. "왜 사람들은 쥐든 인간이든 모두에게 들어맞는 하나의 답이 있다고 생각할까요?" 그녀는 톨먼의 실험에서 일부 쥐들은 성적이 좋지 않았다고 꼬집는다. 인간의 경우도 마찬가지다. 일반적으로 성과가 좋지 않은 경우는 주목받지 못한다. 톨먼은 성과가 좋지 않은 쥐들에게는 흥미가 없었다. 실험심리학자들은 대개 피험자의 데이터를 평균 점수로 축약한다.

"대다수의 실험심리학자는 차이를 오류로 간주합니다." 뉴컴에 따르면, 평균과 크게 차이 나는 피험자들의 결과는 이상치outlier로 간주되어 제외당한다. 즉 신호를 약하게 하는 소음으로 간주되는 것이다. 하지만 뉴컴은 평균에서 벗어나 가변성을 보여주는 이상치에 흥미를 느꼈다. 그녀는 바로 그 소음을 듣고 싶었다.

뉴컴의 실험은 단순하다. 피험자들은 실크톤Silcton이라는 VR에 입장해, **경로통합 패러다임**route-integration paradigm이라는 방법으로 길을 찾는다. 그들은 컴퓨터 앞에 앉아 나무가 줄지어 서 있는 가상의 거리에서 비현실적으로 주차된 자동차들 사이를 미끄러지듯 지나간다. 그러면서 점차 두 가지의 서로 다른 경로를 익힌다. 이때 각각의 경로를 따라서 네 개의 독특한 건물, 즉 랜드마크의 위치를 알게 된다. 실험이 여기까지 진행되면, 뉴컴은 피험자들에게 그들이 이미 학습한 두 가지 경로와 연결되는 새로운 두 가지 경로를 추가로 알려준다. 그녀는 피험자들이 두 환경을 통합하는 것, 즉 더 크고 정보가 많은 내부 지도를 형성하기 위해 두 환경을 병합하고 이어 붙이는 일이 얼마나 어려운지 알고 싶어 한다. 예를 들어 첫 번째 경로에서 A 건물 외부에 서 있는 피험자는 몸을 돌려 두 번째 경로상의 D 건물을 정확히 가리킬 수 있는가? 그러려면 복잡한 실크톤에서 한 번도 가보지 못한 경로를 상상할 수 있어야 한다. 누구나 할 수 있는 일은 아니다.

뉴컴의 피험자들은 비슷한 규모의 세 범주로 나뉜다. 첫 번째 집단은 그녀가 **통합자**integrator라고 부르는 사람들이다. 이들은 길을 잘 찾고, 각각의 환경에서 나온 정보를 병합하고 결합해 새로운 슈퍼맵을 만든다. 또 다른 집단은 통합자만큼 잘하지는 못한다. 이들은 **비통합자**non-integrator다. "비통합자들은 경로를 매우 잘 알고 있습니다." 뉴컴은 말한다. "단지 두 경로를 연관 지어 수정하지 못할 뿐입니다." 그리고 또 하나의 집단이 있다. 이들은 **부정확한 길잡이**들이다. 여기서 '**부정확**imprecise'이라는 말은 상당히 절제된 표현이다. 데이터는 이들이 내면의 지도를 전혀 구축하지 않는다는 것을 보여준다. 이들에겐 지도가 없다. 뉴컴에 따르면 "기본적으로 부정확한 길잡이들은 경로에 대해 알려고 하지도 않"는다. "경로를 모른다면 경로 사이의 관계를 제대로 알 수 없습니다."

부정확한 길잡이들은 나와 비슷하다. 실크톤을 목적 없이 방황한다. 인지지도를 만들지 않는다. 뉴컴은 그들이 인지지도를 만들지 않는 이유는 모르겠다고 한다. "그렇게 놀라운 일은 아니에요. 특정 유형의 사회에서는 길 찾기가 그 정도로 중요하지 않으니까요. 우리에게 GPS가 생겼기 때문만은 아니에요. 수십 년 전만 해도 버스나 트램을 타고, 또 갈아탄 다음 직장에 도착할 수만 있다면, 중간중간 자신의 위치를 모른다고 하더라도 문제가 되지 않았습니다. 인지지도를 만들지 않는 것이 습관이 될 수 있어요. 우리가 조금만 더 유목민적인 삶을 살아야 했다면, 그리고 먹거리를 구하러 주변을 살펴야 했다면, 인지지도는 아마도 더 중요했을 겁니다."

해마와 미상핵의 차이

일부 사람이 인지지도를 구축하지 못하는 데는 몇 가지 이유가 있다고 베로니크 보보Véronique Bohbot(8점)는 말한다. 모든 사람이 길을 찾는 데 해마를 사용하는 것은 아니다. 몬트리올에 있는 맥길대학교에서 기억을 연구하는 보보는 해마 대신 **미상핵**이라는 뇌 구조를 사용하는 사람들이 있다는 사실을 발견했다.

바로 그것이 문제다.

1990년대 이후 신경과학자들은 뇌의 어느 영역에서 다양한 인지 과제가 처리되는지 파악하기 위해 기능자기공명영상법functional magnetic resonance imaging, 즉 fMRI라는 강력한 기술을 사

2장 길 찾기의 시작과 끝, 기억

용해왔다. 이 기술로 뇌 활동을 지도화할 수 있게 되었다. 신경 수준에서의 활동은 전기적인 사건이다. 뉴런이 발화하면 자극이 발생하고 신경전달물질이 배출되어 시냅스를 통해 다른 뉴런과 소통할 수 있게 된다. 이렇게 되면 산소가 풍부한 혈액이 활성화된 뉴런 가까이 흘러간다. 뇌 안의 혈류는 뇌의 활동을 뜻한다. 혈류의 변화는 감지해 시각화할 수 있다.

피험자가 fMRI 스캐너(긴 튜브처럼 생겼다—옮긴이) 안에 들어가 누우면, 그의 뇌에서 벌어지는 일을 영상으로 볼 수 있다. 기본적으로 흑백인 뇌 곳곳에서 활성화된 뉴런의 무리가 특이한 색깔의 섬처럼 나타난다. 신경영상 분야는 이러한 형형색색의 활동 영역에 블롭blob이라는, 기술적이라기보다는 서술적인 이름을 붙였다(참고로 블롭을 형성하는 유색의 사각형을 **복셀**voxel이라고 한다). 블롭은 귤색 얼룩처럼 보이며, 마치 페인트볼 총에 맞은 것처럼 뇌의 단색 주름과 이랑 위에 표시된다. 수집한 정보를 정확히 해석하는 방법에 대한 논쟁이 수십 년째 이어지고 있는 이 기술에는 분명 한계점이 존재한다. 하지만 광범위한 의미에서 뉴런이 활동하는 모습을 알려주는 정보라고 할 수 있다.

2003년에 진행한 연구에서 보보는 fMRI 스캐너 속의 피험자들에게 가상의 방사형 미로에서 길을 찾아달라고 요청했다. 미로의 뻗어 나간 길목들에는 모두 가상의 물체가 있었다. 이때 피험자들은 미로의 외곽 너머로 멀리 떨어진 산맥의 크고 작은 산봉우리들, 나무들, 석양 같은 단순한 풍경을 볼 수 있었다.

미로를 탐험하며 구조를 학습하는 피험자들에게 보보가 "특정 물체가 놓인 곳으로 가주세요"라고 지시하면, 그중 절반은 랜드마크를 이용해 길을 찾았다. 그들은 산이나 줄지어 선 나무, 태양 등을 가이드로 삼았다. 보보는 이것을 **공간적** 전략이라고 부른다. 그들이 미로를 통과할 때 해마의 활동이 증가했다. 하지만 나머지 절반은 달랐다. 그들은 이동할 때 미로의 길목 수를 세는 것 같은 **비공간적** 전략을 사용했다. 이들의 해마는 아무런 반응을 보이지 않았지만, 미상핵이 폭발적으로 활동하기 시작했다.[30]

두 전략의 차이는 어마어마하다. 뭐니 뭐니 해도 미상핵은 뇌의 자동조종장치다. 가령 당신은 지금까지 수천 번이나 선택했던 길을 따라 직장에서 나와 집으로 돌아온다. 이후에는 어떻게 집에 돌아왔는지 기억나지 않을 것이다. 미상핵이 당신을 집에 데려왔기 때문이다. 마치 신발끈을 묶거나 오토바이를 탈 때처럼, 반복하다 보면 그 길은 점점 절차기억procedural memory이 되어간다. 자동화된 것이다. 뇌는 이러한 종류의 임무는 효율성을 높이기 위해 미상핵에 위임한다.

하지만 그것은 길 찾기와 다르다.

보보의 피험자 중 절반은 해마를 이용해서 공간적으로 길을 찾았다. 나머지 절반은 비공간적인 전략, 즉 미상핵을 이용했다. 하지만 그들이 미로의 구조를 학습하면서 수치가 점차 바뀌기 시작했다. 연습을 거듭할수록 더 많은 피험자가 공간적 전략을 사용하는 대신 미상핵에 부하를 걸었다. 이것이 뇌가 **작동하는**

방식이다. 하지만 미상핵은 인지지도를 구축하지 않기 때문에 정보를 제공하기만 할 뿐이다. 미상핵은 주변환경을 가로지르는 지름길을 밝혀내려고 하지 않는다. 미상핵은 평소 다니던 길이 폭풍우에 쓰러진 나무로 봉쇄되었을 때 다른 길을 제안하지 못한다. 해마만이 그런 일을 할 수 있다. 그렇다고 해마가 모든 사람을 위해 그런 일을 하는 것은 아니다. 따라서 다시 질문을 던져 보자. 처음부터 미상핵을 이용해 미로에서 길을 찾는 사람들은 어떤 이들일까?✦

바로 인지지도를 만들지 못하는 사람들이다. 그들은 뉴텀의 VR인 실크톤에 들어갔다가 심상지도를 만들지 못하고 방황했던 바로 그런 사람들이다.

기억이 길을 찾는다

"인지지도에 쏟아부은 노력의 대부분은 공간을 탐험하는 데 쓰입니다"라고 옥스퍼드대학교의 컴퓨터 신경과학자 팀 베렌스Tim Behrens(4점. 매우 형편없다)는 설명한다. 과학자들은 대개 쥐가 미로를 헤매거나 트랙을 따라 움직이는 모습을 관찰해왔다.

✦　보보는 피험자들이 길을 찾는 데 사용하는 전략에 유연성이 있는지는 실험하지 않았다. 미상핵을 사용하는 사람이 해마를 사용하도록 훈련할 수 있는지는 알려져 있지 않다.

베렌스는 그 대신 수학적인 모델을 이용해 복잡한 인지 과정(인지지도를 형성하거나 기억을 저장)을 이해하려고 노력하고 있다.[31] 인지지도는 단지 공간뿐 아니라 그 이상을 모델화한다고 베렌스는 강조한다. 사실 그것을 지도라고 부르는 것조차 지나친 단순화다. 그보다는 섬세한 정리 기계, 세계 모형, 기록 엔진, 사용설명서, 패턴 감지기 등으로 불러야 한다. 베렌스에 따르면 우리는 인지지도 덕분에 세상에 관한 의미론적 지식을 추출해낼 수있다. 그 결과 우리는 환경의 다른 부분이 서로 어떻게 관련되는지 이해할 수 있다. "우리는 그것을 구조적 지식structural knowledge이라고 부릅니다"라고 베렌스는 말한다.

예를 들어 영화 〈킬 빌〉이나 〈펄프 픽션〉을 생각해보자. 베렌스의 추천작은 〈메멘토〉다. 이들은 모두 다른 관점에서 이야기가 진행되는, 장면 사이에 갑작스럽고 삐걱거리는 점프컷 전환이 있는 삽화적 영화다. 이 영화들은 비선형적인 시간대를 가지고 있다. 〈메멘토〉에서는 사건이 역순으로 전개된다. 그런데도 우리는 〈메멘토〉를 이해하며, 그 서사를 해독할 수 있다. 다시 말해 우리는 뒤죽박죽으로 얽혀 있는 정보들에서 구체적인 정보(구조적 지식)를 추출하고 비선형적인 서사를 재정렬해 이해할 수 있다. 이는 우리가 당연하게 여기는 무의식적인 과정이지만, 인지지도를 형성하는 것과 동일한 신경망에 의해 작동된다. "이런 영화들은 사건들을 하나의 이야기로 묶어서 제시하지 않고 각각 개별적으로 제시해요"라고 베렌스는 말한다. "사건의 조각들을 연결하고 제대로 끼워 맞추기 위해서는 영화 속에 흩어져 있는 다양한 힌트를 최대한 많이 기억하고 있어야 합니다."

기억을 형성하고, 강화하며, 저장하는 뇌 영역(피질, 해마 및 해마와 관련된 구조물)이 이러한 구조적 지식을 제공하는 역할을 한다. "우리는 각각의 사물이 서로 어떻게 연관되는지에 대한 정확한 본질과, 사물이 서로 연관되는 **경향**에 대한 통계를 학습하게 됩니다"라고 베렌스는 설명한다.

즉 인지지도가 우리의 뇌를 감독하는 셈이다. 베렌스의 설명이 이어진다. "저는 지금 발을 테이블에 올려놓은 채 의자에 앉아 있습니다. 왼쪽에는 문이 있고, 앞에는 소파가 있습니다. 그리고 당신과 통화하고 있습니다. 이 이미지들이 제게 특별한 의미를 갖지 않는 이유는, 이전의 경험을 통해 전화란 먼 곳에 있는 사람끼리 소통하는 도구라는 것, 사물들의 상대적인 위치 개념, 소파는 그 위에 걸터앉는 가구라는 사실을 이해하고 있기 때문입니다."

베렌스 같은 컴퓨터 신경과학자들은 복잡한 인간의 능력을 본뜬 강력한 알고리즘을 구축할 수 있다. 그렇게 만들어진 AI 프로그램은 체스와 바둑, 〈스페이스 인베이더〉 같은 게임에서 인간을 능가한다. AI 프로그램은 수백만 가지의 다양한 이동 경로의 조합을 순식간에 처리하고 분류하며, 늘 정답을 선택한다. 신경망처럼 작동하는 딥러닝은 강력한(그리고 약간은 불길하기까지 한) 안면 인식 프로그램을 탄생시켰다. 그런데도 컴퓨터들은 여전히 인간이 이해하는 것과 같은 방식으로 세상을 이해하지 못한다. 인간처럼 세상에 관한 풍부하고 깊고 직관적인 추론을 이끌어내지 못한다.

"사람의 뇌나 인지지도 같은 것들은 어떤 사건의 핵심을 추상화하는 마법 같은 방법을 사용합니다"라고 베렌스는 말한다. 그의 알고리즘들은 복잡하고 다층화되어 있지만, 그런 작업은 하지 못한다. 이를 위해서는 인간의 뇌처럼 끝없이 주변환경에서 데이터를 수집하는 유기 슈퍼컴퓨터가 필요하다. 해마는 피질 및 다른 뇌 영역과의 연결을 통해 인지지도를 구성한 다음 세상의 규칙성에서 지식을 습득해 세상을 이해한다. 하지만 이렇듯 놀라운 뇌의 마법은 여전히 미스터리로 남아 있다. 베렌스에 따르면 "뇌는 우리 자신이 인지한 공간 안에서 어떻게 하는 것이 맞는지 알아낼 수 있도록 세상에 대한 모델을 구축"한다.

베렌스는 이처럼 이해의 비약이라 부를 만한 작업을 뇌가 어떻게 수행하는지에 대해 여전히 알지 못한다. "뇌는 매우 강력합니다. 하지만 우리는 뇌가 어떻게 작동하는지 모릅니다."

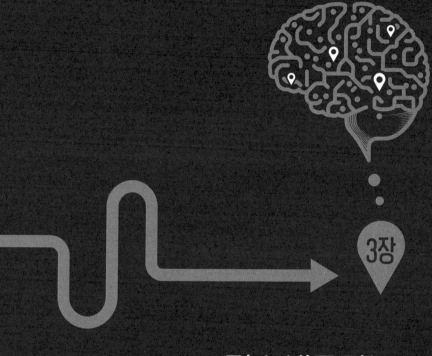

3장

장소세포라는
길잡이

DARK AND MAGICAL PLACES
The Neuroscience of Navigation

1970년대에 유니버시티칼리지런던에서 박사후연구원 생활을 하던 시절, 존 오키프 John O'Keefe는 당시 많은 연구자가 그랬듯이 기억과 관련된 해마의 역할에 관심이 있었다. 당시 아주 작은 전극을 쥐의 뇌에 삽입해 쥐가 자유롭게 움직일 때 발생하는 뉴런의 전기적 활동을 기록하는 새로운 방법이 발견되었기 때문이다. 뉴런이 활성화되면 독특한 전기신호(활동전위 action potential로 알려진, 못 spike 모양의 신호)가 생성되는데, 그것을 탐지할 수 있을 정도로 충분히 가까운 곳에 전극이 있다면 측정할 수 있다.

오키프는 이 방법을 이용하면 기억에 대한 중요한 통찰을 얻게 될 것으로 생각했다. 그는 2004년 뉴욕주립대학교에서 강의하며 이렇게 회상했다. "저는 기억이 어떤 모습인지 보고 싶었습니다."

그러나 그런 일은 일어나지 않았다. 전극을 해마 근처에 삽입하고 뉴런이 활동할 때 나타나는 스파이크 패턴(못처럼 뾰족하게 위로 향한 패턴—옮긴이)을 모니터링하기 시작했을 때, 그는 두 가지 특이한 뉴런 집단을 발견했다. 첫 번째 집단은 예상대로 세타 활동theta activity이라고 불리는 규칙적이고 느린 리듬의 파동 패턴을 발화했다. 하지만 두 번째 집단은 달랐다. 대부분 눈에 띄게 조용했고, 아무 일도 하지 않았다. 하지만 이따금 두 집단 중 하나가 갑자기 활동을 시작해 발화속도가 빨라지면, 전기적 충격으로 인한 요란한 소음과 함께 가파른 산처럼 생긴 뾰족한 패턴이 나타났다. 처음에는 이런 패턴이 발생하는 이유를 짐작할 수 없었다.

2014년 오키프는 다음과 같이 썼다. "그날따라 유난히 따로 떨어져 있는 뉴런들의 패턴을 기록하고 있었는데, 혹시 이 뉴런들이 쥐가 하고 있는 일이나 이유보다는 쥐의 현재 위치에 관심이 있는 것은 아닐까 하는 생각이 들었다." 쥐가 특정한 장소(이를테면 개방된 대형 울타리의 북서쪽 모퉁이)에 도착하면 해당 뉴런들이 발화했다. **철컥!** 다른 곳에서는 다시 침묵했다. 이전에 발화했던 곳으로 쥐가 돌아오면 뉴런들은 다시 발화했다. **철컥!** 상자의 북서쪽에 있는 모퉁이에서 활성화되었던 뉴런들은 그 위치에서는 발화하지만 다른 곳에서는 발화하지 않았다. 울타리를 탐험하고 있던 쥐의 뉴런들을 관찰하다가 오키프는 깨달았다. "그 뉴런들은 동물의 위치를 암호화하고 있었던 것이다!"

오키프는 이 뉴런을 **장소세포**라고 불렀다.

공간의 근거

거의 해마에서만 발견되는 장소세포는 피라미드세포의 한 유형이다. 피라미드세포는 100여 년 전에 스페인의 신경과학자 산티아고 라몬 이 카할Santiago Ramón y Cajal이 최초로 기술했다. 카할은 오랫동안 다양한 뇌 구조에 대한 수백 개의 신경해부학적 이미지를 제작해 그 미세한 구조를 절묘하게 보여주었고, 그 공로를 인정받아 1906년 노벨상을 받았다. 뇌 구조에 대한 그의 몇 가지 중요한 발견은 역사적인 사건의 반열에 올랐다.

카할이 1896년에 잉크와 연필로 그린 그림 중 하나에는 토끼의 대뇌피질에 있는 피라미드세포의 모습이 세밀하게 묘사되어 있다. 그 그림 속의 피라미드세포는 기이한 회색빛 숲에서 뿌리가 뽑힌 채 땅 위에 둥둥 떠다니는 나무처럼 보인다. 길게 쭉 뻗은 축삭돌기는 피라미드 모양의 세포체에서 뻗어 나와 가지를 치고 두 갈래로 갈라져, 끝부분에서 굵은 가지돌기를 이룬 채 수천 개의 다른 뉴런과 연결되어 정보를 주고받는다. 피라미드세포는 대뇌피질과 편도체에서 두루 발견되지만, 이들은 해마 또는 해마 주변에서 위치만 암호화하는 것으로 보인다. 문제가 더욱 복잡한 것은, 처음 장소세포를 발견하고 몇 년이 지난 후 오키프가 **장소오류세포**misplace cell라는 개념에 대해 이야기했기 때문이다. 어떤 동물이 어떤 곳에 무언가가 있기를 기대하고 갔는데, 그 무언가가 그곳에 없을 때 장소오류세포가 발화한다는 것이다.

오키프는 쥐가 활동하지 않을 때 장소세포가 약 10초에 한 번씩 발화하는 것을 보여주었다. 하지만 일단 활성화되면 훨씬 빠르게 신호를 보내기 시작해서, 높아진 활동전위가 초당 20회 이상 쏟아져 나온다. 이러한 자극은 위치를 알려주는 표지판이나 커서, (지도에 사용하는) 핀처럼 작동한다. 장소세포가 발화하는 정확한 위치는 위치 필드 또는 발화 필드라고 알려져 있다. 예를 들어 당신이 현관에 서 있다고 상상해보자. 그러면 현관과 관련된 특정 장소세포가 활성화된다. 하지만 집 안으로 들어가 복도를 따라 걷기 시작하면 그 장소세포는 발화를 중단하고 조용해진다. 이처럼 장소세포는 단일한 장소(현관)에만 소속되어 있다. 당신이 집 안을 여기저기 돌아다닐 때 이번에는 다른 장소세포들이 차례로 이 방 저 방에서 발화하기 시작했다가, 다시 조용해진다. 장소세포들의 활동은 각각 집 안에서의 고유한 위치를 가리킨다. '세포 #008: 부엌 싱크대', '세포 #192: 내가 가장 좋아하는 독서 의자', '세포 #417: 거리가 내다보이는 침실 창' 등등. 이런 식으로 장소세포는 한 번에 한 장소씩, 전체 공간을 계속해서 인지지도로 만들고 있다.

장소세포는 어떻게 그런 일을 하는 것일까?

1978년 오키프와 함께 《인지지도로서의 해마The Hippocampus as a

Cognitive Map》라는 책을 공동 집필했던 네이델은 이렇게 설명한다. "가장 단순한 의미에서 장소세포는 일반적으로 해마에 있는 뉴런입니다. 이와 비슷한 것들이 다른 뇌 영역에서도 발견되죠. 장소세포의 행동성을 조절하고 유발하는 것은 모두 해당 동물이 어디에 있는지와 관련됩니다." 동시에 그는 장소세포가 하는 일은 그게 다가 아니라고 강조한다. 인지지도의 정의가 조심스럽게 수정되고 있는 것과 마찬가지로 연구자들은 장소세포가 더 광범위한 역할도 맡고 있는 것은 아닌지 묻기 시작했다. 네이델은 묻는다. "우리가 그것을 장소세포라고 부를 때 그 장소세포가 정말 우리가 생각하는 장소세포일까요? 실제로 그것은 훨씬 흥미로운 것일지 모릅니다. 연구자들은 그것을 장소세포가 아닌 기억저장세포engram cell✦ 또는 개념세포concept cell라고 부르기 시작했습니다." 장소세포를 어떻게 정의하고 이해할 것인지에 관한 논쟁은 신경과학자들이 의견일치에 이르기 전에는 끝날 것 같지 않다. 어쩌면 신경과학자들은 의견일치에 이르지 못할 수도 있다. 네이델은 장소세포를 규모가 더 큰 세포 네트워크의 구성요소라고 생각한다. "장소세포가 홀로 '당신의 위치를 알려줄게요' 하고 깃발을 들고 있는 것은 아닙니다. 장소세포는 동물의 연속적인 행동과 더불어 그러한 행동이 동물을 특정한 장소로

✦ 기억 저장(engram)은 신경 조직에서 발생하는 변화에 관한 이론으로, 기억의 지속으로 이어진다. 바꿔 말해 기억의 흔적이다.

이끌고, 그곳에서 무엇을 얻을 수 있는지 기대하게 하는 광범위한 세포 네트워크의 일부입니다."

오키프와 네이델의 《인지지도로서의 해마》 출간은 신경과학과 철학 그리고 기술적 선언이었다.[1] 한마디로 이 책은 게임의 판도를 바꿨다. 아름답고 지적인 이 책을 통해 신경과학의 한 분야가 탄생했다. 책은 이렇게 시작한다. "공간은 우리의 모든 행동에서 중요한 역할을 한다. 우리는 공간 안에서 살고, 이동하며, 탐험하고, 공간을 지킨다. 방, 하늘의 장막, 두 손가락 사이의 틈, 마침내 피아노를 옮긴 후의 빈자리 등 우리는 쉽게 공간을 가리킬 수 있다."

단순하고 기발한 설명으로 책을 시작한 두 저자는 약간은 어렵게 느껴지는 선문답 같은 일련의 질문을 던지며 혼란을 일으킨다. '물체가 공간 없이 존재할 수 있을까?', '공간은 물체 없이 존재할 수 있을까?', '두 물체 사이의 공간이 실제로 작은 입자로 채워져 있다면 그것을 계속 공간이라고 할 수 있을까?', '공간이 존재하기는 하는 것일까? 아니면 지어낸 것일까? 인간이 만들어낸 상상력의 산물일까?', '만일 우리가 공간을 만들었다면 어떻게 만들었을까?'

이는 장소세포를 찾아 나서게 했던 흥미롭고 실존적인 질문들이었다.

2014년 오키프는 길 찾기 과정을 통제하는 복잡한 신경 회로에 대한 연구로 노벨상을 받았다. 나중에 공간을 암호화하는 다른 세포에 관한 연구에 이바지했던 두 명의 노르웨이 연구자와 공동으로 수상했다. 이제는 나이가 여든이 넘어 백발이지만 턱 수염은 여전한 오키프는 유니버시티칼리지런던에서 50년이 넘도록 연구활동을 이어가고 있다. 오키프와 네이델은 1960년대 말에 맥길대학교를 함께 졸업했다. "브롱크스 출신 아일랜드인과 퀸스 출신 유대인의 만남이었죠." 네이델은 2014년에 진행한 인터뷰에서 이렇게 회고했다.[2] 이제 두 사람은 런던에서 함께 우리 몸 안의 길 찾기 시스템을 연구하고 있다. 1968년 8월 소련의 탱크가 프라하를 침공했을 때 네이델은 박사후연구원 과정을 중단하고 아내와 두 아이를 밴에 실은 뒤 이미 런던을 뒤흔들고 있던 오키프를 찾아갔다. 그리고 그들은 하룻밤 사이에 유명인사가 되었다.

"우리가 처음부터 이런 연구를 하려고 했던 것은 아니었습니다." 네이델의 설명이다. "누구도 시도한 적 없는 조건하에서 동물의 뇌에 전극부터 찔러 넣었으니, 무슨 일이 벌어질지 어떻게 알았겠어요?"

오키프와 네이델은 전극 근처에 있는 장소세포의 발화를 기록하는 장치를 간단하게 만든 적이 있었다. 당시에 데이터는 자기 테이프에 기록되었고 분석은 나중에 했다. 위치에 따른 발화 패턴은 두 사람을 놀라게 했다.

"처음 우리가 그 소리를 들었을 때 반응은 이랬어요. '**도대체 저게 뭐야**?'"

호그와트를 탐험할 수 있는 이유

휴대전화로 안드레 펜턴André Fenton(7점)에게 전화를 걸었을 때, 그는 막 열차에서 내려 시원하고 천정이 높은 워싱턴 D.C. 유니언역의 인파를 헤치며 이동 중이었다. 바쁘게 출근하는 사람들의 소리가 수화기 너머로 흘러나오고 있었다. 뉴욕대학교 신경과학센터의 신경생물학자인 펜턴은 인간의 뇌에서 일어나는 기억의 저장과 조정에 관한 연구를 하고 있다. "지식에 관심이 많습니다." 그는 소음에도 아랑곳하지 않고 말을 이어갔다. "지식은 어디에서 오는 것이며, 어떻게 얻을 수 있고, 어떻게 만드는 것인지 그리고 그 지식이 실제로 존재하는 것과 대응하는 관계인지 등에 대해서 말입니다."

장소세포가 지식의 특정 유형(공간적 지식)을 저장하기 때문에, 펜턴은 장소세포뿐 아니라 그들이 돕고 있는 신경 시스템 구축에도 관심이 많다. "길 찾기 시스템의 멋진 점은 그것이 곧 지식에 관한 전반적인 시스템이라는 겁니다. 단지 길 찾기 시스템을 사용하는 것만으로도 우리에게 이 시스템이 있다는 것을 증명할 수 있어요. 저는 유니언역에서 막 내렸는데, 제가 여기에 와 있는 것은 우연이 아니니까요."

하지만 펜턴을 비롯한 많은 사람에게 장소세포는 여전히 해결되지 않은 수수께끼다. 펜턴은 이렇게 설명한다. "장소세포는 활동전위를 방전해 공간에서의 특정 위치를 알려주는 것으로 보입니다. 그런데 제가 방금 말한 내용 중 특히 흥미로운 점은 '그런데 장소세포들은 어떻게 위치를 알고 신호를 보낼까?' 하는 것입니다."

아마도 장소세포는 눈이나 귀처럼 다른 감각기관을 구성하는 세포와 비슷하다고 말하고 싶을지도 모르겠다. 하지만 장소세포는 이들 세포와 다르다. 눈을 살펴보자. 안구 뒤편에 있는 망막은 빛을 감지하는 센서처럼 작동한다. 시각정보는 빛에 특화된 세포에 도달하면 신경 경로를 통해 뇌에 전달되면서 수집된다. 이때 시각피질은 눈에서 수집한 감각정보를 정리해 인간이 이해할 수 있게 편집하고 해석한다. 이처럼 본다는 것은 충분히 복잡한 과정이지만, 적어도 물리 세계에서 온 빛에서 출발한다.

빛은 감각할 수 있다. "현실 세계에서 추적할 수도 있고요. 적어도 원칙적으로는 말입니다." 펜턴은 말한다. "장소세포가 멋진 것은, 추적할 수 없다는 점입니다. 명시적으로 공간에서 위치를 탐지할 수 있는 센서는 없습니다. 그러나 장소세포는 공간에서 위치에 관해 뭔가 알고 있는 것처럼 보입니다." 장소세포는 여전히 미스터리다. 장소세포라는 이름이 붙은 지 50년이 지났지만 여전히 그것을 다 이해하지는 못한다. 관련해 우리가 알고 있는 거의 모든 것은 상자나 미로, 트랙에 갇힌 동물에게서 얻은 것이다. 장소세포는 말 잘 듣는 길잡이다. 장소세포 덕분에 지구상에 있는 곳은 어디든 지도에 표시할 수 있다. 장소세포의 힘은 가늠할 수 없을 만큼 강력하다. 인간이 마침내 화성에 가게 된다면, 장소세포는 우리가 화성에서도 길을 찾을 수 있게 해줄 것이라고 펜턴은 말한다. 장소세포 덕분에 우리는 전체 우주의 지도를 만들 수 있다. 심지어 상상 속에서나 존재하는, 가상의 세계도 탐험할 수 있다. "우리는 호그와트라는 이야기 속 세상도 이해할 수 있습니다." 어둠 속에서도 쥐의 장소세포는 쉬지 않고 인지지도를 구축한다. 소형 눈가리개를 쥐에게 씌우면 장소세포가 위치에 따라 다르게 발화한다. 우스꽝스럽게 들리겠지만, 이 사실에서 우리는 유익한 정보를 얻을 수 있다.

어떻게 장소세포는 이런 일을 할 수 있을까? 펜턴은 장소세포의 수가 상대적으로 소수라고 말한다. 그런데 어떻게 장소세포는 무한하게 큰 우주와 존재하지 않는 가상의 장소를 암호화할 수 있을까? 사실 어떤 장소에 대한 신호를 전송하려면 한 개 이상의 장소세포가 필요하다. 개방된 소규모의 울타리를 탐험하는 쥐의 위치를 암호화하기 위해서는 소수의 장소세포만으로도 충분할지 모르지만, 대규모의 복잡한 환경에서는 더 많은 장소세포가 필요하다. 그래서 숫자가 중요하다.

펜턴은 말한다. "이 문제를 해결하는 한 가지 방법은, 사람이나 쥐의 뇌에 100만 개의 세포로 구성된 해마 시스템이 있고, 그안에 다양한 영역이 존재한다고 가정해보는 것입니다." 펜턴에따르면, 각 영역에는 10만 쌍의 장소세포가 존재하는데, 그중 약 10퍼센트는 언제나 활성화되어 있다. 동물이 이동할 때 또 다른 10퍼센트의 장소세포가 특정 위치를 나타내기 위해 발화한다.

"장소세포는 체스처럼 '처음에는 이 부분, 다음 단계에는 저 부분'과 같이 단순한 방식으로 발화하지 않습니다. 그것은 연속적인 표현입니다. 매 순간 1만여 개의 장소세포가 발화합니다. 언제 어디서든 1만 개의 고유한 장소세포가 발화할 겁니다"라고 펜턴은 설명한다.

위치 암호화 패턴

바꿔 말해, 내가 부엌 싱크대에 서 있을 때 갑자기 활동을 시작하는 장소세포(세포 #008)는 고유하다. 하지만 이 장소세포는 해마 시스템 전반에 걸쳐 그리고 아마도 그 경계선 너머까지 흩어져 자신과 함께 동시에 발화하는 9999개 정도의 친구가 있다. 내가 가장 좋아하는 독서 의자에 앉으면 1만 개의 또 다른 장소세포가 발화한다. 이는 내 위치를 암호화하는 완전히 다른 조합이다. 어쩌면 일부 장소세포는 동시에 두 장소에서 발화할지 모른다. 하지만 그렇지 않은 장소세포도 있다.✦

어떤 장소를 나타내는 것은 함께 발화하는 장소세포들의 특정한 조합이다. 이러한 구성 원칙을 **앙상블 코드**ensemble code라고

✦ 특정 장소를 나타내는 장소세포 전체가 시간이 흐르면서 바뀐다는 단서가 있다. 이를 표상 표류(representational drift)라고 한다.

한다. 하나의 위치를 암호화하기 위해서는 동시에 발화하는 별개의 고유한 장소세포들의 앙상블(합주)이 필요하기 때문이다. 이와 같은 시스템의 계산능력은 믿기 어려울 정도로 강력하다. 그리고 당황스럽다. 장소세포가 함께 발화하는 방식, 즉 특정 앙상블을 결정하는 방식에 패턴이 있다면 과학자들은 아직 그것을 찾아내지 못한 상태다. 두 장소세포 사이에는 지형학적 관계가 존재하지 않는다. 바꿔 말해 해마 안에서 바로 옆에 위치한 두 장소세포는, 현실 공간에서는 매우 멀리 떨어진 두 위치를 각각 나타낼 가능성이 크다. 두 세포는 전체의 일부로서 모두 같은 위치에서 발화할 수도 있다. 또는 아닐 수도 있고.

펜턴은 이렇게 설명한다. "26개의 알파벳을 이용해서 어마어마하게 많은 수의 단어를 만들 수 있는 것처럼, 소수, 또는 상대적으로 소수(수십만 개)의 세포를 이용해서 사실상 무한히 많은 장소의 가능성을 계산할 수 있습니다."

컴퓨터 신경과학자들은 상대적으로 소수의 세포(이를테면 해마에 있는 수십만 개의 장소세포)가 물리적인 우주처럼 방대하고 무한한 무언가를 암호화하기 위해 함께 발화하는 원칙에 **희소 코딩**sparse coding이라는 이름을 붙였다.

만일 펜턴이 장소세포나 장소세포가 공간에서 우리의 위치를 암호화하는 것에 관해 알고 싶다면, 먼저 전극을 뇌에 삽입해 장소세포의 전기적 활동을 모니터링해야 한다. 이것은 오키프가 1970년대에 사용했던 기술이다. 일반적으로 이 연구에서는 쥐가 쓰인다. 대부분의 연구자는 전극을 삽입할 곳으로 장소세포가 특히 풍부한 쥐의 해마를 겨냥한다. 이것은 쉽게 할 수 있는 일이 아니다. 하지만 수십 년의 세월이 흐르면서 연구자들은 점차 그 일에 능숙해졌다.

연구자들은 10년 이상 네 개의 전극이 있는 테트로드_tetrode_를 사용해왔다. 이런 방식을 이용하면 한 번에 여러 뉴런의 발화활동을 기록할 수 있다. 마이크를 여러 사람이 모여 있는 곳에 놓으면 한두 사람의 대화뿐 아니라 여러 사람의 대화를 동시에 녹음할 수 있는 것과 같은 원리다. 다만 장소세포들이 해마 전체에 흩어져 있으므로, 동시에 몇 가지 대화만 들을 수 있다. 펜턴은 한 동물에게서 아마도 10개 정도의 장소세포를 포착할 수 있을 것이라고 설명한다. 물론 운이 좋다면 한 번에 60개나 되는 장소세포에 가깝게 다가갈 수 있을지 모른다. 그 결과 쥐가 움직일 때 실시간으로 장소세포가 발화하는 모습을 볼 수 있다. 하지만 해마에는 수십만 개의 장소세포가 있고 경계 너머에도 흩어져 있어서 특정 장소를 암호화하기 위해 1만 개 정도의 장소세포가 동시에 갑자기 발화한다면, 아무리 연구를 잘했다고 해도 불완전한 그림을 제공할 수밖에 없다. 마치 대규모 폭동의 역학관계를 연구하기 위해 소수의 사람을 추적하는 것이나, 50명의 목소리만으로 1만 명이 나누었던 대화의 조각을 이어 붙이는 것과 같다.

공간과 비공간을 아우르는 미스터리

몇 가지 매우 중요하고 근본적인 측면에서 장소세포는 미스터리로 남아 있다. 연구자들은 정상적인 뇌에 얼마나 많은 장소세포가 있는지에 대해서도 합의하지 못하고 있다. 펜턴은 다른 연구자들처럼 최선의 예측치를 이용해 연구 중이다. 이 방법이 불완전해 보이지만, 연구자들은 개별적인 장소세포의 발화를 바탕으로 쥐를 둘러싼 물리적인 지도(또 다른 유형의 인지지도)를 구축할 수 있다.[3] 본질적으로 장소세포는 **지도**다. 특정 환경에서 소수의 장소세포가 발화하는 위치를 파악하면 각 세포의 발화 필드를 지도에 나타낼 수 있다. 예를 들어 세포 #007은 쥐가 울타리의 북서쪽 모퉁이를 탐험하고 있을 때만 발화한다. 세포 #013은 쥐가 울타리의 한가운데로 잘못 들어섰을 때만 활성화된다. 펜턴 같은 연구자가 (특정 장소세포의 발화 필드가 표시된) 쥐의 인지지도를 만들어놓으면, 더는 쥐의 위치를 확인하기 위해 실제로 관찰하지 않아도 된다. 그 대신 장소세포의 신호를 이용해 쥐의 물리적인 위치를 재구축할 수 있다. 이 과정을 해독decoding이라고 한다. 쥐의 뇌에 있는 세포에서 직접 쥐의 인지지도, 즉 쥐의 생각을 읽는 것이다.

유튜브에는 그 과정을 보여주는 영상이 몇 가지 있다. MIT의 매트 윌슨Matt Wilson이 촬영한 거친 흑백 영상에서는 쥐 한 마리가 좁고 구불구불한, 경사진 트랙을 따라 달린다. 카메라는 위에서 쥐의 움직임을 촬영하고 있다. 쥐가 달릴 때 윌슨은 쥐의 해마 속 장소세포 일곱 개의 활동을 한 번에 기록한다. 그는 뉴런 일곱 개의 활동을 구별하기 위해 각각에 서로 다른 색상 코드를 부여 했다. 트랙의 시작 부분에서 장소세포 중 하나가 다른 장소세포 보다 훨씬 빠르게 발화하는데, 그때마다 뭔가 터지는 소리가 들 린다. 이 뉴런의 발화가 일어난 위치에 녹색 점이 반짝이는데, 트 랙의 시작 부분에만 국한되어 있다. 다시 말해 윌슨이 모니터링 하고 있는 일곱 개의 뉴런 중에서 이 뉴런(세포 #001)은 이 위치 에서만 발화한다. 쥐가 트랙에서 크게 우회전할 때 '녹색' 뉴런은 침묵 상태가 되고, 다른 장소세포(세포 #002)가 대신 발화한다. 그 뉴런의 발화는 파란 점으로 반짝이는데, 쥐가 트랙에서 우회 전을 마칠 무렵 나타난다. 이런 식으로 우리는 발화지점을 알 수 있다. 하지만 펜턴은 우리가 장소세포에 대해 아는 것보다 모르 는 것이 훨씬 많다고 말한다.

"제 생각에는, 우리는 아는 게 전혀 없어요."

동시에 펜턴은 장소세포가 정보를 제공하고 만드는 데 도움 을 주는 인지지도와 마찬가지로 그저 공간을 암호화할 뿐 아니 라, 지식을 저장한다고 믿는다. 최근의 연구에 따르면 인지지도 덕분에 우리는 사회적인 공간처럼 추상화된 것에서도 길을 찾 을 수 있다. 해마는 공간에 관한 지도 외에도 사회적인 위계질서 를 이해하고 역학관계를 알 수 있게 도와주는 복잡한 지도를 만 든다.[4] 사실 장소세포가 해마의 다른 뉴런과 구별되는 점은 특별히 없다. 어쩌면 해마의 뉴런은 적절한 환경이 되었을 때 단지 모두 공간적인 정보를 나타내는 것뿐일지 모른다. 장소세포가 소리[5]나 냄새,[6] 또는 얼굴이나 사물[7] 같은 비공간적인 정보를 암호화한다는 사실을 보여주는 연구결과도 있다. 우리가 그들을 장소세포라고 생각하는 이유는 단지 그들이 암호화하는 거의 모든 정보가 공간적인 구성요소를 포함하고 있기 때문이다. 펜턴은 이렇게 말한다. "장소세포가 지식 같은 것을 대표한다고 생각합니다. 그리고 지식은 완전히 추상적이죠. 모두 머릿속에서 계산되는 것들입니다."

이것은 우리가 어떻게 장소세포를 이용해서 호그와트 같은 가상의 장소나 화성처럼 실재하지만 누구도 가본 적 없는 장소를 상상하는지 설명해준다. 물론 장소세포의 뛰어난 계산능력에도 불구하고 오류가 발생할 수 있다. 펜턴은 제대로 발화하지 못하는 경우가 있다고 말한다. 만약 특정 장소에 오직 한두 개의 장소세포만 관계되고, 그 발화에 오류가 생긴다면, 상황은 난처해질 것이다. 어떤 장소를 나타내는 데 동시에 1만 개의 장소세포가 작동하는 것은 이를 예방하기 위한 조치다. 나는 펜턴에게 곰곰이 생각하고 있던 한 가지 질문을 던졌다. "장소세포는 어째서 잘못된 위치는 절대 암호화하지 않는 것처럼 보이죠?"

펜턴에 따르면 장소세포들도 실패한다. 늘 일어나는 일이다. 당신이 바위가 흩어져 있는 스코틀랜드만에서 끝없이 쏟아지는 비를 맞으며 서 있다고 해보자. 그런데 장소세포들은 스코틀랜드만이 아니라 타임스스퀘어나 도쿄, 또는 집에서 샤워하는 중이라고 잘못된 신호를 보낼 수 있다. 이러한 순간에 장소세포들은 추억의 장소를 암호화하고 있는 것이라고 펜턴은 말한다. 추억들, 이전에 갔던 장소들. "물론 이는 장소를 재현해주는 유용한 시스템에 바라는 것이기도 합니다. 한 번도 재현된 적이 없다면, 그곳에 대해 어떻게 알 수 있을까요? **그곳**에 대해 모른다면 목적을 가지고 계획을 세우거나 그곳까지 갈 수 없을 겁니다."

펜턴은 전극을 이용해서 이러한 순간들을 실시간으로 기록하고 있다. "종종 장소와 상관없는 엉뚱한 장소세포들이 발화하는 모습을 볼 수 있습니다. 마치 다른 장소를 가리키고 있거나 재현하고 있는 것처럼 말입니다. 그것을 소음으로 여길 수도 있지만, 제대로 실험하고 있다면 장소세포가 단순히 어떤 장소에 대한 기억을 재현하고 있거나, 아니면 가고 싶거나, 또는 가고 싶지 않은 장소 등을 나타내고 있다는 사실을 알게 될 겁니다." 장소세포들은 몇 분에 걸쳐 장소를 잘못 재현하지는 않는다. 0.5초 또는 그 이하다. "늘 일어나는 일입니다." 펜턴은 다시 한번 강조한다. 그리고 주의 깊게 살펴보면 그 모습을 볼 수 있다.

짧고 기이한 파동

샌프란시스코에 있는 통합신경과학센터의 로렌 프랭크Loren

Frank(7점)는 이러한 순간, 즉 아주 짧은 시간 동안 장소세포들이 어딘가 다른 장소를 나타내는 순간에 지대한 관심을 품고 있다. 그 짧고 기이한 0.5초 동안 다수의 장소세포는 우리가 갈 **수도** 있었을 무한히 많은 장소를 살펴보고 있는 것이라고 프랭크는 설명한다. 뇌 안에 있는 것이 모두 그러하듯 이런 유형의 활동은 전기적인 특성을 지니고 있어서 관찰할 수 있다. 이를 SWR파sharp-wave ripple(예각파)라고 한다. 신경과학자들은 일찍이 1969년에 최초의 원시적인 전극을 이용해 SWR파를 기록했다. 오키프는 1978년에 자유롭게 돌아다니는 쥐에게서 일어나는 세포활동을 모니터링하다가 장소세포를 발견했다. 수십 년이 흘러 오늘날의 연구자들은 그 독특한 전기적 활성 패턴을 모든 포유류(인간, 영장류, 고양이, 박쥐, 설치류 등)에서도 관찰하고 있다. SWR파는 제브라피시 같은 포유류가 아닌 종에서도 관찰되고 있다. SWR파의 정체는 무엇일까?

프랭크는 이렇게 설명한다. "SWR파는 사람들이 딴생각에 빠지거나 편안한 '오프라인' 상태일 때 많이 발생하는 것 같습니다." 전극으로 감지된 SWR파는 단일한 크고 뾰족한 파형과 함께 일련의 빠르게 줄어드는 진동으로 나타난다. 마치 호수에 돌을 던질 때 수면에 나타나는 잔물결 같다. SWR파가 지속되는 시간은 불과 100밀리초 정도지만, 그것이 특별한 이유는 10만 개의 뉴런이 동시에 참여하는, 뇌에서 일어나는 모든 발화 패턴 가운데 가장 동기화된 패턴이기 때문이다. "역사적으로 SWR파는 피험자가 수면 중인 상황에서 더 많이 연구되었습니다. 해마가 깨어 있는 동안 경험했던 패턴을 반복 재생해 해마 외부의 신경 가소성을 유도함으로써 장기기억으로 저장하리라는 아이디어 때문이었죠." 이러한 이유로 신경과학자들은 상당 부분이 미지의 영역으로 남아 있는 장기기억의 강화 프로세스와 SWR파를 관련지어 생각하게 되었고, 오늘날에는 SWR파를 재생 파동이라고 부르기도 한다. 당연하게도 여러 연구에서 SWR파가 하는 일을 방해하면 장기기억 강화에 근본적으로 부정적인 영향을 미친다는 사실이 밝혀졌다.

신경과학자 기요르기 부즈사키 György Buzsáki(8점)는 1983년 논문에서 최초로 SWR파를 체계적으로 설명해냈다.[8] "하룻밤에 약 3000개의 뾰족한 파동이 나타납니다." 부즈사키는 현재 뉴욕대학교 랑곤보건신경과학연구소 Langone Health Neuroscience Institute에서 연구 중이다. "만일 제가 다른 것은 모두 그대로 두고 3000개의 날카로운 파동을 당신의 뇌에서 지워버린다면, 당신은 우리의 대화를 기억하지 못할 겁니다."

하지만 SWR파가 기억과만 관계된 것은 아니다. 때로는 장소세포 전체가 해마 전역에서 동시에 발화한다.

"SWR파가 정말로 흥미로웠던 점은 그리고 지금까지도 여전히 흥미로운 점은 어떤 경로를, 또는 미래에 일어날 가능성이 큰 일을 직접적으로 보여준다는 것입니다"라고 프랭크는 말한다. 다시 말해 어떤 때는 장소세포 전체가 해당 동물이 어딘가에 없다는 사실을 전하기 위해 함께 발화한다는 것이다. 프랭크가 본 것처럼 말이다. 이러한 순간에 장소세포들에 문제가 생긴 것은 아니다. 오히려 장소세포들은 가장 최근에 있었던 공간과 관련 있는 기억을 재조사하고, 일어날 법한 다양한 미래를 자세히 살피고 있다. 마치 앞으로 태풍이 어디로 갈 것인지 그 가능한 경로를 보여주는 스파게티 모델(날씨 관련 데이터를 모두 더해 예측한다) 같다.[9] 공간과 관련된 미래는 항상 존재한다.

SWR파의 전문가인 부즈사키는 이것을 이해하고 있다. 그는 쥐가 미로를 탐험한 후에 잠이 들었을 때 SWR파를 억제했다. 일반적으로 쥐는 수면 도중에 미로의 정확한 인지지도를 만들며 공간기억을 강화하느라 바쁘다. 바로 이때 '파동'이 필요하다. 부즈사키는 해마에 파동이 생기지 못하게 하는 것은 해마 전체에서 기억을 소거하는 것만큼이나 치명적이라는 사실을 알게 되었다.[10] 해마가 없으면 쥐는 길을 잃는다.[11]

"해마가 길 찾기에만 관여하는 것은 아닙니다"라고 부즈사키는 강조한다. 광범위하게 말해서 해마는 뇌의 기억 발전소다. 하지만 더 복잡한 길 찾기도 수행한다. 부즈사키는 이것을 정신적 여행이라고 부른다. "정신적 여행을 통해 과거로 돌아가는 것을 우리는 기억이라고 부르죠. 미래로 가는 경우는 상상 또는 계획이라고 합니다."[12]

샌프란시스코에 있는 자신의 연구실로 돌아온 프랭크는 이와 같은 정신적 여행의 짧은 사례들을 연구하고 있다. 그는 이렇게 설명한다. "그러니까, 장소세포들이 지금 당장에 대해서는 암호화하지 않는다는 것을 암시하는 식으로 활성화되는 경우입니다. 우리는 (깨어 있는) 동물이 어떤 환경에 있으면서도, 이를테면 20분 전에 있었던 다른 환경과 고유하게 연관된 순차적인 장면들을 재생replay할 수 있다는 것을 보여주는 논문을 발표했습니다."

프랭크는 이런 유형의 활동이 뇌 안에서 그리 드문 일도 아니라고 강조한다. "놀라울 만큼 오랫동안 현재 위치를 나타내고 있는 것 같지 않은 시스템이 있습니다. 마치 다른 장소를 생각하고 있는 것 같아요."

몇 주 전 펜턴과 이야기하는 와중에 그가 유니언역에서 플랫폼을 건너는 중이라고 했을 때 나는 비슷한 순간을 경험했다. 나는 펜턴이 유니언역의 아치형 지붕 밑에서 체스판 모양의 바닥을 가로질러 걸어가는 모습을 상상했다. 다시 말해 나는 그곳으로 정신적 여행을 떠났던 것이다.

뇌는 뇌의 주인보다 빠르다

2020년 프랭크는 국제적인 학술지인 《셀》에 영화 〈매트릭스〉와 비슷한, 〈해마에서 가능한 미래 재현들 사이의 지속적인 초단시간 순환Constant Sub-Second Cycling between Representations of Possible Futures in the Hippocampus〉이라는 제목의 글을 발표했다.[13] 프랭크를 비롯한 저자들은 이 글에서 우리가 길을 찾을 때 장소세포들은 현재 위치를 암호화하는 작업과 앞으로 갈 곳을 표상하는 작업을 빠르게 오가는 중이라고 설명한다. 즉 서로 다른 수천 개의 전체 장소세포가 **현재**와 수많은 미래의 가능성 사이에서 끊임없이 움직이고 있다는 것이다. 이리저리 그리고 현재에서 미래까지. 쥐가 세 갈래 미로에서 길을 찾고 있을 때,[14] 그 쥐의 장소세포들은 1초당 대략 여덟 번씩 미래에 갈 수 있는 공간이 어디일지 고민한다. "결정의 순간이 점점 다가올 때 그 쥐가 할 수 있는 일은 왼쪽으로 가거나 오른쪽으로 가는 선택지들을 1초에 여덟 번씩 번갈아가며 재생해보는 것입니다. 그런 다음 어느 한쪽으로 가게 됩니다." 프랭크의 말이다.

뇌는 뇌의 주인이 가능한 미래로 나아가게, 상상하거나 기억했던 공간으로 전진하게 한다. 장소세포들은 이와 같은 정신적 여행을 현실에서 일어나는 물리적인 여행보다 약 20배 빠르게 수행한다. 프랭크에 따르면 이는 "믿기 어려울 정도로 중요"한 일이다. "기억이 육체보다 빠르게 움직이지 못한다면 쓸모없기 때문입니다. 여러분은 어떤 장소에 대해 생각하고 싶어 합니다. 그리고 그곳을 확대해 보려고도 하죠." 진화론적인 관점에서, 곧 닥칠 미래에 무슨 일이 일어날지 예측할 수 있는 것은 우리가 올바른 결정을 내리게 해주기 때문에 매우 중요하다. 안전한 상태를 유지하고, 미리 계획을 세울 수 있기 때문이다. 원시인류는 길이 굽어지는 곳에 포식자가 기다리고 있는지 궁금했을 것이다.

현대에 이르러 이러한 상황은 '오늘 출근길은 어떤 길로 가야 할까?'라는 질문으로 대체되었다. SWR파 덕분에 우리는 미래의 가능성을 정신적으로 시뮬레이션하고 최적의 경로를 설계할 수 있다.

프랭크는 이렇게 설명한다. "과거의 경험을 이용해서 결과를 상상하는 능력이 있다면, 다음에 해야 할 일을 결정할 때 커다란 이점이 될 것입니다. 진화 과정에서 기억을 저장할 수 있는 시스템이 생긴 이유는 과거를 회상하는 것이 유용하기 때문이 아니라, 그러한 기억이 다음에는 어떤 일이 일어날 것인지 정확하게 예측하는 데 믿기 어려울 정도로 유용하기 때문입니다."

해마가 가능한 미래에 대해 엿보려고 할 때, 그러한 미래를 이해하고, 평가하고, 고민하려면 뇌 전체를 동원해야 한다. 프랭크에 따르면, 전전두엽피질(의사결정 같은 실행 기능을 통제하는 뇌 영역)에서 SWR파가 발생했을 때 무작위로 선택된 뉴런의 최대 70퍼센트가 하고 있던 일을 순식간에 변경한다. 경험과 그 결과를 연관시키는 데 중요한 역할을 하는 측좌핵nucleus accumbens에서도 이와 동일한 변화가, 즉 무작위로 선택된 뉴런의 약 절반이 활성화되는 수준의 갑작스러운 변화가 나타난다.

프랭크는 이렇게 강조한다. "그것은 뇌의 모든 영역에 걸쳐 나타나는 현상입니다. 제 연구는 뇌가 언제나 현재만 생각하는 것은 아니라는 개념을 이해하고자 합니다."

파리 몽마르트르의 경사가 가파른 골목길, 또는 시카고에 있는 거울 미로의 난해한 부분처럼 복잡한 환경에서 장소세포는 서로 다른 선택지 사이에서 미래의 궤적을 살펴보며 늘 저울질한다. 갈림길에서 왼쪽, 갈림길에서 오른쪽, 갈림길에서 왼쪽, 갈림길에서 오른쪽으로. 인간의 뇌는 이와 동일한 방식으로 작동하는 것일까?

"당연하죠. 그것이 바로 뇌의 작동방식입니다." 프랭크의 답이다.

프랭크는 뇌와 관련한 이러한 사건들이 왜 어떤 사람들은 길찾기를 유독 잘하는지에 대한 이유라고 생각한다. 지속적으로 수행하고 있는 연구에서 나온 초기의 결과에 따르면, 모든 사람이 동일한 방식으로 SWR파를 생성하지 않는다. 다시 말해 어떤 사람들은 자신을 미래의 공간적 가능성에 투사하는 데, 즉 정신적 공간으로 치고 들어가는 데 더 능하다. 어쩌면 내 아내는 SWR파를 더 많고 강하게 생성하는 방법으로, 가능한 경로들을 저울질하고 그중 가장 좋은 경로를 잘 예측하는 것일지 모른다.

나중에 내가 같은 질문을 하자, 부즈사키는 이렇게 말했다. "이렇게 추측해볼 수 있을 것 같습니다. 뇌에서는 모든 것이 연속체로 존재하며, 분리되어 있는 것이 없습니다. 창의력도 연속체입니다. 지각능력도 연속체입니다. 길을 잘 찾는 사람도 있고 그렇지 못한 사람도 있다는 것은 상식입니다. 머리가 좋게 태어나든 나쁘게 태어나든, 그건 엄청난 가치를 갖는 질문입니다."

전극, 또는 fMRI

장소세포에 관한 대부분의 데이터가 쥐를 비롯한 동물에게서 수집된 데는 한 가지 이유가 있다. 간단히 말해 공간을 탐험하는 동안 뇌 활동을 기록하고자 수술적인 방법으로 뇌에 전극을 삽입하려는 사람이 없기 때문이다. 설사 자원하는 사람이 있다고 하더라도 허용되지 않을 것이다. 그런데 인간의 뇌에도 전극을 삽입할 수 있는 순간이 있다고 애리조나대학교의 인지신경과학자인 아르네 엑스트롬Arne Ekstrom은 말한다. 수십 년 동안 그는 뇌전증 환자들의 뇌에 전극을 삽입해 장소세포들의 활동을 기록해왔다.[15]

"지금까지 뇌에 전극이 삽입된 100명 정도의 환자를 대상으로 시험해온 것 같습니다. 전극은 뇌에서 발작이 일어날 가능성이 큰 곳을 찾아내기 위해 다양한 위치에 삽입됩니다." 엑스트롬의 설명이다. 환자가 병원에서 발작을 일으켜 전극이 발작의 근원을 알아낼 수 있기를 기다리는 동안, 엑스트롬은 환자를 길 찾기 과제에 참여시킨다. 이 과제는 VR을 활용하는데, 환자가 컴퓨터 앞에 앉으면, VR과 환자의 뇌에 삽입된 전극이 동기화된다.

엑스트롬은 말한다. "환자가 VR에서 특정 지역을 탐색할 때와 병원이라는 현실에서 활동할 때 발생한 활동전위(그리고 그 밖의 각종 전기활동)가 서로 관련된다는 것을 밝혀냈습니다."

엑스트롬의 연구는 인간에게도 장소세포가 있다는 것을 보여주었다. 그는 해마 세포의 20퍼센트 정도가 대상의 공간적 위치에 따라 발화하는 장소세포인 것 같다고 설명한다. "저 수치가 그다지 믿을 만하다고 생각하지는 않습니다. 왜냐하면 어떤 일인지에 따라 편차가 생길 수 있으니까요. 그리고 삽입되는 전극에 따라서도 편차가 생길 수 있습니다."

신경과학자들은 fMRI를 이용해 뇌의 여러 가지 기능을 보여주었다. 방추형 얼굴영역 fusiform face area은 피질 뉴런들의 작은 매듭으로 구성된, 별 특징 없는 영역이다. fMRI 스캐너 안에 피험자를 들어가게 한 다음 인간의 얼굴 사진을 보여주면, 뇌의 밑면에 있는 방추형 얼굴영역에서 뉴런들이 소란스럽게 반응하는 것을 볼 수 있다.[16] 이들 뉴런은 얼굴에 반응하도록 유전자에 각인되어 있다. 방추형 얼굴영역의 피질이 상대적으로 두꺼운 사람들은 얼굴을 더 잘 알아본다.[17]

fMRI를 이용해 공격성, 우울증, 꿈, 약물중독, 슬픔, 후각 등을 분석한 연구들도 있다. 〈뇌 안에서 치통의 강도 추적하기 Tracing Toothache Intensity in the Brain〉라는 제목의 논문을 보면, 연구자들은 피험자를 fMRI 스캐너에 들어가게 한 다음 전기적 충격을 치아에 가해 통증을 느끼게 했다.[18] 2009년 《인지신경과학 저널 Journal of Cognitive Neuroscience》에 발표된 논문은 '분노의 신경해부학과 분노의 반추'를 연구했다. 이 논문은 "피험자들이 어떻게 모욕당했고 괴로웠던 과거를 되짚어야 했"는지 상세하게 설명한다. 일단 fMRI 스캐너에 들어간 피험자들은 아무것도 모른 채 낱말 퀴

즈를 풀어야 했다. 논문은 이후 상황을 이렇게 설명한다. "분노를 조장하기 위해 연구자는 피험자의 말을 끊으며 더 크게 말해달라고 3회 요구한다. 세 번째로 말을 끊을 때 연구자는 무례하고, 기분 나쁘게 그리고 거들먹거리는 어조로 말한다(분노를 유발하는 것이 의도다). '이보세요. 제가 지금 세 번째로 말하고 있잖아요! 시키는 대로 해주실래요?'"

피험자가 부당하게 모욕당한 것에 대해 곰곰이 되짚어보는 동안, 스캐너는 끊임없이 윙윙거리며 아직 풀리지 않은 분노가 그려낸 원형 또는 구 형태의 표시를 수집한다.[19] 이 연구의 결과로 우리는 분노가 배측전대상피질 dorsal anterior cingulate cortex 깊숙한 곳에 존재한다는 사실을 알게 되었지만, 사실 분노 반추 anger rumination는 뇌의 다른 부분들에서도 뜨거운 석탄처럼 붉게 타오르다가 사라진다. 낭만적인 사랑의 블롭은 복측피개영역 ventral tegmental area 전체를 비롯한 보상 네트워크 곳곳에 흩어져 있다. 아울러 사랑에 슬퍼하는 감정(낭만적인 이별에 뒤이어 나타나는 지루하지만 고집스러운 슬픔)은 미상핵의 활동이 감소한 것으로 감지할 수 있다. 마치 불빛이 흐려지는 것처럼 말이다.[20]

1만 6000킬로미터짜리 지식

유니버시티칼리지런던의 엘리너 맥과이어 Eleanor Maguire(그녀는 자신의 공간능력에 1점을 주었다)는 수십 년 동안 fMRI를 비롯한 신경영상 기술을 활용해 길 찾기 능력과 관련된 뇌 영역을 연구해왔다. 그녀의 실험은 이런 식으로 진행된다. 피험자가 fMRI 스캐너 안에 누워 있으면, 연구자들이 수행해야 할 과제를 알려준다. 이를테면 어떤 지도를 상세히 살펴보라거나, 집과 회사 사이에서 가장 빠른 길이 어디일지 추측해보라거나 하는 것들이다. 피험자는 길을 찾을 때, 비록 수평으로 누운 상태로 스캐너 안에 갇혀 있지만, 실제로 공간을 돌아다니는 것처럼 관련 뇌 영역에 불이 들어온다. 마치 불꽃놀이처럼 말이다. 길을 찾는 동안 해마를 중심으로 블롭이 형성된다. 1998년에 발표된 〈어디인지 알면, 그곳에 갈 수 있다Knowing Where and Getting There〉라는 제목의 논문에서 맥과이어는 양전자방출단층촬영positron emission tomography(특정 장기의 기능과 구조에 대한 정보를 제공하는 장치)을 이용해 길 찾기 능력을 연구했다.[21]

이 연구에서 우측 해마는 길을 찾는 도중 믿기 어려울 정도로 활동적이었을 뿐 아니라, 피험자가 정확히 길을 찾을수록 더 활발해졌다(더 크고 더 밝은 블롭). 피험자는 또 다른 길 찾기 과제도 수행했다. 이 과제는 전에는 보지 못했던 목표를 향해 길을 찾아가는 것이었다. 이번에는 뇌의 다른 부분(우하두정피질right inferior parietal cortex)에 불이 켜졌다. 이들 두 부분은 길 찾기에서 서로 다른 일을 맡고 있다. 즉 우측 해마는 공간을 재현하는 인지지도를 만든다. 우하두정피질은 경로를 계산하고 목표지점에 도달하기 위해서 거쳐야 하는 방향 전환의 순서를 계산한다. 좌측 해마도 활성화되지만, 항상성을 보이며 변하지 않는 수준에서였다. 맥과이어는 좌하두정피질이 경로에 대한 변치 않는 기억의 흔적을 유지한다고 믿고 있다. 다른 실험에서 피험자들은 fMRI 스캐너 안에 누워 VR을 탐험하다가 길이 막혀 있다는 것을 발견했다. 이번에는 전두피질(계획 및 의사결정과 연관된 뇌 영역)의 일부에 불이 들어왔다.

런던의 택시 운전기사들은 세계에서 가장 길을 잘 찾는 사람들 가운데 하나다. 그들은 어마어마하게 거대한 현대 도시의 복잡한 도로망을 뚫고 목적지에 도착해야 한다. 섬뜩한 런던의 지도를 보라. M25로 불리는 런던순환고속도로가 대도시를 감싸고 있다. 188킬로미터 길이의 원형 도로인 런던순환고속도로에는 2만 5000개 이상의 도로가 마치 벌집처럼 연결되어 있다. 중심가 곳곳과 연결되어, 거의 1만 6000킬로미터의 도로가 얽히고설켜 있다. 런던의 택시 운전기사들은 이러한 도로에 대해 잘 알고 있어야 한다. 얼마나 아는지를 확인하는 까다로운 테스트도 통과해야 한다. 이 테스트는 말 그대로 '지식The Knowledge'이라고 불리며, 런던에서 택시를 몰려면 이를 통과해야 한다. 스마트폰이 등장했지만, 런던의 택시 운전기사들은 '지식'을 흡수해야 한다.

일반적으로 4년 정도 공부하면 지름길, 일방통행인 거리, 원형 도로와 우회로, 템스강의 굽이를 따라 형성된 거리, 교통 혼잡의 일간 패턴, 관광객들이 많이 찾는 곳 등 모든 것을 완벽하게 암기할 수 있다. 그 기간에 닳고 해진 지도를 앞 유리에 붙인 오토바이를 타고 런던 시내를 질주한 거리가 8만 킬로미터쯤 될 것이다.

그 결과 마침내 머릿속에 런던이 통째로 담긴다. 2006년 맥과 이어는 런던 택시 운전기사들의 뇌 신경영상과 동일한 지역을 운전하는 버스 운전기사들의 뇌 신경영상을 비교했다.[22] 택시 운전기사들과 달리 버스 운전기사들은 6주밖에 교육받지 않으며, 상대적으로 거리가 짧고 잘 짜인 경로에서 벗어나는 일이 절대 없다. 버스 운전기사가 되기 위해 스스로 공부할 필요도 없다. 끝없이 확장하는 대도시를 머릿속에 저장하지 않아도 된다. 끊임없이 반복되는 버스 노선만 기억하면 된다. 두 집단의 뇌가 보여준 차이는 인상적이었다. 런던 택시 운전기사들의 후위 해마(공간적인 정보를 암호화하는 일과 가장 크게 관련되는 뇌 영역)의 부피가 버스 운전기사들보다 훨씬 컸다. 그리고 그곳을 채우고 있는 회백질의 양도 많았다. 마치 보디빌더의 터질 것 같은 이두근처럼 해마는 꾸준한 훈련에, 즉 저장된 공간 데이터(비 내리는 런던 거리를 오토바이를 타고 가로지르며 달리던 세월)에 반응했다. 해마는 택시 운전기사의 기대감에 적응하면서 크기가 커졌다. 택시 운전기사가 혼잡한 런던의 교통망을 뚫고 달린 기간이 길수록, 해마의 부피는 더 커졌다.

에멀린에게 런던의 택시 운전기사에 관한 이야기를 들려주었더니, 이렇게 말했다. "내가 택시 운전기사라면, 당신은 버스 운

전기사겠네."✦

가상현실에서 길 찾기

톨먼에게 미로가 그러한 것처럼 길 찾기를 연구하는 연구자
에게 중요해진 현대적인 접근법이 한 가지 있다. 신경과학자들
이 런던의 거리를 누비고 다니는 택시 운전기사와 버스 운전기
사를 연구하고, 엑스트롬이 병상을 떠나지 못하는 뇌전증 환자
의 뉴런이 작용하는 방식을 엿볼 수 있었던 것도 모두 이 기술 덕
분이다. 바로 VR이다.

맥과이어가 택시 운전기사를 연구했을 때, 그들은 가상의 런
던에서 가상의 택시를 운전했다. VR이 막 사용되기 시작했던
2001년에 유니버시티칼리지런던의 컴퓨터 신경과학자 닐 버지
스Neil Burgess(7점에서 8점 사이)는 공간 연구에 쓸 수 있도록 일인
칭 슈팅 게임인 〈듀크 뉴켐 3D〉를 개조했다.²³ 오리지널 버전(슬
로건 "완전히 붕괴된 세상에 대비하라!")에서는 중무장한 주인공 듀
크 뉴켐이 외계인의 습격을 방어하며 폐허가 되어가는 도시를
탐험한다. 버지스는 코드를 수정했다. 수정된 버전에서 피험자

✦　　런던교통공사의 2017년 통계에 따르면, 런던의 택시 운전기사 중
　　여성의 비율은 2.3퍼센트에 불과하다.

들은 가로 70미터 세로 70미터 크기의 텅 빈 공간을 탐험했다. 외계에서 온 지배자는 도시를 떠났다. 아마도 그들이 승리한 것 같다. 피험자들은 버려진 영화관과 빈 서점, 황폐한 중심가를 따라 인적이 사라진 거리를 탐험했다. 피험자 30명은 기억상실증 환자 H. M.처럼 난치성 뇌전증 치료를 위해 측두엽을 선택적으로 제거한 이들이었다. 하지만 H. M.과는 달리 양쪽 모두가 아니라 왼쪽과 오른쪽 중 한쪽만 제거한 상태였다. 16명의 건강한 대조군과 함께 피험자들은 거리를 걸으며 VR 도시를 탐험했다. 이후 버지스는 그들의 길 찾기 능력과 지도를 그리는 능력, 상황을 파악하는 능력과 특정 사건을 기억하는 능력 등을 측정했다.

맥과이어의 초기 연구에서 예측된 것처럼 오른쪽 측두엽이 제거된 피험자들은 왼쪽 측두엽이 제거된 피험자들보다 길 찾기를 훨씬 어려워했다. 피험자들의 뇌를 스캔하는 와중에 목표지점을 가리키는 화살표 대신 인지지도를 이용해서 길을 찾아달라고 요청하자, 오른쪽 측두엽이 있었어야 할 뇌 영역에 혈류가 증가했다. 특히 오른쪽 해마에 선택적으로 불이 들어왔다. 다시 말해 뇌는 비대칭이라는 것이다. 우리는 한쪽으로 치우쳐져 있는데, 길을 찾는 동안에는 오른쪽 해마가 맡는 역할이 훨씬 크다. 왼쪽 해마는 일화기억과 더 깊이 관련된다. 길을 찾는 동안 일어났던 사건들의 순서 같은 다른 중요한 세부사항과 연관되는 것이다.

더욱 놀라운 점은 길 찾기의 정확도가 해당 능력에 관여하는 뇌 영역의 혈류량과 비례한다는 사실이다. 피험자가 목표지점을 향해 구불구불한 우회로를 택한 경우, 즉 헤매는 경우에는 제대로 길을 찾은 경우보다 우측 측두엽이 덜 활성화되었다.

최근의 VR은 2001년 버지스가 만들었던 텅 빈 도시와는 전혀 달라 보인다. 버지스의 VR은 단순한 수준이었다. 이제 피험자들은 최신 기술을 이용해 완전히 현실처럼 보이는 VR 도시를 탐험한다. 가상의 바람이 불어와 풀들이 나부낀다. 물결이 이는 가상의 호수 위로 하늘 높이 떠다니는 구름이 비친다. "심지어 모든 방향으로 걸을 수 있는 러닝머신을 이용하면 훨씬 쉽게 몰입할 수 있죠. 우리는 여러분을 사하라사막에 데려갈 수도 있고, 툰드라에 보낼 수도 있습니다." 엑스트롬의 말이다.

믿기 어렵겠지만, 연구자들은 심지어 동물 연구에서도 VR을 이용한다. 쥐에 알맞게 설계된 실험이 있는데, 전극이 해마에 있는 장소세포의 활동을 꾸준히 기록하는 동안 해당 쥐는 제트볼JetBall이라는 커다란 스티로폼 위에서 열심히 발을 구른다. 제트볼은 공기쿠션 위에서 떠다니듯 까딱거리며 움직인다. 쥐 앞에 놓인 와이드 스크린에는 시뮬레이션으로 표현된 주위 모습(이를테면 줄무늬가 그려진 미로의 벽)이 끊임없이 지나간다. 인공적인 세상이 펼쳐내는 부자연스러운 빛이 깔린 어두운 방 한가운데서 둥그런 물체 위를 전속력으로 달리는 쥐의 모습을 보면, 초현실적이고 디스토피아적인 무언가가 느껴진다. 하지만 그 실험에서 놀라울 정도로 많은 정보가 쏟아진다. 쥐가 제트볼 위를 달리고 있을 때 전극은 개별적인 장소세포의 활동에 관한 데이터를 꼼꼼히 수집한다. 이를 비롯한 여러 연구를 통해 연구자들은 장소세포가 어떻게 위치를 암호화하는지 더 정확하게 이해하기 시작했다.

버지스는 말한다. "오키프가 장소세포를 발견했을 때, 그는 장소세포가 어떻게 공간을 표현하는지, 무엇 때문에 그런 행동을 하는지 무척 궁금했을 겁니다." 1990년대에 오키프의 연구실에서 연구자로 일했던 버지스는 지금도 이따금 그와 협업한다. "그 이후 우리는 특정 장소에 맞춰 장소세포들을 발화하게 하는 환경적인 요인에 대해 많은 것을 알아냈습니다."

최근 몇 년 동안 버지스를 비롯한 많은 연구자가 뇌의 다른 부분에서 수집된 폭발적인 양의 환경정보에 기초해 장소세포가 공간을 암호화한다는 사실을 이해하기 시작했다. 특히 버지스는 장소세포들이 생성하는 공간정보가 '타당'하다는 점에 주목한다. "장소세포들은 일관적인 답이 생성되도록 서로 연결되어 있습니다. 가장 일반적인 생각은, 모든 장소세포가 서로 연결되어 있어서 특정 장소에서 발화해야 하는 세포의 발화는 돕고, 발화하지 않아야 하는 세포는 발화는 억제해 오류를 줄인다는 것입니다. 이것이 가능한 이유는 10만 개의 뉴런이 힘을 합쳐 어떤 장소를 일관되게 재현해 보여주기 때문입니다." 버지스는 이렇게 덧붙인다. "가장 많은 장소세포에 지지받은 위치가 곧 특정 장소로 여겨질 겁니다. 장소세포 하나하나가 독립적으로 위치를 알려준다면 소음에 취약해질 것이 분명하니까요."

다시 말해 장소세포들은 공간정보를 전송할 때 신중하고 분별력이 있다. 일관성과 소음 감소, 그것은 장소세포의 가장 훌륭한 재능이다. 당신이 엘리베이터 안에 서 있다고 상상해보자. 엘리베이터의 문이 **열리면** 분주한 공항 대합실이 보인다. 사람들이 바퀴 달린 여행가방을 끌며 서둘러 당신 앞을 지나간다. 이 장면에는 논리적으로 부합하는 일관성이 있다. 즉 논리적으로 말이 된다. 엘리베이터의 문이 열리면 공항의 모습이 나와야 하는 것이다. 이번에는 엘리베이터의 문이 열리자, 바람 부는 외딴 해변가가 보인다고 상상해보자. 이 경우에는 논리적인 일관성이 전혀 없다. 두 이미지(공항과 해변가)가 모두 많은 **개별** 장소세포의 앙상블로 발화한다고 하더라도, 전체 장소세포는 결국 논리적으로 가장 일관성이 있는 장소를 표상할 것이다. 장소세포는 의미에 표를 던진다.

길 찾기에 나선 바다영웅

수십 년 전 캘리포니아대학교 샌타바버라 캠퍼스의 인지심리학자 메리 헤가티Mary Hegarty(6점)는 '샌타바버라 방향감각 척도'라고 불리는 테스트를 하나 개발했다. 일련의 질문들에 답하면 자신의 방향감각을 평가할 수 있는 것으로,[24] 다음과 같은 항목으로 구성된다.

- 나는 물건을 어디 두었는지 잘 기억한다.
- 나는 새로운 환경에서 아주 쉽게 길을 잃는다.
- 자동차 뒷좌석에 타고 있을 때도 경로를 아주 잘 기억한다.

피험자들에게서 얻은 데이터는 공간능력에 얼마나 큰 스펙트럼이 존재하는지 보여준다. 헤가티에 따르면 우리는 매우 직관적으로 우리의 공간능력을 알고 있다. 자신감과 기술을 모두 갖춘 사람도 있지만, 끊임없이 고군분투하는 사람도 있다. 공간능력의 개인차를 조사하는 유일한 방법은 수백만 명의 다양한 사람을 대상으로 전체 스펙트럼을 조사하는 것이지만, 연구자들에게 이것은 여전히 불가능한 일일뿐더러 실용적이지도 않다.

하지만 휴고 스피어스Hugo Spiers(6점)가 그 방법을 찾아냈다. 유니버시티칼리지런던의 인지신경과학자인 스피어스는 뇌가 공간을 표현하는 방식과 우리가 길을 탐색하는 방법에 관심이 많다. 그는 현대적인 접근법을 사용한다. 바로 휴대전화다. 피험자들은 〈바다영웅의 모험Sea Hero Quest〉이라는 게임을 한다. 어디서든 잠시 시간이 날 때 넋을 잃고 하게 되는 그런 종류의 게임이다. 참가자들은 바다영웅호를 조종해 가상의 바다를 항해하게 되는데, 레벨이 높아질수록 다양한 장애물이 나타나므로 항해에 나서기 전에 지도를 외우려고 노력한다. 사용자는 멀리 떨어져 있는 목표지점을 향해 가는 도중에, 일기장의 일부를 얻거나 바다 괴물의 사진을 촬영하게 된다.

나도 〈바다영웅의 모험〉을 해보았지만, 완전히 실패하고 말았다. 뿔이 달린 어마어마하게 큰 바다 괴물의 흔적을 쫓아 가망도 없이 바다 위를 떠돌았지만, 결국 찾지 못했다. 〈바다영웅의 모험〉은 75개의 레벨을 따라 진행되는데, 결국 10번째 레벨에서 게임이 끝나고 말았다.

2016년에 출시된 이 게임은 알츠하이머병의 초기 증상 연구를 돕는 특별한 목적으로 개발되었다. 알츠하이머병의 최초 진단은 여전히 종이와 연필을 가지고 하는 기억력 테스트에 의존하고 있다. 의사가 환자에게 특정 숫자를 보여주고 기억하는지 묻거나 시계의 시침과 분침을 정확히 그리게 하는 것이다. 환자가 숫자를 기억하지 못하거나 시침과 분침을 정확히 그리지 못하면 알츠하이머병에 걸렸다는 초기 징후일 수 있다. 많은 경우 이 단계를 넘어가면 손도 써보지 못하고 혼란과 기억상실로 이어져 결국 완전히 자아를 상실하게 된다. 하지만 기억상실이 첫 번째 증상은 아니다. 기억상실은 더 나중에 찾아온다. 처음에는 뇌 안에서 더 미세한 과정이 시작된다. 가장 먼저 죽는 뉴런 중에는 길 찾기 시스템을 도와주는 세포들이 포함되어 있다.

"잘못되기 시작하는 최초의 징후 중 하나는 방향감각을 잃는 것입니다." 스피어스는 말한다. 친숙했던 동네가 갑자기 당황스러운 미로로 뒤바뀌는 것이다. 연구자들은 〈바다영웅의 모험〉

같은 게임이 알츠하이머병을 조기에 발견하는 도구가 되어줄 수 있기를 희망한다. 어쩌면 정말 그렇게 될지도 모른다. 스피어스 같은 연구자에게 〈바다영웅의 모험〉은 다른 목적에도 부합한다. 스피어스는 건강한 사람들이 길을 찾는 방법에 관해 이 게임이 무엇을 알려줄 수 있을지 기대 중이다.

"우리는 한 번도 대규모로 길 찾기를 시험해본 적이 없습니다." 스피어스가 말한다. "너무 어려운 일이기 때문입니다." 하지만 〈바다영웅의 모험〉은 출시된 지 한 달도 지나지 않아 100만 명이 다운로드했다. 게임을 다운로드하는 순간, 그들은 피험자가 되었다. 이것이 스피어스에게 희망을 준다. "이제 데이터베이스에서 400만 명을 살펴볼 수 있습니다. 제 관심사는 이렇습니다. 전 세계의 사람들이 얼마나 다양한지 그리고 거기에 어떤 패턴이 있을지입니다."

카이로의 외곽지역에 사는 한 70세 노인은 한낮의 불볕더위에서 휴대전화을 보호해가며 바다영웅호를 타고 비좁은 해협 사이를 항해한다. 핀란드와 스웨덴이 맞닿는 국경 근처에 사는 한 여인은 아이들이 잠든 한밤중에 게임을 즐긴다. 오스트레일리아의 한 십 대 청소년은 아웃백(사람이 거의 살지 않는 오스트레일리아의 내륙지역—옮긴이)에서 게임에 빠져든다. 런던에서는 한 사무노동자가 점심시간에 샌드위치를 손에 들고 바다 괴물을 찾아 나선다. 나처럼 말이다. 스피어스가 사용할 수 있는 데이터의 양은 엄청나다. 캐나다, 레바논, 말레이시아, 슬로바키아, 스위스 등 전 세계 총 195개국에서 이 게임을 하고 있다. 사람들은 제멋대로 뻗어나간 거대도시와 사람이 거의 살지 않는 오지, 산악지역, 사막, 아프리카 대륙 전역, 시베리아, 미크로네시아를 이루는 수천 개의 작은 섬에서 바다영웅호를 몬다.

GDP와 젠더 그리고 길 찾기

스피어스와 함께 연구 중인 앙투안 쿠트로Antoine Coutrot(길 찾는 데 장애가 있는 수준. 4점)는 수백만 명에게서 나온 데이터를 한꺼번에 처리할 수 있다.[25] 2018년에 발표한 연구결과는 놀라웠다. 그의 첫 연구결과 중 한 가지는 우리의 공간능력은 늘, 게다가 아주 빠르게 나빠진다는 우울한 내용이었다. 스피어스는 놀랄 수밖에 없었다. 공간능력은 노년에 급격히 약화되는 것이라고 예상했기 때문이다.

스피어스에 따르면 "20세부터 길 찾기 능력은 계속해서 나빠"진다. 그래프에서 그러한 하락은 가파르게 떨어지는 선으로 나타난다. 히말라야산맥처럼 말이다. 그러니 오늘 당신의 길 찾기 능력이 형편없다면 내일까지 기다리면 된다. 나이가 같은 단일한 집단 내에서 비교했을 때, 스피어스가 예측한 것과 실제로 측정된 공간능력 사이에는 차이가 있었다. 하지만 그 그래프의 형태에는 많은 정보가 담겨 있다고 스피어스는 말한다. 그는 처음에 공간능력도 정규분포를 이룰 것으로 생각했다. 즉 공간능력을 곡선으로 나타내면, 평균적인 능력의 사람들이 곡선의 정점에 많이 모여 있고, 능력이 아주 좋거나 아주 나쁜 사람들이 곡선의 양쪽 끝에 분포하리라고 예상했던 것이다. 하지만 실제 곡선은 한쪽으로 치우쳐 있었다. 공간능력이 정말 뛰어난 사람은 극소수였고, 공간능력이 조금 나쁜 사람은 엄청나게 많았다. 그래프는 온갖 종류의 나쁜 영역으로 끝도 없이 길게 뻗어나갔다.

놀랄 일이 하나 더 있다. 스피어스는 **출생지**에 따라 길 찾기 능력이 좌우된다는 것을 발견했다. 조금 더 구체적으로 말하자면, 길 찾기 능력에서 가장 중요한 요인은 출생국가의 상대적인 부(1인당 국내총생산GDP)다. 스위스 사용자는 인도 사용자보다, 싱가포르 사용자는 콜롬비아 사용자보다 바다영웅호를 능숙하게 몰았다. 독일 사용자는 이란, 이집트, 필리핀, 세르비아, 베트남 사용자를 이겼다.

그중에서도 스칸디나비아 사람들의 길 찾기 능력이 독보적이었다. 스피어스에 따르면, "GDP가 높은 노르웨이, 스웨덴, 핀란드, 덴마크 등의 사용자가 가장 잘"한다. 게다가 북유럽 국가들에서는 오리엔티어링orienteering✦ 같은 공간적인 요소가 포함된 스포츠가 인기다. 학교에서도 그런 스포츠를 하는 데 필요한 기

✦ 오리엔티어링은 지도와 나침반을 이용해서 낯선 지형을 가로질러 경쟁자들보다 빠르게 확인지점을 모두 찾아가는 스포츠다.

술을 가르친다. 역대 오리엔티어링 세계대회의 메달 개수를 살펴보면 스웨덴(157개), 노르웨이(132개), 스위스(111개), 핀란드(95개) 순이다. 프랑스는 상대적으로 적은 27개의 메달(거의 모두 티에리 조르주Thierry Georgiou라는 강철 같은 한 오리엔티어링 선수가 받은 것이다)을 차지해 5위에 올랐다. 21세기 초 오리엔티어링을 지배했던 조르주는 모든 경기에서 우승했다.

늘 하던 질문을 조르주에게 던지자, 그는 당연하다는 듯이 자신의 공간능력을 10점 만점에 10점으로 평가했다. 미국이나 오스트레일리아 같은 몇몇 국가의 〈바다영웅의 모험〉 실력은 GDP를 기준으로 예측한 것보다 약간 더 좋았다. 이런 거대한 나라에서는 사용자들이 대중교통을 이용하기보다는 직접 운전할 가능성이 커서 길 찾기 능력을 개발할 기회가 많다는 게 스피어스의 설명이다.

수십 년 전 남성이 여성보다 길 찾는 능력이 더 좋다는 가설이 등장했다. 그리고 이런 가설에 힘을 실어주는 연구결과가 계속해서 발표되고, 그 결과 모든 사람이 그 가설에 익숙해진다. 그런 가설을 지원하는 일종의 확증편향인 것이다. 우리는 모두 '남성이 여성보다 길을 더 잘 찾는다는 연구결과가 발표', '남성이 여성보다 방향감각이 더 좋다는 연구결과가 발표' 같은 소식을 꾸준히 접해왔다.[26]

하지만 이것은 사실이 아니라고 스피어스는 꼬집는다. 적어도 남녀가 평등하게 대우받는 나라에서는 사실이 아니라는 것이다. "노르웨이 같은 곳에서는 남녀의 차이를 거의 찾을 수 없어요. 남녀는 다르지 않습니다." 그 이유는 해당 국가들의 성별 격차가 작기 때문이다. 성별 격차가 큰 나라에서 여성은 정치 참여 및 자율권, 경제적 기회의 수준이 낮으며, 글을 깨치고 교육받을 기회도 적다. 세계은행이 2018년에 내놓은 〈여성의 비즈니스와 법 Women, Business and the Law〉에 따르면, 여성을 폭력에서 보호해주는 비율이 0에 가깝고, 여성이 신용을 쌓거나 교육받아 집 밖으로 나가 일할 기회가 거의 없는 나라가 여전히 수없이 많다.[27] 거의 40개국에서 여성은 여권을 남성과 동일한 방식으로 신청할 수 없다. 2018년 6월 전까지 사우디아라비아 여성은 수십 년 동안 운전을 금지당했다.[28] 도로 시스템을 사용하지 못하는데, 어떻게 길을 찾는 법을 배울 수 있을까?

이러한 나라에서 남녀 간 길 찾기 능력은 무시할 수 없는 수준으로 격차가 크게 벌어진다. 레바논에서는 남성이 여성보다 길 찾기 능력이 월등히 뛰어나다. 사우디아라비아와 이란, 요르단, 이집트에서도 마찬가지다. 실제로 이들 지역에서 여성은 자유롭지 않다. 놀라운 일이다. 다시 말해 여성의 운전할 권리를 빼앗고, 집 밖 출입을 금하고, 행동을 면밀하게 통제하면 길 찾는 능력까지 빼앗을 수 있다는 뜻이다. 스피어스는 이처럼 문화적 차이, GDP, 성별 격차가 많은 것을 설명해준다고 강조한다. 어느 집단(자유롭고 평등한 집단일지라도)에서든 길을 잘 찾고 못 찾는 사람은 있기 마련이다. 그래프에서 나쁨의 영역을 나타내는 부분에 존재하는 사람들은 언제나 존재한다.

"제 생각에 이 문제의 근본적인 원인은 내면의 나침반과 주행계, 기억력에 개인차가 있기 때문인 것 같습니다"라고 스피어스는 말한다. "이러한 신경계는 사람마다 모두 다릅니다. 어떤 환경의 공간적인 관계를 판단하는 데 능숙한 사람들은 뇌에서 북쪽(자북 magnetic north이 아니라 일종의 방향감각)을 감지하는 매우 일관적인 감각을 갖추고 있습니다. 길 찾기 능력이 떨어지는 사람들보다 뇌의 신호가 명확하고 깔끔해요. 하지만 우리가 아는 것은 거의 없습니다. 그것은 작은 미스터리라 할 수 있죠."

장소세포만으로는 불충분하다. 수수께끼 같고 불가사의한 발화 패턴으로 다양한 미래를 잠시나마 볼 수 있는 능력을 갖추었는데도, 장소세포들은 스스로 길을 찾지 못한다. 별개의 장소세포 집단이 갑자기 해마 깊은 곳에서 활동을 시작하면 특정 지점에 X 표시를 함으로써 위치를 암호화한다. 그런데 찾아야 할 곳은 그보다 훨씬 많다. 장소세포는 내가 향하는 방향도, 내가 가는 곳이 어디인지도, 얼마나 더 가야 도착하는지도, 정말로 그곳으로 가고 있는지도 말해주지는 않는다. 일제히 발화하는 장소세포 집단은 내가 바라보는 방향조차 알려주지 않는다.

그러한 이유로 내 뇌는 다른 뉴런에 의존해야만 한다.

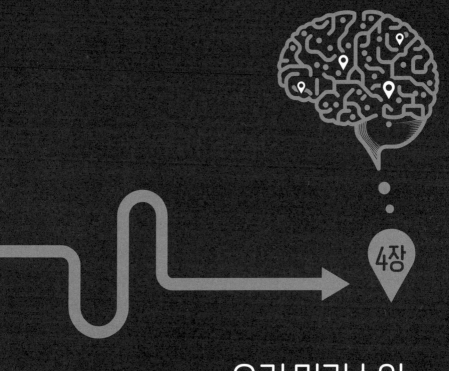

4장

우리 머릿속의
나침반과 격자

DARK AND MAGICAL PLACES
The Neuroscience of Navigation

1984년 1월 15일 제임스 B. 랭크 주니어 James B. Ranck Jr.는 뉴욕 주립대학교 다운스테이트 메디컬센터에 있는 그의 연구실에서 쥐의 뇌에 전극을 삽입하고 있었다.[1] 평범한 일요일 오후였다. 랭크가 사용한 기술은 오키프가 10년도 훨씬 더 전에 런던에서 선보인 것이었다. 당시 랭크는 오키프와 네이델의 연구실을 찾아간 적도 있었다. 그들처럼 랭크도 복잡한 신경계의 기전을 풀기 위해 단일 뉴런의 고유한 발화 패턴을 기록하는 방식으로, 차례차례 뉴런을 기록하며 뇌의 비밀을 해독하려 애쓰고 있었다.

"랭크는 해마에서 출발한 신호에 어떤 일이 생기는지 살펴보기로 했습니다." 다트머스대학교의 신경과학자 제프리 타우버 Jeffrey Taube(9점)는 말한다. 해마는 여러 겹의 빵이 돌돌 말린 시나몬롤처럼 서로 뚜렷하게 구별되고 둥그스름하게 말려 있는 부위들로 구성된다. 그중 하나(신경해부학에서는 CA1이라고 한다)에는 수많은 피라미드세포가 가득 차 있고, 이웃한 뇌 영역과 연결되기 위해 긴 축삭돌기들이 바깥쪽으로 뻗어 있다. "CA1은 일종의 출력 영역입니다." 다시 말해 CA1은 해마와 다른 뇌 영역과의 통신을 담당하는 부분이다. CA1에서 출발한 신호는 먼저 바로 붙어 있는(동시에 좀 더 아래쪽에 있는) **해마이행부**subiculum('지원하다support'라는 뜻의 라틴어에서 유래)로 향한다. 해부학적으로 해마이행부는 우아한 'S'자 모양의 해마를 건물의 1층처럼 떠받치고 있다. 타우버에 따르면 "랭크의 아이디어는 '해마이행부가 있는 아랫부분에서는 무슨 일이 일어나고 있을까'였"다.

아이디어는 좋았지만, 랭크는 전혀 엉뚱한 곳에 초점을 맞추고 있었다.

신경해부학 교과서에는 기능에 따라 깔끔하게 구분된 뇌 영역들이 정리되어 있다. 정육점 벽에 걸려 있는 암소 그림을 떠올려보라. 양지머리, 옆구리 살, 등심 같은 쇠고기의 다양한 부위가 점선으로 뚜렷하게 구분되어 있을 것이다. 해부학자들은 수 세기에 걸쳐 서로 다른 뇌 영역의 기능과 구조를 알아내기 위해, 즉 어떤 영역이 어디에서 시작되고 끝나는지 그 경계를 찾아내기 위해 부단히 노력해왔다.

1909년 독일의 신경생물학자 코르비니안 브로드만Korbinian Brodmann은 오늘날까지도 사용하고 있는 획기적인 뇌 지도를 발표했다. 그는 대뇌피질(표면이 접혀 있거나 이랑처럼 융기되어 있는 부분)을 세포의 구조에 따라 52개 영역으로 구분했다. 브로드만 의 가설은 이들 '브로드만 영역'이 기능적으로 각각 뚜렷하게 구 별된다는 것이었다. 훗날 일부 사례에서 오류가 발견되기도 했 지만, 브로드만의 가설은 대부분 옳았다. 하지만 아직 밝혀지지 않은 뇌 영역의 기능을 확인하기 위한 연구가 계속되고 있다.

2018년 11월 그리스계 오스트레일리아인 신경지도제작자 조 지 팍시노스George Paxinos는 이전까지는 알려지지 않았던 뇌 영역 을 발견했다고 발표했다. 척수와 뇌가 만나는 지점 부근에 아래 소뇌다리inferior cerebellar peduncle가 있는데, 정보가 흘러가는 강의 역할을 한다. 그런데 그 중심부에서 세포들이 하나의 작은 섬을 형성한다는 게 팍시노스의 발견이었다. 그는 이 새로운 구조물 을 **엔도레스티폼핵**endorestiform nucleus이라고 불렀다. 인간에게는 존 재하지만, 붉은털원숭이 같은 영장류나 다른 포유류에게는 없는 엔도레스티폼핵의 기능은 아직 알려지지 않았다. 하지만 이제는 적어도 이름이 생겼다. 이것을 발견했을 당시 팍시노스는 마치 새로운 별을 발견한 것 같았다고 회고했다.[2]

별의 소리를 듣다

1984년의 어느 일요일 오후 랭크는 전극을 멀리 떨어진 '다 른 별'을 향해 조준했다. 그 별은 바로 해마이행부였다. 하지만 랭크의 조준은 빗나갔고, 전극은 해마이행부 옆에 붙은 **후두상회** postsubiculum의 뉴런들이 내는 소리를 포착하게 되었다. 두 구조물의 거리는 불과 몇 밀리미터지만 그 경계는 뚜렷하다고 타우버는 말한다. 둘 사이의 경계는 좁지만 깊다. 남한으로 가는 비행기에 탑승했는데, 느닷없이 북한에 착륙했다고 상상해보라. 하지만 랭크는 개의치 않고 일단 그들이 내는 소리에 집중했다.

타우버는 그 결과를 한마디로 정리한다. "이때 랭크는 일종의 나침반 같은 것을 발화하고 있던 세포를 발견했습니다."

몇 년 뒤 랭크는 최초로 머리방향세포의 모습을 보았다. 이 세포들은 쥐가 동쪽을 가리킬 때마다 발화했다. 런던에서 오키프가 그랬던 것처럼, 랭크는 전극과 스피커를 연결했다. 스피커는 전극이 측정한 전압(뉴런들의 전기신호)을 소리로 바꿔 들려주었는데, 세포가 발화할 때마다 뭔가가 터지는 듯한 짧고 날카로운 소리가 났다. **팡!** 랭크는 "그날 저녁 파티에서 나는 완전히 흥분한 상태였다"라고 썼다. "파티에서 그날 오후에 발견한 아주 흥미로운 세포에 대해 이야기했더니, 한 사람만은 내 말을 들어주었다. 그녀는 내가 하는 말을 거의 알아듣지 못했지만 적어도 나의 발견을 처음으로 들어준 사람이었다."

랭크는 하늘을 나는 기분이었다. 쥐가 동쪽을 향할 때면 '팡팡팡팡' 하는 소리가 났고,[3] 다른 방향으로 몸을 돌리면 **고요**해졌다. 랭크는 뭔가 놀라운 사실을 발견했다고 직감했다. 우선 반신반의하는 마음으로 그 세포들이 지구자기장과는 아무런 상관이 없는지를 확인하고자 자석을 가져왔다. 역시 지구자기장과는 관계가 없었다. "나는 쥐 한 마리의 몸에 60센티미터짜리 케이블을 칭칭 감은 다음 방 이곳저곳을 돌아다니다가 다른 방으로 갔다. 위치와 상관없이 방향에 대해 발화하는 것은 그대로였다."

우리가 모두 몸 안에 나침반을 하나씩 가지고 돌아다닌다는 사실은 놀라웠다. 수년 전 오키프와 네이델의 장소세포 발견만큼이나 믿기 어려운 사실이었다. 후속 연구에서 쥐뿐 아니라 인간에게도 머리방향세포가 있다는 사실이 밝혀졌다.[4] 팍시노스의 엔도레스티폼핵 발견이 새로운 별을 찾은 것과 같았다면, 랭크의 머리방향세포 발견은 수많은 도시와 고속도로가 거미줄처럼 연결된 또 다른 지구를 발견한 것과 같았다.

타우버는 머리방향세포에 관해 잘 아는 사람이다. 그는 머리방향세포를 이해하기 위해, 즉 머리방향세포가 하는 일이 무엇이고 어떤 의미가 있는지 밝혀내기 위해 30년 이상 노력해왔다. 1987년에 타우버가 함께 찍은 사진 속 랭크의 모습은 전형적인 신경과학자다. 무언가에 집중하면 다른 일은 전혀 신경 쓰지 않는 너드nerd 같은 느낌이다. 체형은 말랐고, 커다란 검은색 뿔테에 알이 두꺼운 안경을 썼고, (갈색과 오렌지색, 크림색이 혼합된) 체크무늬 옷감으로 만든 1970년대풍의 폭이 넓은 넥타이를 맸다. 셔츠 주머니에는 펜들이 가지런히 꽂혀 있다. 반면에 타우버는 청바지 차림에 턱수염을 길러 팝 밴드 비지스를 연기하는 배우이거나, 알려지지 않은 비지스의 사촌쯤으로 보인다. 타우버가 왼손으로 쥐를 조심스럽게 감싸 들어 올린다. 오른손으로는 쥐의 머릿가죽에 연결된 기다란 케이블을 쥔 채, 쥐의 머리방향세포들이 들려주는 스타카토 형식의 발화 패턴을 녹음하고 있다.

쥐의 머리방향세포들은 대개 어떠한 순간에도 비활성화되어 있다. 하지만 소수의 쥐는 머리방향세포들이 1초에 200번이나 발화하며, 마치 나침반의 바늘처럼 어떤 방향을 알려준다. 머리방향세포는 타우버가 '우선발화방향preferred firing direction'이라고 명명한 특징을 가진다. 이 세포는 뇌에 있는 거의 모든 뉴런 중에서 신호 대 소음비signal to noise ratio가 가장 높다. 다시 말해 머리방향세포는 자신의 우선발화방향으로 신호를 보내는 '온on' 상태이거나, 아무런 신호도 생성하지 않는 '오프off' 상태다. 그 중간 상태가 없는 것이다. 당신이 현관문에 서 있다가 도로가 있는 방향으로 몸을 돌리면 북쪽을 향하게 된다고 가정해보자. 우선발화방향이 북쪽인 머리방향세포들의 일부가 발화를 시작한다. 이들 세포의 발화속도는 당신이 막 북쪽으로 몸을 돌리기 시작할 때는 느리지만, 점점 빨라져서 곧 최대치에 도달한다. 당신이 완전하게 북쪽을 향하게 된 다음에도 계속해서 몸을 돌리면, 우선발화방향이 북쪽인 머리방향세포들은 잠잠해지고 우선발화방향이 다른 머리방향세포들이 발화하기 시작한다. 마치 나침반의 바늘처럼 정확하다.

"우리는 그것을 '활성화 언덕hill of activity'이라고 불러요." 타우버가 말한다. 몸이 한 바퀴 회전하는 동안 뇌 여기저기가 활성화된다. 머리방향세포는 호흡이나 심장박동 같은 기본적인 생존 기능을 관장하는 뇌의 가장 깊은 곳에 자리한 후두상회, 전방 시상, 유두핵mammillary nuclei, 후뇌량팽대피질 내부, 뇌간 일부 등 10여 곳에 흩어져 있다. 아울러 뇌의 전역에 회로를 형성한다. 그 결과 연구자들은 뇌에 얼마나 많은 머리방향세포가 있는지 등의 기본적인 사항을 파악하는 데조차 어려움을 겪고 있다. 타우버에 따르면 "그것을 알아내기란 불가능"하다. "뇌 전체에 흩어져 있기 때문이죠. 장소세포보다 많거나 비슷할 겁니다."

타우버는 전등이 꺼진 어두운 방에 놓인 쥐를 상상해보라고 한다. 쥐의 눈에 설사 아무것도 보이지 않더라도 달라지는 것은 없다. 쥐의 머리방향세포들은 계속 발화할 것이다. 잠깐일지라도 말이다. 심지어 머리방향세포들이 있는 일부 영역에 의도적으로 상처를 내더라도(H. M.에게 극심한 불면증을 일으킨 해마의 상처처럼) 그 시스템은 결코 작동을 멈추지 않을 것이다. 이는 여러 영역에 걸쳐 위치한 시스템의 이점 중 하나다.

기이하면서도 우아한 시스템

신체는 하나의 사전적 정보로서 우리 자신의 운동에 관한 기록을 보관한다. 시각적인 랜드마크에서 수집한 시각정보와 함께 우리 내부의 기억을 머리방향세포들에 제공한다. 이 **자기제**

안idiothetic **정보**를 제공하는 몇 가지 원천이 있는데, 신체의 공간적인 위치를 인지하는 **고유감각**proprioception이 대표적이다. 예를 들어 눈을 감은 상태에서도 우리는 손이 어디에 있는지 알 수 있다. 자기제안 정보는 중추신경계를 통해서도 제공된다. 중추신경계는 근육에 신호를 보낼 때 나중에 관련 명령을 다시 확인하거나 참조해 수정할 수 있도록 해당 신호를 복제해 보관한다. 이러한 신호를 **원심성 사본**efferent copy이라고 한다(여담이지만 우리가 자신을 간지럽히지 못하는 이유는 원심성 사본 때문이다). **광학 흐름**optic flow(우리가 물리적인 세상에서 움직일 때의 시각적 흐름visual flow) 또한 자기제안 정보의 원천이다. 이것들이 모두 더해지며 움직임에 관한 정보가 통합되는데, 이로써 신경 나침반이 방위方位를 유지하게 된다. 하지만 그 정확하고 구체적인 방법은 아직 알려지지 않았다.

연구 초기에 타우버는 엽서 같은 랜드마크가 있는 환경에 쥐를 집어넣었다. 그리고 그 엽서가 놓인 방향에 반응하는 소수의 머리방향세포를 확인했다. 그런 다음 랜드마크를 다른 곳으로 옮겼다. 그러자 그 머리방향세포들의 우선발화방향이 랜드마크를 따라 바뀌었다. 가령 북쪽에 놓여 있던 엽서를 남쪽으로 옮기면, 쥐가 북쪽을 향할 때만 발화하던 머리방향세포 또한 이제는 쥐가 남쪽을 향할 때만 발화하게 된다. **팡팡팡팡**!

자기제안 정보 중 일부는 평형감각을 관장하는 전정계vestibular system에서 나오는데, 전정계는 액체가 가득한 고리 모양의 관膏들이 내이內耳의 뼈들로 고정된 미로 같은 복합체다. 전정계는 움직임을 측정한다. 머리가 움직이며 생기는 소용돌이를 미세한 털들이 가득 돋아난 세포를 이용해 감지할 수 있다. 그렇게 측정한 머리 위치의 변화를 뇌에 업데이트하는 것이다. 내이 안에 있는 돌처럼 생긴 **이석**otolith(그리스어로 '귀ear'와 '돌stone'을 뜻한다)은 가속을 탐지한다. 인간부터 물고기까지 모든 척추동물은 움직임을 조정하고 감지하기 위해 전정계의 도움을 받는다. 기이하면서도 우아한 시스템이다. 작동을 멈추지만 않는다면 말이다.

"기본적으로 전정계에 문제가 생기면 머리방향세포들도 제대로 작동하지 못합니다." 타우버는 말한다. 전정계에 결함이 생긴 쥐는 길을 찾지 못한다. 인간도 마찬가지다.[5]

얼마 전 나는 가을을 맞아 숲으로 현장학습을 나온 열 살짜리 학생들과 함께 길을 잃었다. 하나같이 똑같아 보이는 1000여 그루의 스트로부스 소나무 사이로 비가 쉬지 않고 내리고 있었다. 지면에는 유령처럼 생긴 옅은 색의 버섯들이 썰물 때의 말미잘처럼 나무줄기 주변에 모여 자라고 있었다. 두툼하고 폭신하게 쌓인 낙엽들은 천천히 흙이 되어가고 있었다. 나는 곳곳에 이끼가 낀 공터를 찾아 학생들과 함께 이런저런 막대기를 그러모아 임시 대피소를 만들었다. 그때 한 아이가 우비를 가지러 오두막집으로 돌아가고 싶다고 했다. 나는 우리가 어느 방향에서 왔는지 알 수 없었다. 그 아이가 숲속으로 들어가 왼쪽으로 틀자, 나무가 없는 작은 언덕이 나왔다. 그리고 우회전, 다시 좌회전. 내가 보기에는 아무렇게나 가는 것 같았다. 숲에는 잘 정비된 길과 그렇지 않은 길이 뒤섞여 있었다. 그 아이는 주저하는 법 없이 톨먼의 쥐들처럼 똑같이 생긴 나무만을 랜드마크 삼아 인지지도를 정확하게 구축했기에, 빗속에서 이끼가 긴 덤불을 통과해 길을 찾아낼 수 있었다. 반면에 나는 마음만 결연했을 뿐 내면의 지도를 끝내 만들지 못했다.

나무 꼭대기에 앉아 그런 나를 비웃는 공황의 유령을 보는 일은 우습기도 했지만, 전혀 우습지 않기도 했다. 숲에서 길을 잃은 채 이미 젖어 있는 우비를 자신의 눈물로 적시는 것보다 더 끔찍한 일이 있다면, 5학년 학생들이 떼로 몰려와 그 순간을 목격하는 것인지 모른다. 나는 내 머리방향세포들이 하나의 긴밀하게 조직된 신경 부대가 되어 10여 곳의 뇌 영역에서 발화하며, 서로 연결된 작은 별들처럼 반짝이는 광경을 상상해보려고 애썼다. 만일 장소세포가 멜로디(특정한 개별 음표와 쉼표의 조합으로 만들어진 선율)라면, 나의 머리방향세포들은 언제나 존재하고 있지만 들릴락 말락 한 소리만 들려주는 것 같았다. 아니, 내게는 장소세포라는 것이 아예 없는 것 같았다. 결국 열 살짜리 아이를 따라 나무 사이를 헤치고 간 끝에 오두막집을 발견했다. 그 오두막집을 보고 나서야 그곳이 어디인지 알 수 있었다.

하지만 나는 그 아이처럼 그곳의 위치를 **느끼지는** 못했다.

몇 년 전 나는 미국 중서부의 한 도시에 살고 있었다. 그 도시를 빙 둘러 순환도로가 지나고 있었다. 총 130여 킬로미터 길이의 4차선 고속도로가 마치 경주용 트랙처럼 끝없이 이어져 있어서, 제 꼬리를 먹는 뱀 이야기를 연상시켰다. 어느 날 근처 도시로 갈 일이 생겨 그 순환도로를 타기로 했다. 북쪽으로 몇 킬로미터를 달린 다음에 빠져나가면 되었다. 아주 간단한 일이었는데, 처음부터 어긋났다. 북쪽이 아니라 남쪽으로 달렸기 때문이다. 결국 전체 순환도로를 크게 돌 수밖에 없었다. 서둘러 빠져나와 올바른 방향으로 다시 진입하기에는 내 방향감각이 너무 불안했기 때문이다. 나는 어둠 속에서 순환도로를 몇 바퀴 돌았고, 결국 한 시간도 안 걸릴 거리를 몇 시간이나 헤매었다. 비슷하게 한 번에 세 개 주를 넘나든 적도 여러 번 있었다.

내 머리방향세포들은 그런 일에 아무런 관심이 없어 보인다.

머리방향세포가 가리키는 곳

"방향감각이 없는 사람들은 길을 찾을 때 시각적인 랜드마크에 의존하는 경우가 많습니다." 타우버의 설명이다. "방향감각이 좋은 사람들은 랜드마크를 이용하지 못하는 것이 아니라 더 좋은 머릿속 나침반을 이용합니다. 그들은 눈을 감으면 자신이 어느 쪽으로 향해 가는지, 지금 어디에 있는지 더 잘 알게 되죠. 내 생각에 그런 사람들은 전정계에서 나오는 정보를 더 잘 활용하거나, 아니면 아예 다르게 활용하는 것 같습니다."

타우버는 이러한 개인차가 어느 집단에서나 발견되는 길 찾기 능력의 폭넓은 스펙트럼을 설명해줄 것으로 믿는다. 그러한 개인차 때문에 엘러 같은 사람은 길을 잃지만, 또 어떤 사람은 늘 정확한 방향감각으로 길을 찾는 것이 아닐까?

타우버는 이렇게 말한다. "우리는 서로 다른 지성에 대해 이야기하고 있습니다. 어떤 사람은 훌륭한 미술가가 될 수 있고, 어떤 사람은 진정한 음악가가 될 수 있죠. 제 음악 실력은 형편없습니다. 심한 음치예요. 저는 사람들의 외모는 잘 기억하지만, 이름은 잘 기억하지 못합니다. 우리 각자의 뇌는 서로 다른 능력을 선천적으로 타고나는 게 분명합니다. 방향감각도 인간의 다양한 능력 중 하나일 뿐이고요."

스코틀랜드 스털링대학교의 신경생물학자 폴 더드첸코Paul Dudchenko(6점)는 머리방향세포가 보기보다 복잡한 것일 수 있다고 말한다.[6] 그에 따르면 머리방향세포들이 모두 같은 일을 하는 것은 아니다. "서로 다른 뇌 영역에 있는 머리방향세포들은 다양성을 누립니다. 심지어 같은 뇌 영역에 있는 머리방향세포들마저 서로 다른 특성이 있어요." 더드첸코는 아들과 함께 전장을 누비는 일인칭 슈팅 게임인 〈콜 오브 듀티〉를 하느라 정신이 없다. "머리방향세포는 때때로 동물이 어느 방향으로 향할 것인지 예측합니다. 예측하는 데 시간이 오래 걸릴 때도 있고요. 개체마다 약간씩 차이가 있습니다."

더드첸코는 머리방향세포의 종류가 여럿일지 모른다고 생각한다. 2017년 유니버시티칼리지런던의 케이트 제프리 Kate Jeffery(7점)는 후뇌량팽대피질에서 뚜렷이 구별되는 두 가지 머리방향세포를 발견했다. 후뇌량팽대피질은 뇌에서 지각 및 탐색 기능과 관련된 영역 사이를 매개하는 것으로 보이는 또 다른 영역이다.[7] 더드첸코에 따르면 "제프리가 한 일은 단지 어떤 방에 있던 동물을 다른 방으로 이동하게 한 것뿐"이다.[8] 이 실험은 1984년에 랭크가 쥐의 몸에 긴 케이블을 두른 다음 방과 방 사이를 오가게 했던 실험과 그리 다르지 않았다. "기존의 머리방향세포들이라면, 방향이야 어찌 되었든 동물이 새로운 환경으로 이동한 뒤에도 계속 발화했을 것입니다"라고 더드첸코는 말한다.

하지만 제프리가 유니버시티칼리지런던에서 기록했던 머리방향세포들은 달랐다.[9] 환경이 새롭게 바뀌어도 대부분의 머리방향세포는 우선발화방향을 유지했다. 이는 예상했던 대로였다. 그런데 후뇌량팽대피질에 있는 일부 머리방향세포가 이상한 행동을 보였다. 우선발화방향을 바꾼 것이었다. "쥐를 다른 방에 집어넣은 순간, 머리방향세포들은 우선발화방향을 바꾸었습니다." 더드첸코의 설명이다. 처음에는 우선발화방향을 유지하는 듯하더니, 갑자기 **바꾸었다**. 그런 일은 절대 일어나서는 안 되는 것이었다. "기존 관점에서는 동물이 방을 이동하더라도 머리방향세포는 모두 동일한 우선발화방향을 유지해야 합니다."

제프리는 전극을 이용해, 뇌의 다른 영역에도 우선발화방향을 바꾸는 머리방향세포(제프리는 이들을 양방향세포bidirectional cell 라고 부른다)가 있는지 살펴보기 시작했다. 하지만 제프리가 양방향세포를 발견할 수 있는 곳은 후뇌량팽대피질뿐이었다. 제프리는 양방향세포가 '닭이 먼저냐 달걀이 먼저냐' 하는 문제를 푸는 중이라고 생각한다. 이때 닭은 머리방향세포가 방향감각을 지원하기 위해 시각적인 랜드마크에 의존한다는 것이다. 반면에 달걀은 시각적인 랜드마크를 활용하려면 우선 방향감각이 제 기능을 해야 한다는 것이다. 무턱대고 이런저런 정보를 마구 받아들이면 오류투성이 지도가 만들어질 수 있기 때문이다. 바꿔 말해 새로운 환경, 즉 낯선 방에서조차 쥐의 머리방향세포들은 대부분 원래 하던 대로 작동한다. 즉 원래 따르던 우선발화방향을 고수한다. 북쪽을 선호하는 머리방향세포는 계속 북쪽에만 반응한다. 하지만 후뇌량팽대피질의 양방향세포들은 새로운 정보에 집중한다. 이들은 처음부터 다시 시작하는 것이다.

그리하여 우선발화방향이 **바뀐다**.

격자를 발견하다

길 찾기 시스템이 GPS처럼 기능하려면 무엇이 필요할까? 먼저 장소나 물체의 정확한 위치가 있어야 한다. 이는 해마 안에 있는 장소세포들에 의해 암호화되고 목록화되는 정보다. 그다음으로 필요한 것은 길 찾기 시스템의 주인이 어느 방향으로 가고 있는지 알아내는 데 필요한 나침반이다. 이 역할은 뇌를 가로질러 상호 연결된 머리방향세포들이 맡는다. 이 둘만으로는 GPS로 기능하기에 충분하지 않다. 진정으로 기능적이고 유익한 지도, 그래서 길을 찾을 때 의지하게 되는 지도에는 미터 데이터가 반드시 필요하다. 즉 지도에는 좌표와 거리, 그리드grid에 관한 정보가 있어야 한다. 2005년 에드바르 모세르Edvard Moser(9점)와 마이브리트 모세르May-Britt Moser(2점에서 5점이 되었다✦)가 이끄는 노르웨이 연구팀이 그리드를 발견했다(두 사람은 결혼한 적이 있고 현재 이혼 상태지만, 지금도 긴밀하게 협력하고 있다).[10]

"장소세포가 발견되고 20년 또는 25년이 지난 1990년대 중반에도 어떻게 이 세포가 나타났는지에 대한 합의된 의견이 없었습니다"라고 에드바르는 설명한다. 해마의 안쪽 깊은 곳에 자리 잡은 장소세포는 모든 감각기관과 멀리 떨어진 곳에 있다. 그 사실은 모세르 부부에게 해결되지 않은 수수께끼 같았다. 즉 해저면에 있으면서 어떻게 해수면의 일을 알 수 있을까? "해마는 어떻게 바깥세상에 있는 무언가와 너무나도 정확하게 연관된 신호를 만들 수 있을까요?" 모세르 부부가 오랫동안 품어온 물음이다.

다시 말해 장소세포는 많은 것을 알고 있다. 그런데 일찍이 펜턴이 물었던 것처럼, 장소세포는 **어떻게** 그 많은 것을 알게 된 것

✦　랜드마크에 신경을 쓰기 시작했다고 한다.

일까? 어디서 그런 정보를 얻은 것일까? 뉴런은 뉴런과 뉴런 사이에 존재하는 시냅스라고 하는 작은 틈을 가로질러 서로 소통한다. 모세르 부부는 해마 내부의 장소세포와 맞닿아 있는(해부학적으로 해마 아랫부분에 있는) **내후각피질**의 시냅스에 집중하기로 했다. 어쩌면 모세르 부부는 그곳에 있는 뉴런들이 해마에 있는 장소세포들에 공간정보를 제공한다고 추론했을지 모르겠다. 2002년경 트론헤임의 노르웨이과학기술대학교에서 모세르 부부는 내후각피질 표면의 작은 계곡과 언덕에 전극을 신중하게 삽입하고 있었다.

모세르 부부와 자주 협업하는 네덜란드인 연구자 메노 비터르Menno Witter(6점)는 내후각피질 찾는 법을 이렇게 설명한다. "우선 측두엽이 보이도록 뇌를 뒤집어야 해요." 뒤집힌 뇌의 양옆으로 측두엽은 작은 언덕처럼 솟아 있다. 길쭉하고 구부러져 있어 마치 큰 괄호처럼 보이기도 한다. 노르웨이의 저녁식사 시간에 내 전화를 받은 비터르는 측두엽이 두 개의 작은 소시지처럼 생겼다고 말한다. 그에 따르면 내후각피질은 교통의 중심지, 또는 관문 역할을 한다.

"본질적으로 내후각피질은 해마가 다른 뇌 영역과 소통하는 데 중심축 역할을 합니다." 해마에게 전달되거나 해마가 전달하는 정보는 모두 내후각피질을 통과한다. 해마가 방대한 도서관이라면 내후각피질은 도서관의 정문이다. 배pear와 비슷하게 생긴 내후각피질은 우표보다 작은데, 그 굉장한 연산능력을 고려

하면 믿을 수 없는 크기다. 비터르는 그 크기를 "1.5제곱센티미터 정도"라고 알려준다. 아울러 내후각피질은 고유한 특징이 있다. "내후각피질은 그 모양만 알고 있다면 쉽게 찾을 수 있는, 눈에 띄는 영역입니다"라고 비터르는 말한다. "내후각피질의 표면에는 작은 돌기처럼 생겨 눈에 띄는 세포들이 덩어리져 있습니다. 마치 작은 언덕과 계곡처럼 보이죠."

모세르 부부는 내후각피질에 전극이 삽입된 쥐가 외부와 차단된 환경에서 자유롭게 돌아다니도록 해주었다. 그때 그들은 쥐의 위치에 따라 치밀하게 짜인 바둑판 모양으로, 즉 격자형 패턴으로 발화하는 뉴런 집단을 발견했다. 바로 격자세포였다. 이 발견(2005년에 처음 발표)으로 모세르 부부는 장소세포에 관한 연구를 인정받은 오키프와 함께 2014년 노벨상을 받았다.

"이들 격자세포의 발화 패턴은 육각형입니다"라고 에드바르는 설명한다. "동물이 돌아다닌 전체 경로 중에서 격자세포들이 발화한 곳들을 연결해보면 정삼각형이나 정육각형이 만들어집니다."

어떠한 환경에서도 유효한 지도

격자세포를 장소세포와 비교해보자. "내후각피질에 있는 격자세포와 해마에 있는 장소세포 사이에는 커다란 차이점이 하

나 있습니다"라고 에드바르는 강조한다. "특정 위치에서 활성화
되는 해마 내부의 장소세포들은 전체 장소세포들의 부분집합일
뿐입니다. 나머지 장소세포들에서는 반응이 일어나지 않아요.
즉 장소세포들은 각각의 위치에 알맞게 다양하게 조합됩니다.
각 조합은 고유하므로, 장소세포가 위치뿐 아니라 환경 자체를
암호화한다고도 볼 수 있습니다."

하지만 격자세포는 다르다. 격자세포들은 다양한 위치에서
발화하는데, 그 위치는 기하학적 패턴(정육각형)에 따라 충분히
예측할 수 있다. 또한 만약 두 개의 격자세포가 하나의 위치에서
동시에 발화했다면, 그들은 늘 함께 발화한다. 동물이 탐험을 계
속하면 결국 모든 격자세포가 동원되고, 그 발화된 위치를 연결
하면 동물이 움직인 환경 전체에 걸쳐 반짝이는 그리드가 만들
어진다.

내가 격자세모의 쓸모를 묻자, 에드바드는 이렇게 답한다. "격
자세포는 위치뿐 아니라 거리와 방향에 대한 정보도 다룹니다."

마치 정확한 좌표 시스템처럼 우리가 집 주변을 돌아다닐 때
나, 사람들로 붐비는 식료품점에서 물건을 고를 때나, 비둘기가
가득한 트라팔가르광장을 둘러볼 때나, 한밤중에 나무가 우거
진 숲속을 더듬거리며 지나갈 때나, 언제든 격자세포의 발화 패
턴은 동일하다. 에드바르드는 이렇게 설명한다. "만약 격자세포
가 제공하는 정보를 컴퓨터에 입력하면, 컴퓨터는 해당 동물의
현재 위치뿐 아니라 목적지의 방향과 거리까지 예측할 수 있을

겁니다. 장소세포에는 없지만, 격자세포에는 있는 훨씬 강력한
정보 덕분이죠."

장소세포가 잘 분별하고 구체적이라면, 격자세포는 간단명료
하며 박학다식하다. 에드바르드에 따르면 격자세포는 단일한 임
무를 잘 수행한다. "격자세포는 본질적으로 모든 환경에서 반복
사용되는 하나의 지도만 관리합니다. 실제 환경에 무엇이 있는
지는 그리 신경 쓰지 않는 지도죠. 대신 거리와 방향을 확인하는
측정 시스템에 가깝습니다."

에드바르는 장소세포와 분리되어 있으면서도 바로 곁에 있는
격자세포의 위치에 주목한다. "격자세포가 제공하는 측정 시스
템을 해마에 도입한다면, 즉 해마가 만들어내는 이런저런 지도
에 적용한다면 상당히 실용적이라 할 수 있겠죠. 해마는 장소를
구별해야 해서 가능한 한 서로 다른 여러 개의 지도를 만들려고
합니다." 장소세포와 격자세포가 하는 일을 굳이 무리해서 한 기
관이 모두 담당해야 할 필요는 없다. 오히려 두 시스템이 연결되
어 협업할 수 있다면, 그것이 더 합리적이고, 실제로 그렇게 하고
있다고 에드바르는 말한다.

"사실 그것은 순환구조를 갖고 있습니다. 격자세포와 장소세
포는 서로 정보를 주고받습니다. 정보가 순환하면서 강화되고
있다고도 할 수 있겠네요." 에드바르의 설명이다.

2013년 컬럼비아대학교의 조슈아 제이콥스Joshua Jacobs(8점)는
뇌전증 환자의 뇌에서 벌어지는 격자세포의 활동을 기록했다.[11]

제이콥스는 VR을 탐험하는 환자들의 뇌에서 격자세포가 특유의 기하학적인 패턴을 따라 발화하는 모습을 지켜보았다. "저를 포함해 연구자들은 오랫동안 격자세포가 장소세포에 정보를 **제공**하는 역할에만 머문다고 생각했어요"라고 제이콥스는 말한다. "하지만 어린 동물의 경우 격자세포가 만들어지기 전부터 장소세포가 스스로 활성화된다는 게 밝혀졌습니다. 따라서 이 생각은 틀렸습니다." 격자세포를 이해하기 어렵게 하는 여러 가지 문제점 중 하나는 그것의 위치다. 격자세포는 접근이 어려운 곳에 있다.

제이콥스는 격자세포가 뇌의 심층부에 있다고 강조한다. "그래서 격자세포는 측정이 어렵습니다. 몇 가지 기술적인 이유 때문이죠. 하지만 2010년 버지스가 fMRI를 이용해 격자세포를 측정해냈습니다."[12] 오늘날 연구자들은 격자세포의 발화를 fMRI로 포착, 복셀 수준으로 시각화해 측정한다. "복셀 수준으로 측정한다는 것은 단 한 번에 50만 개 정도의 격자세포를 측정한다는 뜻입니다"라고 제이콥스가 설명한다. 이로써 지금까지 측정할 수 없었던 영역에 접근하게 되었다. 격자세포 하나가 아니라, 격자세포들의 네트워크 전반에 걸쳐 요동치는 더 넓고 더 미묘한 변화를 실시간으로 보는 것이다. 이처럼 한 번에 수많은 뉴런을 모니터링하면 격자세포들이 어떤 '방향'을 나타내는지 이해할 수 있다.

"피험자들에게 한 곳에서 다른 곳으로 향하는 모습을 상상하게 했습니다. 눈을 감고 A에서 B로, A에서 C로, A에서 E로 걸어 가는 모습을 상상하게 했어요." 2010년에 실시한 연구에 대해 제이콥스가 설명한다. "피험자들이 VR 속의 자기 모습을 화면으로 보지 않은 채 어느 방향으로 간다고 **상상하는** 것만으로도 그들의 뇌는 시끄러워졌습니다. 이는 격자세포가 단순한 수준의 길 찾기보다는 추상적인 재현과 더 관련된다는 것을 의미합니다."

길 찾기 능력을 보조하는 세 영역

길 찾기는 기억에 의존한다. H. M.처럼 해마 없이는 길 찾기가 불가능하지만, 길 찾기는 기억 이상의 무엇이기도 하다. 또한 길 찾기는 지각 행위다. 우리는 우리가 살고 있는 물리적 세상의 극히 일부, 작은 파편만을 감지할 수 있으므로, 그것을 지각하는 일은 매우 중요하다. 인간은 600만 개의 후각 수용기관을 갖고 있지만, 개는 3억 개의 후각 수용기관을 갖고 있어, 3차원 세상의 구석구석까지 냄새를 맡을 수 있다. 가령 우리 집 개는 수북이 쌓인 낙엽에 코를 박고 숲속을 걸어갈 때, 나라면 결코 알 수 없는 또 다른 세상을 경험하기 시작한다. 인간인 나는 알 수도 없고 느낄 수도 없는 분자의 바다에서 다양한 냄새의 변화를 포착하는 것이다.

송골매는 가시스펙트럼 영역은 물론이고 적외선 영역에 포함된 빛도 볼 수 있다. 또한 훨씬 큰 수정체와 촘촘히 늘어선 원추세포로 구성된 망막 덕분에 인간보다 여덟 배 정도 잘 볼 수 있다. 그래서 2킬로미터나 멀리 떨어진 먹잇감도 쉽게 찾아낸다. 말 그대로 환경을 다르게 경험하는 것이다. 인간에게 길 찾기는 대부분 시각적 행위다. 어떤 경우든 우리의 잠재의식은 시각정보를 분주히 처리해 공간을 해독한다. 우리는 선천적으로 랜드마크를 알아볼 수 있다. 우리 눈에는 구멍, 오솔길, 경로, 지름길, 문, 입구 등이 보인다. 우리의 뇌는 무의식적으로 통행로와 폐쇄로 사이의 미묘한 차이를 알아낸다. 기억이 길 찾기의 연료라면, 시각정보는 엔진이다.

펜실베이니아대학교의 인지신경과학자인 러셀 엡스타인Russel Epstein(7점)은 이런 작업을 수행하는 데 관여하는 다양한 뇌 영역을 연구한다. "제가 20년 전에 했던 첫 실험은 fMRI 스캐너 안의 사람들에게 다른 사람의 얼굴과 물체, 거리의 모습과 방 등을 찍은 사진을 보여주는 것이었습니다. 놀랍게도 당시 우리는 이러한 사진에 강하고 선택적으로 반응하는 뇌 영역을 찾아냈습니다."

바로 그것이 **해마주변 위치영역**이다.[13] 누구라도 엡스타인이 피험자들에게 보여준 사진을 본다면, 해마주변 위치영역이 과도하게 활성화될 것이다. 심지어 선천적 시각장애인도 해마주변 위치영역의 힘을 빌려 특정 장면의 공간적 디테일을 상상할 수 있다.[14] 한편 얼굴 사진이 없다면, 근처에 있는 방추형 얼굴영역은 아무런 반응을 보이지 않는다.

2014년 한 뇌전증 환자의 중앙 측두엽 깊은 곳에 전극을 이식하는 실험이 진행되었다. 연구자들은 적절한 위치에 이식된 전극에 소량의 전류를 흘려보내 해마주변 위치영역을 비롯한 다양한 뇌 영역을 자극했다. 감각정보가 없으면 뉴런은 누군가가 거리나 방의 배치, 패스트푸드점을 볼 때와 같은 방식으로 작동한다. 그런데 믿을 수 없는 일이 벌어졌다. 피험자가 자신이 등장하지 않는 장소, 공간적 환각을 보기 시작했다.

> **연구자** 여기에 뭐가 있나요? 무언가가 느껴지나요? 뭐가 보이나요?
>
> **피험자** 네, 뭐랄까…. (당황한 듯, 이마에 손을 올린다.) 뭔가 본 것 같아요. 다른 장소 같기도 하고. 우리는 열차역에 있었어요….
>
> **연구자** 지하철에 있는 기분이 들었나요?
>
> **피험자** 그래요. 열차역 밖이었어요.
>
> **연구자** 그 감각이 다시 느껴지면 저에게 알려주세요. 여기서도 뭔가 느껴지나요? 아닌가요?
>
> **피험자** 아니오. 저는…. (말을 잇지 못한다.)
>
> **연구자** 또 열차역을 보셨어요? 아니면 열차역 안에 있었다는 느낌이 든 건가요?
>
> **피험자** 열차역을 봤어요.[15]

엡스타인은 해마주변 위치영역 외에도 우리가 주변환경을 해독하고 길을 찾게 도와주는 뇌 영역들이 있다고 설명한다. "실제로 뇌의 세 영역, 즉 해마주변 위치영역, 후뇌량팽대피질, **후두위치영역**도 그런 역할을 합니다." 엡스타인은 길 찾기에서 이 세 영역이 각자 조금씩 다른 역할을 맡아 하나의 '기능적으로 상호 연결된 네트워크'로서 함께 작용한다고 생각한다.

"해마주변 위치영역과 후두위치영역은 장소나 랜드마크의 시각적 인식과 관련되어 보입니다. 후뇌량팽대피질은 시각정보를 이용해서 방향성, 즉 어느 쪽을 향하고 있는지를 알아내는 데 핵심적인 역할을 하는 것 같습니다." 엡스타인의 설명이다.

같은 공간에서 다른 점 찾아내기

애틀랜타주에 있는 에머리대학교의 대니얼 딜크스Daniel Dilks는 2013년에 후두위치영역을 처음으로 의미 있게 설명해냈다. 후두위치영역은 시각정보가 처리되는, 물리적으로 후두부와 가깝지만 피질로는 가깝게 연결되어 있는 대뇌피질 영역에 속한다.[16] 딜크스(4점 또는 5점으로 그다지 좋은 편은 아니다)는 10년이 넘도록 지각 및 공간 탐험과 관련된 다양한 뇌 영역을 연구하고 있다(그는 그러한 뇌 영역을 장난스럽게 '신월드Sceneworld'라고 부른다).

관련해 딜크스는 이런 질문을 던진다. "특화된 피질 영역이 존재한다는 사실을 알게 된 것은 좋은 일입니다. 그런데 정말 흥미로운 질문은 '왜?'일 겁니다. 왜 우리에게는 이렇게나 많은 영역이 있는 걸까요?"

2013년에 딜크스는 신월드의 두 가지 구성요소인 해마주변위치영역과 후뇌량팽대피질을 연구했다. "각 영역의 정확한 기능을 알고 싶었습니다." 딜크스의 연구는 fMRI와 끊이지 않는 자원자들 덕분에 가능했다. "수많은 사람의 뇌를 모니터링한 결과, 그들에게서 지속적으로 발견되는 어떤 영역이 있다는 것을 알게 되었습니다." 그것은 **가로후두고랑**transverse occipital sulcus 근처에 있었다. 가로후두고랑은 뇌의 두 반구에 모두 걸쳐 뻗어 있는, 매우 깊숙한 고랑이다. 어떤 장면이 담긴 사진을 보여줬을 때 피험자들의 가로후두고랑 근처 영역이 활성화되었다. 여러 피험자에게 비슷한 일이 발생하자 딜크스는 궁금해졌다. 이것은 장면에 반응하는 또 하나의 뇌 영역일까?

그 답을 찾기 위해 딜크스는 비교적 신기술이라 할 수 있는 **경두개자기자극법**transcranial magnetic stimulation을 사용했다.[17] 그는 일시적이고 가역적인 병변을 일으키기 위해 가로후두고랑 근처의 해당 뇌 영역에 자기 광선을 집중시켰다. 그러한 '방해작업'을 하기 위해서는 우선 fMRI를 이용해 표적의 정확한 위치를 기록해야 하는데, 딜크스는 그 위치가 해부학적으로 구분되지 않고 기능적으로 구분되므로 피험자마다 다를 수 있다고 설명한다.

"예를 들면 피질만 보고 '해마곁이랑의 내부와 주변에 있으니 해마주변 위치영역일 거야'라고 단정할 수는 없습니다"라고 딜크스는 말한다. "그럴 수도 있고, 아닐 수도 있습니다." 자기 광선으로 가로후두고랑을 비춘다고 해서, 그것이 후두위치영역에 병변을 일으킨다고 가정할 수 없다. 그래서 딜크스는 좀 더 확실한 방법을 쓰기로 했다. 그는 fMRI 스캐너 안에 들어가 있는 피험자들에게 일련의 다양한 사진, 즉 사람의 얼굴과 물체, 공간과 풍경 등이 담긴 사진을 보여주었다. 모두 가로후두고랑 근처 영역이 강하게 반응하는 사진들이었다. 그러면서 자기 광선으로 가로후두고랑 근처 영역을 정확히 겨냥했다. 동시에 피험자들에게 각각의 사진 사이에 존재하는 미세한 차이를 설명해달라고 요청했다.

"자기 광선이 제대로 겨냥했다면, 장소를 인지하는 능력은 약간 손상되겠지만, 얼굴을 인지하는 능력은 멀쩡하리라는 아이디어였습니다." 딜크스의 예상은 적중했다. 자기 광선을 맞은 영역, 즉 가로후두고랑 근처의 후두위치영역은 해마주변 위치영역과 후뇌량팽대피질처럼 또 하나의 장면선택적인scene-selective 뇌영역이었다.

딜크스는 일련의 정교한 실험을 통해 신월드 내부의 복잡한 분업구조를 해석할 수 있는 방법을 찾아냈다. "모든 영역이 길찾기와 관련된다는 것이 일반적인 가정이었습니다"라고 딜크스는 말한다. "한 번도 실험해본 적 없는 단지 가정일 뿐이었어요. 그래서 저는 **그게 정말 사실일지** 확인해보기로 했습니다"

딜크스는 fMRI 스캐너에 피험자를 집어넣은 다음 다양한 장면이 담긴 사진들을 보여주었다. 그런 다음 사진을 좌우 반전시켜 다시 보여주었다. 가령 어떤 해변가를 보여준 다음, 거울에 비친 듯 좌우 반전된 해변가를 다시 보여주는 식이었다.

"신월드의 모든 영역이 길 찾기와 관련된다면, 좌우에 대한 정보 또한 모든 영역에서 암호화해야 합니다. 우리가 제대로 돌아다니려면 좌우를 확실히 알아야 하니까요. 가령 테이블이 왼쪽에 있는지, 오른쪽에 있는지 알아야 부딪히지 않고 지나갈 수 있습니다."

딜크스는 피험자의 뇌 피질에서 뉴런들의 활동이 증가할 때와 줄어들 때를 관찰했는데, 그 격차가 점점 커진다는 사실을 알게 되었다. 후두위치영역과 후뇌량팽대피질은 특정 장소와 그 장소의 거울상을 별개로 인식한다. 둘 사이의 근본적인 차이(좌우 반전)를 감지하는 것이다. 하지만 해마주변 위치영역은 달랐다.

딜크스에 따르면 "해마주변 위치영역은 해변가 사진을 좌우 반전해도 알아차리지 못했"다. 즉 원본 사진과 좌우 반전된 사진을 동일하게 인식하는 것이다. 해마주변 위치영역에 두 해변가는 완전히 똑같은 공간이다.

딜크스가 fMRI를 활용해 진행한 또 다른 흥미로운 실험이 있다. "세상을 돌아다니려면 사물이 있는 방향도 알아야 하지만, 얼마나 먼 곳에 있는지, 즉 거리도 알아야 합니다." 이번에는 피험자들에게 동일한 장면을 가까이에서 찍은 사진과 멀리서 찍은 사진을 보여주었다.[18] 해마주변 위치영역은 이번에도 두 사진의 차이를 구별하지 못했다. "해마주변 위치영역은 집이나 풍경을 근경으로 촬영한 사진과 원경으로 촬영한 사진을 모두 완전히 똑같다고 여깁니다." 물론 후두위치영역과 후뇌량팽대피질은 사진 속의 달라진 범주(근경와 원경)를 구분해냈다.

우리는 왜 '문'으로 출입할까

뇌가 사물을 인식하는 방법을 정확히 이해하기 위한 많은 연구가 이미 진행되었다. 예를 들어 당신 앞에 컵이 하나 있다고 해보자. 당신의 뇌에는 컵의 이미지를 처리하기 위한 완전히 다른 두 개의 시스템이 존재한다. 컵을 인지하는 시스템과 손을 내밀어 컵을 잡으려는 시스템, 즉 인지와 행동을 위한 시스템이다. 두 시스템이 사용하는 정보는 종착지가 다른 두 대의 기차가 각각의 선로를 따라 이동하는 것처럼, 완전히 다른 경로를 따라 이동한다. 대상을 인지하는 데 사용되는 정보는 **배쪽 경로**ventral stream를 통해 측두엽을 통과하지만, 행동을 지배하는 데 사용되는 정보는 두정엽parietal lobe에 있는 **등쪽 경로**dorsal stream를 따라 이동한다. 딜크스는 장면을 처리하는 뇌 영역에도 이러한 분리가 존재하는지 궁금했다. "어쩌면 신월드에도 인지 시스템과 행동 시스템이 따로 있을지 모릅니다. 다만 신월드에서는 어떤 장면을 **인**

4장 우리 머릿속의 나침반과 격자

지하고 그 장면을 **찾아가는** 방식으로 작동할 겁니다"라고 딜크스
는 말한다.

실제로 그러한지를 확인하기 위해 딜크스는 fMRI 스캐너에
들어가 있는 피험자에게 두 가지 과제를 수행하게 했다.[19] "어떤
장면을 담은 한 장의 사진을 보여주고, 그 장면 속 장소를 설명하
라거나, 그곳으로 가는 길을 상상해보라고 했죠." 사진은 한 장
이었지만, 관련된 두 가지 과제는 매우 다른 작업이었다. 피험자
가 장소의 특징을 설명하려고 하자 해마주변 위치영역에 생기가
돌기 시작했다. fMRI 스캐너와 연결된 화면으로 보면 뇌 표면에
화려한 꽃이 피어나는 듯했다. 한편 후두엽의 시각중추에서도
뒤쪽에 있는 후두위치영역은 상대적으로 잠잠했다. 하지만 피험
자에게 해당 장소로 가는 길을 상상해보라고 하자 이번에는 후
두위치영역이 깨어났다.

딜크스는 말한다. "길 찾기의 유형은 다양합니다." 시각중추
에 있는 후두위치영역이 시각적인 방법으로 길을 안내하는 것은
놀랄 일이 아니다.

당신이 방에 들어갈 때를 상상해보라고 엡스타인은 말한다.
뇌는 즉시 공간을 분석하고 해석하기 시작한다. "그 장면에는 당
신이 처리하고 싶어 하는 여러 가지 측면이 존재합니다." 엡스타
인은 설명한다. "뇌는 그 장면에 보이는 사물을 처리하고 싶어
하거나 그 공간의 전체적인 모습을 처리하고 싶어 할지도 모르
죠. 하지만 장면이 갖는 공간적인 특징 중에서 정말 중요한 측면

은 당신이 어디로 갈 수 있는지입니다."

바꿔 말해 출입구나 현관, 비상구 등이 어디에 있는지가 중요하다. 엡스타인은 이러한 것들을 **행동유도물**affordance이라고 부른다. "당신이 지금 저처럼 실내에 있다면, 이 장면에서 빠져나갈 수 있는 문이 어디에 있는지 잘 알 겁니다. 그렇다면 문은 왜 다를까요? 문은 이를테면 창문이나 옷장 같은 것들과 어떤 점이 다른 걸까요?"

무의식적인 수준에서 뇌는 옷장이 아무리 문과 비슷해 보여도 그것을 통해서는 밖으로 나갈 수 없다는 것을 알고 있다. 이 또한 후두위치영역이 하는 일이라고 엡스타인은 말한다. 우리가 벽에 걸린 그림이나 냉장고를 통해 방에서 나가려고 시도하지 않는 이유가 바로 후두위치영역 덕분이다.

2017년의 한 연구에서 엡스타인은 다양한 공간을 찍은 50장의 사진을 피험자에게 보여주면서 뇌를 촬영했다.[20] 동시에 피험자는 사진 속에서 행동유도물과 무관한 것을 찾는 과제를 수행했다. 이를테면 '화장실에 관한 사진이라면 버튼을 누르시오' 같은 과제였다. 갤러리, 레스토랑, 주방, 욕실 등 다양한 공간이 담긴 사진들이 지나갔고, 피험자는 그것들을 열심히 분류했다. fMRI로 시각화한 그때의 뇌 활동을 보면, 놀랍게도 사진 속 공간의 구조(그리고 행동유도물의 위치)에 따라 후두위치영역이 다르게 반응했음을 알 수 있다.

엡스타인은 피험자의 뇌를 스캔한 신경영상만 가지고도 그가 어떤 사진을 보고 있는지 역추적할 수 있었다. 즉 후두위치영역의 활성화 패턴을 이용해 피험자가 보고 있는 (사진 속) 공간과 그 공간에 관한 정보를 재구성할 수 있었다. 다시 한번 말하지만, 피험자들은 행동유도물을 찾지 않았다. 단지 '화장실에 관한 사진이라면 버튼을 누르시오' 같은, 공간이나 길과는 무관한 과제만을 수행했을 뿐이다. 그런데도 후두위치영역은 자동적으로 행동유도물을 감지해냈다. 후두위치영역은 무의식적으로, 그러니까 생각보다 더 낮은 수준에서 공간을 잘게 부순다.

집 안에서 길을 잃다

후뇌량팽대피질은 공간을 처리할 때 좁은 의미에서 자신만의 역할을 담당하고 있다. "후뇌량팽대피질은 우리가 '기억 인도형 길 찾기memory-guided navigation' 또는 '지도 기반형 길 찾기map-based navigation'라고 부르는 것과 관련이 있습니다"라고 딜크스는 말한다. "이들은 집을 기준으로 현재 위치를 나타내거나, 기억을 더 듬어 길을 찾아낼 수 있게 도와줍니다."

1900년경 브로드만은 후뇌량팽대피질을 발견해, 이를 브로드만 영역 29와 브로드만 영역 30이라고 불렀지만, 그 후 한 세기 동안 그것의 정확한 구조나 하는 일은 수수께끼로 남았다. 후뇌량팽대피질은 뇌에서도 가장 노른자위 땅에 있다. 이곳은 해마이행부(머리방향세포), 해마(장소세포), 내후각피질(격자세포)을 비롯해 시각정보를 처리하는 후두엽과도 두루 연결되어 있다. fMRI를 활용한 연구에서 후뇌량팽대피질은 거의 모든 길 찾기 과제에 반응하지만, 특히 랜드마크가 있는 곳을 찾는 과제일 경우 가장 크게 반응한다.

유니버시티칼리지런던에서 수행한 어느 연구에서 맥과이어는 fMRI 스캐너 안에 누워 있는 피험자에게 쓰레기봉투, 런던 버스, 등대 등 다양한 피사체를 찍은 수백 장의 사진을 보여주었다.[21] 맥과이어는 피험자가 오랫동안 변치 않는 랜드마크의 사진을 볼 때, 후뇌량팽대피질이 다른 영역보다 더 활성화되는 경우가 많다는 사실을 발견했다. 후뇌량팽대피질은 건물 사진에는 활발하게 반응했지만, 자전거나 쓰레기봉투 사진에는 아무런 반응이 없었다.

다음으로 맥과이어는 길을 잘 찾는 사람과 길 찾기를 어려워하는 사람을 비교했다. 샌타바버라 방향감각 척도에 따라 스스로 높은 점수를 준 피험자일수록 오랫동안 변치 않는 랜드마크를 찍은 사진에 후뇌량팽대피질이 반응하는 경우가 훨씬 많았다. 후뇌량팽대피질은 랜드마크를 지도화하는 것과 관련이 있는 것처럼 보였다. 다음 실험에서 맥과이어는 역시 여러 피사체를 찍은 사진을 피험자에게 보여주며, 그것들이 평소에 움직이는 빈도에 따라 1점에서 5점 사이의 점수를 매겨달라고 요청했다. 런던 버스나 자전거처럼 자주 움직이는 피사체는 1점에, 등대나 우체통처럼 절대 움직이지 않는 피사체는 5점에 가까웠다. 비영구적이고 움직일 수 있는 피사체에 점수를 매길 때는 길을 잘 찾는 사람과 못 찾는 사람 사이에 차이가 없었다. 이들 모두 런던 버스와 자전거가 자주 움직인다는 데 동의했다. 하지만 길을 잘 찾지 못하는 사람은 오랫동안 변치 않는 대상에 점수를 매기기 어려워했다. 만일 여러분이 길 찾기를 어려워하는 사람에게 소화전이나 풍차, 오두막집의 사진을 보여준다면 그것도 움직인다고 대답할 것이다.

이들이 길 찾기에 실패하는 이유는 바로 후뇌량팽대피질 때문이다.

맥과이어의 연구에 참여했던 사람들만 그런 것은 아니다. 한 연구에 참여했던 어느 남성은 후뇌량팽대피질의 작동이 멈춘 시점을 정확히 알고 있었다. 2000년 12월 11일 저녁이었다.[22] 교토에서 택시를 모는 55세의 그 남성은 기나긴 교대 근무를 마치고 퇴근하는 길이었다. 그런데 갑자기 집으로 가는 길이 생각나지 않았다. 그는 운전대에 손을 올려놓은 채 창밖을 스쳐 가는 도시의 경관에 빠져들었다. 어둠 속에서 건물들의 불 켜진 창과 불 꺼진 창들이 만들어내는 바둑판같은 모습이 그의 시선을 빼앗았다. 그는 그중 한 건물이 자신도 아는 건물이라는 사실을 깨달았다. 자신이 어디에 있는지도 알 수 있었다. 하지만 그러한 정보가 아무런 소용도 없었던 이유는 공간적 지식을 집으로 가는 정보로 변환할 수 없었기 때문이다. 방향감각이 사라진 것이었다.

나중에 이 남성은 후뇌량팽대피질에 뇌출혈이 있었던 것으로 드러났다. 밭의 고랑처럼 홈이 파인 뇌의 표면에서 혈관이 터지자 강물이 강둑을 넘어 범람하듯 피가 흘렀다. 통증이 없어 다른 증상은 경험하지 못했다. 결국 그는 아내에게 전화를 걸었고, 아내는 실시간으로 그에게 길을 가르쳐주었다. 그의 자기중심적인 공간 표현 능력(자신이 있었던 곳을 기준으로 현재 어느 위치에 있는지를 판단하는 능력)과 **타인중심적인** 위치감각 능력(주변환경의 특징을 담아낸 지도상에서 자신의 위치를 판단하는 능력)은 모두 손상을 입었다. 그는 일본 지도를 보고 어떤 도시를 정확히 가리키거나, 세계 지도를 보고 오스트레일리아를 찾을 수는 있었지만, 자기 집의 평면도는 그릴 수 없었다.

그 외의 사례들은 대부분 오른쪽 후뇌량팽대피질의 손상과 관련된 것이다. 나는 실종된 사람들의 뉴스와 함께 이러한 사례들도 수집하기 시작했다. 그중에는 자기 집 안에서 길을 잃은 남성도 있었다. 그도 오른쪽 후뇌량팽대피질에서 발생한 뇌경색에 시달린 상태였다. "갑자기 화장실에서 20미터 거리에 있는 자신의 방으로 돌아오지 못하게 되었다."[23] 단 한 번의 혈관 파열 탓에 그의 침실은 더는 돌아갈 수 없는 곳이 되어버렸다.

머리방향세포와 기타 뉴런들로 가득 차 있으며, 해마와 밀접하게 관련된 어떤 뇌 영역이 갑자기 작동을 멈출 때 이런 일이 발생한다.

고장 난 뇌가 말해주는 것들

엑스타인의 연구는 "주로 일반적인 사람들을 대상으로 해왔" 다. 수십 년 동안 그는 정상적인 인간의 뇌가 어떻게 작용하는지 이해하려고 노력했다. 그러나 이제는 왜 어떤 사람은 다른 사람 보다 길을 찾는 게 더 어려운지 이해하려고 노력 중이다. 이를 위 한 한 가지 방법은 제대로 작동하지 않는, 일반적이지 않은 뇌를 관찰하는 것이다.

뇌졸중이나 외상성 뇌손상을 겪게 되면, 많은 경우 **인식불 능증** agnosia('알지 못한다'는 뜻의 고대 그리스어가 어원이다)이라 는 증상이 발생한다. 인식불능증에는 발화 오류 misfiring나 오작 동 malfunction 같은 다양한 유형이 존재한다. 중요한 점은 인식불 능증이 여러 뇌 영역의 기능을 들여다볼 수 있는 창이 되어준다 는 것이다. 인식불능증은 우리가 세상을 이해하기 위해 얼마나 다양한 유형의 정보를 무의식적으로 선별하고 있는지 일깨워주 는 중요한 질환이다.

예를 들면 소리인식불능증 phonagnosia이 있는 사람은 상대방 이 말하는 내용은 이해할 수 있지만, 익숙한 목소리를 식별하지 는 못한다. 손가락인식불능증 finger agnosia이 있는 사람은 손가락 들을 구별하지 못한다. **그들 자신**(손가락들)을 나타내는 지도에 문제가 생긴 것이다. 특정 범주의 인식불능증이 있는 사람은 해 당 유형의 사물을 인식하지 못한다. 예를 들어 어떤 대상의 살아 있는 상태와 죽은 상태를 구별하지 못할 수도 있다. 2002년의 한 연구에서 DW라는 어느 피험자는 채소를 구별하지 못했다. 시간에 대한 인식불능증이 있는 사람은 사건이 지속된 시간과 순서를 알지 못했다. 시간에 대한 이해가 흐트러졌기 때문이다. 방추형 얼굴영역이 손상되면 얼굴 인식과 관련된 피질의 특정 영역이 얼굴인식불능증prosopagnosia을 유발해 말 그대로 얼굴을 알아보지 못하게 된다. 자신이 낳은 아이는 물론이고, 극단적인 경우에는 자기 자신도 알아보지 못한다. 거울을 볼 때면 놀란 표정의 낯선 얼굴이 자신을 바라보고 있는 것이다.

후뇌량팽대피질 장애와 마찬가지로 인지불능증은 길 찾기와 관련된 다양한 뇌 영역의 위치를 확인하는 데 믿기 어려울 정도로 중요한 역할을 했다. 교토의 택시 운전기사가 해마주변 위치영역을 다쳤다면, 그는 운전하며 지나쳤던 건물들과 거리들을 인식하지 못했을 것이라고 엡스타인은 설명한다.

"얼굴과 사물, 특히 작은 사물은 인식할 수 있지만 건물은 인식하지 못하는" 71세의 어느 캐나다인 여성은 방추형 얼굴영역과 해마주변 위치영역을 모두 다쳤다.[24] 그녀는 갑자기 **망상적 착오 증후군**delusional misidentification syndrome이라는 질환에 시달리기 시작해, 남편을 자신의 죽은 언니로 그리고 자신의 집을 실제 집의 완벽한 복제품으로 믿게 되었다. 어떨 때는 낯선 복제품을 떠나 진짜 자신의 집으로 되돌아가기 위해 짐을 싸기도 했다.

자기중심적인 동시에 타인중심적인 존재

다른 신경 시스템도 길찾기와 연관되지만, 아직은 부분적으로만 이해하고 있을 뿐이다. 2018년 맥길대학교의 과학자들은 후각이 길을 찾는 데 도움이 되는 방향으로 진화했다는 가설을 실험했다. 진화생물학자들은 대부분의 동물이 먹이를 찾거나 포식자를 피하기 위해 화학적인 신호를 이용하므로, 어쩌면 후각과 길 찾기 시스템은 서로 정보를 주고받으며 상호 강화되어 함께 진화했을 수 있다고 추론했다. 먼저 심리학자 보보는 피험자들이 서로 다른 40가지의 향을 구별할 수 있는지 실험했다. 그들은 향이 주입된 펠트펜을 코에 대고 숨을 깊이 들이마시며 생강, 담배, 잔디, 라임, 마늘 등의 향을 구별했다. 그런 다음 보보는 피험자들이 VR에서 길을 찾도록 했다. 그러자 놀라운 일이 벌어졌다. 향을 잘 구별한 사람일수록 길을 잘 찾았다.[25] 그런 사람들은 왼쪽 내측안와전두피질이 두껍고, 오른쪽 해마의 부피가 컸다. 두 영역 모두 공간기억 및 후각과 관련이 있다.

아직 발견하지 못한 길 찾기에 특화된 뉴런이나 뇌 영역이 많을 것이다. 그러한 뉴런과 뇌 영역은 어쩌면 뇌 깊숙한 곳에 숨은 채 믿기지 않을 정도로 특수한 일을 수행하고 있을지 모른다. 지난 10여 년 동안 연구자들이 그중 일부의 비밀을 밝혀냈다. 내후각피질 전문가 비터르는 말한다. "우리에게는 방향성을 암호화하는 세포와 속도를 암호화하는 세포,[26] 경계를 암호화하는

세포와 주변환경의 한계를 암호화하는 세포[27]가 있죠." 2019년
타우버는 해마주변 위치영역 근처에 있는, 후비강피질postrhinal
cortex로도 불리는 해마곁피질에 관한 연구를 발표했다. 해마곁피
질에 있는 뉴런들의 발화 패턴을 분석한 타우버는 이 영역이 자
기중심적인 정보와 타인중심적인 정보가 결합하는 곳일 수 있다
고 보고 있다.[28]

이것은 사소한 작업이 아니다. 타우버는 이렇게 설명한다. "공
간정보가 뇌에 들어갈 때는 자기중심적인 정보 시스템을 통해야
합니다. 이는 우리가 현실을 바라보는 방식에 기반해 현실에서
벌어지는 일을 바라본다는 뜻입니다." 물론 뇌는 자기중심적인
정보를 재포장해야 한다. 즉 자기중심적인 정보를 타인중심적인
정보로 바꿔야 하는데, 전자가 내 위치를 중심으로 공간을 이해
한다면, 후자는 여러 사물과의 상대적인 위치로 내가 어디에 있
는지 파악한다.

예를 들어 런던 아이(템스강 사우스뱅크에서 천천히 돌고 있는 어
마어마하게 큰 관람차)를 타고 가장 높은 곳에 이르면 템스강 남서
쪽으로 웨스트민스터궁전과 빅벤을 찾을 수 있다. 저 멀리 서쪽
에는 세인트제임스공원의 녹지대 너머로 버킹엄궁전이 보인다.
런던 아이의 은색 달걀 모양 캡슐은 무려 150미터까지 올라가기
때문에, 나조차 저 건물들의 위치를 쉽게 찾을 수 있다. 하지만
다시 지면에 발을 딛고 국회의사당 거리의 빅벤에서 버킹엄궁
전을 찾아가려고 하면 늘 실패한다. 두 건물 사이의 거리가 고작

1~2킬로미터 정도인데도 말이다. 나는 자기중심적인 정보를 타인중심적인 정보로 변환하지 못하는 것이다. 이것은 뇌의 어딘가에서 벌어지는 복잡한 작업이다. "그런 작업이 벌어지고 있는 뇌의 영역은 어디인가'라는 질문은 엄청난 가치가 있습니다." 타우버는 해마곁피질이 그런 역할을 맡고 있을 것으로 믿는다. 길찾기 시스템의 수많은 다른 구성요소가 그러하듯, 해마곁피질도 우연하게 발견되었다. 내후각피질에 전극을 꽂으려다가 실수로 다른 곳에 전극을 꽂은 한 학생 덕분이었다.

"전극을 내후각피질에 찔러 넣기 위해서는 먼저 해마곁피질을 지나가야 합니다"라고 타우버는 설명한다. 그 학생은 내후각피질에 전극을 넣었다고 생각했으나, 사실은 해마곁피질에 꽂은 채로 뉴런의 발화를 기록하는 장치를 켰다. 타우버는 "작은 우연"이었다고 말한다. 그 작은 우연이 일어나지 않았다면, 그 누가 해마곁피질도 이런 일을 한다는 사실을 발견할 수 있었을까? 타우버가 지도한 그 학생도 쥐를 이용해 연구 중이었다. 해마곁피질은 이미 신경과학자 사이에서 길을 찾는 데 중요한 역할을 한다고 알려져 있다. 여기서 한 가지 의문이 생긴다. 해마곁피질은 정확히 어떤 방식으로 길 찾기 능력을 돕는 것일까? 프라이부르크대학의 루카스 쿤츠Lukas Kunz는 자신이 그 해답을 제시할 수 있을지 모른다고 생각했다. 모든 다른 공간세포 유형(오키프의 장소세포, 랭크의 머리방향세포, 모세르 부부의 격자세포)은 공간을 타인중심적인 정보로 암호화한다. 공간을 하나의 인지지도로서 암호화하는 것이다. 하지만 뇌의 어딘가에는 틀림없이 나와 공간 사이의 이기적인(자기중심적인) 관계(지도가 아니라 지도상에서 나의 **위치**)에 대해 알려주는 다른 유형의 공간세포가 있으리라는 게 쿤츠의 아이디어였다. 우리가 과거의 경험을 거슬러 올라가며 기억을 떠올릴 때, 우리는 일인칭이자 자기중심적인 관점을 채택한다.

쿤츠는 뇌전증 환자의 뇌에서 그러한 활동에 완벽하게 들어맞는 뉴런들을 발견했다. 쿤츠는 그것들에 임시로 닻anchor세포라는 이름을 붙였다. 그는 닻세포가 무엇인지 신중히 분석하고 있으며, 자신의 연구결과가 다른 연구자들에 의해서도 재현될 수 있어야 한다고 생각한다. 이러한 신중함을 바탕으로 쿤츠는 닻세포들이 자기중심적인 정보를 제공하는 것처럼 보인다고 말한다. 당신이 집으로 걸어가는 길이라고 상상해보라. 이때 집이 곧 **닻**이다. 즉 집이 보이면 당시의 뇌 속에 있는 특정 뉴런들이 활성화된다. 좀 더 자세히 말해, 당신이 보았을 때 집의 방향(왼쪽, 오른쪽)과 떨어진 거리 등에 따라 활성화되는 닻세포가 각각 다르다. 닻세포의 발화 패턴은 닻에 대한 당신의 상대적인 위치로 결정되는 것이다. 온갖 위치(이곳은 **정문**이다, 이곳은 **타임스퀘어**다, 이곳은 **스톤헨지**다)에 반응해 끊임없이 발화하는 장소세포와 달리, 닻세포는 우리의 상대적인 위치를 알려준다고 쿤츠는 생각한다. 이로써 그는 결정적인 질문에 이미 답했을지 모른다.

하루에도 수백 번씩 서로 다른 뇌 영역들은 가벼운 발걸음으로 함께 춤추면서 공간정보와 감각정보를 주고받는다. 그러면서 이 수많은 정보를 해석하고 가다듬는다. 그러다가 춤이 실패했을 때 모든 것이 명백해진다. 파트너가 사라진 뉴런, 스텝을 잊어버린 뉴런, 파트너의 발을 밟은 뉴런, 상대방을 따르지 않고 이끄는 뉴런.

이처럼 다양한 신경 시스템이 상호작용하는 무수한 경우를 생각해보라. 혼잡한 공항에서 게이트를 찾을 때, 또는 가장 좋아하는 의자에서 일어나 화장실에 갈 때, 또는 막히는 도로를 우회하기 위해 즉흥적으로 핸들을 꺾을 때처럼 우리가 길을 찾기 위해 사용하는 다양한 방법을 생각해보라. 우리는 끊임없이 춤추며 세상과 **그 세상 안에서** 우리의 위치를 공간적으로 표현한다. 게다가 아주 오랫동안 이 일을 해왔다.

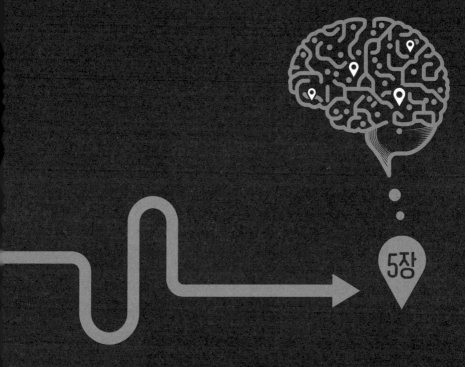

5장

길을 찾도록
진화한 존재

DARK AND MAGICAL PLACES
The Neuroscience of Navigation

그는 키가 155센티미터로 작지만, 가슴이 넓어 몸이 다부져 보인다. 어깨까지 내려오는 머리카락은 갈기처럼 헝클어져 있고 손질하지 않은 수염도 마찬가지다. 턱은 가슴에 거의 닿아 있고, 툭 튀어나온 눈썹 때문에 그림자가 진 눈으로 세상을 궁금하다는 듯이 쳐다보고 있다. 연구자들은 그의 뭉툭한 코 형태가 북쪽 환경의 차갑고 건조한 공기를 들이마셨을 때 습도와 온도를 높이는 데 도움이 된다고 말한다.[1]

그는 몸에 문신이 있다. 갈매기 모양의 푸른색 줄무늬 두 줄이 어깨에서 시작해 가슴의 굴곡을 따라 흉골 바로 위까지 이어져 있다. 내 문신과 정말 비슷해 보인다. 제멋대로인 성격 때문일까? 하지만 그는 내가 아니다. 엄밀히 말하자면 인간이라고 할 수도 없다.

그는 네안데르탈인이다. 우리의 조상이 호모사피엔스라는 학명을 가지고 있듯, 네안데르탈인은 호모네안데르탈렌시스Homo neanderthalensis라는 학명을 가지고 있다. 그의 집은 런던 자연사박물관이다. 인류의 진화 전시실에 설치된 전시용 유리 상자 안에서 밝은 백색광을 맞으며 서 있다. 마치 포털을 통해 4만 년이라는 시간을 뛰어넘어 가방을 둘러멘 아이들로 가득한 사우스켄싱턴의 어두컴컴한 방으로 굴러떨어진 것 같다. 이 네안데르탈인은 1886년 벨기에 중부 지역에 있는 거대한 동굴에서 발견된 거의 완벽한 네안데르탈인의 골격인 '스피2Spy II'를 모델로 삼고 있다. 유리 상자 안에서 백색광을 맞으며 서 있는 네안데르탈인을 보려고 나는 자연사박물관 이곳저곳을 헤맸다. 전체적으로 조명이 어두워서 분간하기가 어려웠다. 작은 받침대에 두개골이 줄지어 놓여 있는 막다른 통로에 이른 적이 한두 번이 아니었다. 마치 누군가가 나를 그리로 데려가기라도 한 것처럼 구석기와는 거리가 먼 기념품 상점 앞에 가 있었던 적도 여러 번이다.

하지만 결국 네안데르탈인을 찾아냈다.

네덜란드의 재건주의 미술가인 알폰스 케니스와 아드리 케니스가 그를 창조했다. 그들은 수많은 시간을 들여 스피2를 참조해 실제 크기의 20대 남성 네안데르탈인 모형을 만들어냈다. 이제 유리 상자 안에 들어간 그의 벌거벗은 모습을 보고 학생들이 웃음을 터뜨린다. 하지만 스피2가 살아 있다면 어떻게 세상을 바라보고 이해했을까? 내가 세상을 바라보는 방식대로 세상을 바라보았을까? 어떻게 길을 찾았을까?

4만 년 전 오늘날 유럽이라 할 수 있는 곳에서 전쟁이 벌어졌다. 그것은 생존을 위한 전쟁이었다. 네안데르탈인들은 수십만 년 동안 야생의 땅을 지배하고 있었다. 그들의 영역은 온화한 기후의 포르투갈과 스페인에서 시작해, 북쪽으로는 스위스를 관통하는 울창한 알프스산맥까지 이어져 있었고, 서쪽으로는 웨일스와 잉글랜드까지, 동쪽으로는 중부 유럽과 발칸 지역을 가로질러 시베리아의 알타이산맥까지 뻗어 있었다. 하지만 위험한, 아주 위험한 무언가가 다가오고 있었다. 아프리카에서 먼지구름을 타고 북쪽으로 밀려온 새로운 위협은 바로 우리, 호모사피엔스였다. 호모사피엔스가 유럽에 발을 디딘 지 몇천 년도 되지 않아 네안데르탈인은 사라져버렸다. 기억에서 잊혔다. 그 속도는 믿기 어려울 정도로 빨랐다(그리고 난데없었다). 네안데르탈인들은 수십만 년 동안 그 풍경의 일부였기 때문이다.

"우리가 아는 것은 호모사피엔스가 등장했고, 네안데르탈인이 사라졌다는 사실뿐입니다." 미국자연사박물관의 큐레이터 이언 태터샐Ian Tattersall(6점이나 7점)의 설명이다. "네안데르탈인은 그 전까지 매우 어려운 시기를 겪었습니다. 기후와 환경에서 비롯된 우여곡절이 많았죠. 하지만 네안데르탈인에게 진정 새로운 것은 호모사피엔스뿐이었습니다."

우리는 결국 너무 많아졌다. 우리는 분명 네안데르탈인의 멸종과 관련이 있지만, 어떻게 해서 그렇게 되었는지는 명확하지 않다. 남아 있는 것이라고는 정황 증거, 벨기에에서 발견된 스피 2 같은 유골과 프랑스, 튀르키예, 이스라엘, 우즈베키스탄처럼 더 멀리 떨어진 곳에서 발굴된 유골뿐이다.✦

호모사피엔스라는 상징주의자

우리가 시간을 거슬러 (모든 진화적 적응을 하나씩 반대로 되돌리며) 50만 년 전의 홍적세 중기로 갈 수 있다면, 마침내 네안데르탈인과 호모사피엔스가 그들의 공통 조상인 호모하이델베르겐시스Homo Heidelbergensis에서 분기되는 순간을 볼 수 있을 것이다. 호모하이델베르겐시스는 용감했다. 어느 시점엔가 소수가 아프리카를 떠나, 유럽과 유럽 너머로 흩어졌다. 그들의 뼈는 독일[2]이나 스페인,[3] 그리스,[4] 프랑스[5] 같은 멀리 떨어진 곳에서 발견되었다.

새로운 환경에 적응하며 진화한 그들은 결국 고유종인 네안

✦ 오늘날 인류학자들은 네안데르탈인이 우리와 다른 점보다는 비슷한 점이 더 많았을 것이라고 생각한다. 아마도 언어가 있었을 것이지만, 우리의 언어보다는 정교하지 못했을 것이다. 네안데르탈인의 뇌는 우리의 뇌와 매우 비슷하다. 그들이 사라진 이유는 복잡하다. 하지만 아마도 집단의 크기와 개체군 역학(population dynamics), 자원을 구하려는 인간과의 경쟁, 빠른 기후변화 등이 영향을 미쳤을 것이다.

데르탈인이 될 만큼 달라졌다. 호모하이델베르겐시스의 또 다른 구성원들은 여전히 아프리카에 머물러 있었다. 인류학자들은 약 30만 년 전에 그들이 호모사피엔스로 진화했다고 믿는다. 바로 그때 우리가 탄생한 것이다. 결국 호모사피엔스 중 일부도 아프리카를 떠나기 시작했다. 약 5만 5000년 전 호모사피엔스는 현재 보츠와나 북부 지역인 오카방고 분지의 비옥한 범람원에서 갑자기 북쪽으로 이주해 지구의 구석구석을 식민지로 만들기 시작했다.♦♦⁶

초기 호모사피엔스의 공간능력이 나만큼이나 좋지 않았다면 결코 아프리카를 떠나지 못했을 것이라는 점도 언급할 만하다. 그전에도 현생인류가 아프리카를 떠난 적이 있었다는 단서가 있다. 하지만 그들은 되돌아오고 말았다. 다시 말해 아프리카를 떠나려는 초기의 시도는 실패했다는 것이다. 2018년 과학자들은

♦♦　사건이 이 순서대로 진행되었을 가능성이 가장 크지만, 여전히 추측에 불과하다. 화석 기록은 완벽하지 않다. 장소에 따라 그 격차는 수십만 년에 달한다. 인류학자들은 호미닌(hominin, 호모사피엔스와 그 근연종을 통틀어 부르는 것으로, 곧 '인류의 조상'이다)의 연대표와 혼란스러운 분류체계를 놓고 논쟁을 벌이고 있다. 여기에는 2004년 인도네시아에서 발견되었고 호모에렉투스(Homo erectus)의 후손으로 추정되며 1만 8000년 전까지 살았던 호모플로레시엔시스(Homo floresiensis), 2010년 발견되었으며 동시대 속인 오스트랄로피테쿠스 아프리카누스와 유사한, 200만 년 된 화석인 오스트랄로피테쿠스 세디바(Australopithecus sediba), 2010년 중남부 시베리아의 데니소바 동굴에서 발견된 또 하나의 멸종된 인류로, 몇 개의 치아와 골격만으로 알려진 데니소바인(Denisovan) 등이 포함된다.

이스라엘의 어느 동굴 바닥에서 온전한 치아 여덟 개가 붙어 있는 턱뼈와 18만 년 전의 인간 화석을 발견했다.[7] 2019년 7월 과학자들은 나이가 더 많은, 즉 21만 년 전의 인간 화석을 발견했다. 이번에는 그리스였다.[8] 뼛조각을 이어 붙이며 퍼즐을 푼 과학자들은 온전한 두개골을 재건할 수 있었다. 그들은 이 두개골의 주인에게 아피디마 Apidima라는 이름을 붙였다.

이처럼 우리는 지구상에 존재하게 된 순간부터 이동하며 길을 찾았다. 무엇이 우리를 차별화한 걸까?

호모사피엔스가 네안데르탈인과 충돌하기까지 그 둘은 범주 자체가 달랐다. 세상에 호모사피엔스 같은 존재는 또 없었다. 호모사피엔스는 신을 창조해 의식을 행했다. 추상, 미신, 귀신. 모든 것이 겉으로 드러난 직접적인 의미 외에 이면의 의미를 가졌다. 다시 말해 호모사피엔스는 세상을 상징적으로 나타내기 시작했다. 태터샐에 따르면 호모사피엔스는 "상징주의에 빠져 있었다". 그에 대한 단서가 동굴 미술, 신체 장식, 악기, 매장 의식, 조각상 등 모든 고고학적인 기록에서 나타난다. 리버풀대학교의 인류학자 로라 벅 Laura Buck과 주고받은 편지에서 그녀는 호모사피엔스를 절대적 **상징주의자** obligate symbolist라고 표현했다. 우리는 상징적인 사고에서 벗어나지 **않을** 방법이 없다. 상징이 우리가 인간임을 정의한다.

수십 년 동안 연구자들은 최초의 악기가 1995년 슬로베니아 북서부의 네안데르탈인 유적지에서 발견된 플루트(4만 3000년 전에 동굴곰의 대퇴부로 만들어졌다)라고 생각했다. 사실 이는 오해였다. 이제 대다수의 인류학자는 그 플루트가 사실은 하이에나가 무심코 씹다 뱉어 이빨자국이 구멍처럼 난 뼈일 가능성이 크다고 인정하고 있다.[9] 그 대신 현존하는 가장 오래된 악기로 여겨지는 다른 플루트에는 길고 가느다란 뼈에 완벽하게 둥근 다섯 개의 구멍이 뚫려 있다.[10] 그 구멍은 이 플루트가 의도적으로 세심하게 만들어졌음을 보여준다. 그리폰독수리의 뼈로 만든 이 플루트는 2008년 독일 남서부에 있는 어느 산 중턱의 동굴에서 발견되었는데, 그곳에는 인간이 생활한 흔적이 가득했다. 과학자들은 탄소연대측정법을 사용해 이 플루트가 4만 3000년 전에 만들어졌다는 사실을 알아냈다. 이 발견은 호모사피엔스가 다뉴브강 회랑을 통해 독일 지역으로 들어왔을 때 음악도 함께했다는 것을 의미한다.

상징주의는 호모사피엔스와 네안데르탈인 사이에 중요한 차이를 만들어냈다.

태터샐은 이렇게 설명한다. "저는 네안데르탈인들의 일상이 상징주의와는 거리가 멀었을 것으로 봅니다. 그렇지만 오해는 말아주세요. 저는 그들이 매우 복잡다단한 면을 가진 존재였다고 생각하고, 그들을 매우 존중합니다. 재주가 많았고, 융통성도 있었으며, 영리했어요. 그들은 우리와 똑같은 방식이 아니더라도 영리해질 수 있다는 것을 보여주었습니다."

많은 사람이 호모사피엔스만이 유일하게 영리해지는 방법을 알고 있었다고 생각한다. 그러한 환원주의적인 사고에 따르면 호모사피엔스와 가장 가까운 동족은 당연히 호모사피엔스보다 여러모로 효율성이 떨어지는 버전에 불과할 것이다.

태터샐은 그러한 생각이 잘못되었다고 꼬집는다. "네안데르탈인들은 그들만의 행동양식이 있었고, 정보 및 환경을 다루는 그들만의 방식이 있었습니다. 그들을 우리의 기준에 끼워 맞춰 해석하는 것은 매우 부적절합니다."✦

공간 인식이라는 결정적 차이

네안데르탈인들은 제한된 영토 안에서 이동했고, 관리 가능한 소규모 집단을 유지했다. 하지만 호모사피엔스들은 더 넓은

✦ 인류학자들은 네안데르탈인들이 세상을 상징적으로 처리했는지 여부를 두고 설전을 벌이고 있다. 네안데르탈인들이 세상을 상징적으로 처리했다고 하더라도 그 단서는 호모사피엔스의 상징적 사고를 보여주는 흔적과는 다르다. 예를 들어 네안데르탈인들이 호모사피엔스처럼 시체를 매장했을지라도, 불쾌한 시취 때문이지 어떤 미신 때문은 아닐 수 있다. 또한 네안데르탈인들도 시체를 장식하는 것을 좋아했을 수 있지만, 그들의 영토에 새롭게 등장한 호모사피엔스를 흉내 낸 것에 불과했을지 모른다. 네안데르탈인들이 남긴 벽화는 매우 드물어 인류학자들은 그러한 벽화의 예술적인 측면을 나중에 호모사피엔스가 추가한 것으로 의심한다. 다만 상징적 사고의 등장과 네안데르탈인들의 멸종이 아슬아슬하게 겹쳤을 가능성은 있다.

영토를 가로지르며 다수의 구성원과 복잡한 관계를 유지했다. 그리고 그것이 중요한 점이라고 캐나다 몬트리올대학교의 아리안 버크Ariane Burke(8점)는 설명한다.

2012년 버크는 바로 그 점이 네안데르탈인과 호모사피엔스의 모든 차이를 만들었다고 주장하는 논문을 발표했다.[11] "공간 인식은 공간적으로 방대하고 역동적인 사회망 관리 같은 일과 관련이 있습니다"라고 버크는 말한다. 광범위한 사회적 연결을 유지하기 위해서는 추가적인 연산능력이 요구된다는 것이다. 이러한 연결은 또 다른 추상적 개념으로, 결국 더 많은 상징적인 작업이 필요하다. "사람들이 **어디에** 있고 **언제** 그들을 볼 수 있는지 기억하려고 노력해야 합니다. 그런 다음 그들과 연락을 유지하는 방법을 알아내야 하죠. 물리적인 방법이나 또는 그것을 대신할 만한 방법을 이용해서라도 말입니다."

뇌에는 신경가소성이 있으므로, 우리가 무엇을 요구하는지에 따라 뇌는 변화한다. 공간 인식은 '사용하지 않으면 잃어버리는' 유형의 활동이기 때문에, 이 추상적 개념을 채택되었을 때 호모사피엔스는 더욱 발전된 형태의 공간인지력을 개발해야 했고, 이로써 뇌에 변화가 일어나 네안데르탈인과의 인지력 격차가 더욱 벌어졌다.

버크는 이러한 차이를 부풀리려고 하지 않는다. 호모사피엔스와 네안데르탈인의 뇌는 놀라울 정도로 비슷하다고 그녀는 말한다. 그렇지만 우리가 요구하는 활동에 따라 뇌가 변화한다는 개념은 낯설지 않다. 런던의 택시 운전기사와 버스 운전기사를 다시 생각해보자. 유니버시티칼리지런던의 맥과이어는 이들 운전기사의 뇌가 특정한 영역에서 다른 이들과 어마어마하게 다르다는 사실을 알게 되었다. 런던 전체의 복잡한 지리를 머릿속에 저장하고 있는 택시 운전기사들의 해마는 눈에 띄게 컸다. 동일한 노선을 반복해서 운전하는 버스 운전기사들의 해마는 더 작았다. 버크는 이렇게 썼다. "다시 말해 인간의 뇌가 가진 신경가소성 덕분에, 훈련할 기회가 제공된다면 공간능력(그리고 신경해부학적 변화)에 상당한 차이가 발생할 수 있다."

이동성이 뛰어난 우리 호모사피엔스(절대적 상징주의자)는 끊임없이 움직이며, 복잡하고 추상적인 사회망을 관리해왔다. 우리는 복잡한 지리를 머릿속에 저장해둘 수 있다.

호모사피엔스도 연습을 계속하면 런던의 택시 운전기사가 될 수 있다.

라텍스로 재현된 과거

버크 같은 인류학자들은 해결할 수 없을 것 같은 문제에 직면한 상태다. 4만 년 된 뇌를 볼 방법이 없다는 것이다. 뇌는 부드러운 조직이기 때문에 뼈처럼 화석이 되지 못하고, 두개골 안에서 사라질 뿐이다. 뇌가 사라지면 한때 그 안에 담겨 있던 신경해부학적 비밀도 함께 사라진다. 호모사피엔스와 네안데르탈인은 서로 다른 종이었으며, 그러한 차이는 뇌가 기능하는 구체적인 방식에 미묘하게, 또는 덜 미묘하게 반영되었을 것이다. 하지만 한 종은 살아남았고, 다른 종은 멸종했다. 수천 년이 지난 지금 호모사피엔스의 뇌와 네안데르탈인의 뇌가 어떻게 다른지 알아볼 방법은 없다.

하지만 컬럼비아대학교의 랠프 홀러웨이 Ralph Holloway(7점)에게는 방법이 있었다. 홀러웨이는 자신의 연구실에서 뒤틀린 모양의 볼링공 같은 것을 안고 다닌다. 그는 고생물신경학자 paleoneurologist다. 그의 뒤편으로는 빽빽한 책장과 쌓아둔 바인더, 덕트 테이프, 인간의 뼈를 완전히 복원한 모형 두 개, 천식용 흡입기, 에너지바, 줄자 등이 여기저기 널브러져 있다. 사람의 손길이 닿은 지 오래된 한쪽 구석에는 화분에 심어놓은 식물이 시들어 갈색으로 변해가고 있다. 기다란 작업대 위에는 두개골, 두개골 반쪽, 두개골 조각, 금이 가고 깨진 두개골 조각 등이 가득하다.

홀러웨이는 볼링공처럼 생긴 것을 뒤집어 텅 빈 내부와 굴곡, 주름 등을 조사하고 있다. 그것은 9월의 구름 한 점 없는 오후처럼, 그리스의 바다처럼 파랗다. 아래쪽에는 굵은 줄기가 삐져나와 있어, 전체적으로 땅에서 뽑아낸 꽃 같다. 더 자세히 들여다보면 표면에 강처럼 구불구불한 뇌신경과 혈관이 뚜렷이 보인다. 거기에는 정보가 가득하다. 홀러웨이가 붙잡고 있는 것은 두개골의 내부를 구현한 3차원 틀인 **엔도캐스트**endocast다.

특정한 조건하에서 엔도캐스트는 자연적으로 생성된다. 가령 4만 년 전에 어느 네안데르탈인이 사망했다고 해보자. 그의 시체는 퇴적층에 묻혔다. 이후 퇴적층이 썩어 사라진 뇌 대신 그의 두개강을 서서히 채워가다가, 곧 기이한 모양의 볼링공처럼 단단한 암석이 된다. 1966년 요하네스버그 근처 산비탈에 있는 폐기장의 돌무더기에서 발견된 뇌 모양의 바위나,[12] 1926년 슬로바키아의 석회암 채석장에서 발견된 뇌 모양의 바위가 대표적인 예다. 숲코끼리의 화석화된 뼈들에 둘러싸여 있던 그것은 10만 5000년 전의 것으로 추정되었다.[13]

2008년 8월 요크셔주 헤슬링턴Haslington의 한 공사장에서 2600년 된, 현존하는 가장 오래된 뇌가 발견되었다.[14] 너무 오래 구운 쿠키처럼 보이는 이 뇌는 피질의 이랑과 주름이 온전하게 남아 있다. 이는 매우 이례적인 것으로, 뇌가 파묻혀 있던 진흙에 산소가 부족해 미생물의 활동을 차단, 썩지 않을 수 있었다. 2020년 1월 과학자들은 또 다른 고대의 뇌를 발견했다고 발표했다. 그것은 파리의 상류층이 애용하는 양품점의 진열대에서나 볼 수 있는 물건처럼 보인다. 뇌라기보다는 (가장자리에 톱니 모양의 날이 서 있는) 검은색 유리 조각에 가깝기 때문이다. 과학자들은 뇌가 도자기처럼 유리화되었기 때문이라고 설명했다. 이 유리 조각은 기원전 79년 폼페이 인근 헤르쿨라네움Herculaneum의 베수비오 화산이 폭발할 때 순식간에 재로 변한 한 시체의 두개강에서 떨어

져 나온 것이다.[15]

헤슬링턴의 뇌와 폼페이의 뇌는 많은 정보를 제공하지 않는다. 적어도 홀러웨이의 엔도캐스트만큼 많은 정보를 제공하지는 않는다.

홀러웨이는 엔도캐스트를 직접 만든다. 아이들이 젤리를 틀에 부은 다음 그것의 모양이 잡힐 때까지 기다리듯, 홀러웨이는 두개골 안에 액체 상태의 라텍스를 신중하게 주입한다. 라텍스는 두개강을 따라 흐른 다음, 뇌와 척수를 연결하는 신경 줄기인 뇌간이 있었을 공간을 지나 두개골을 벗어난다. 뇌의 피질은 이랑과 골, 혈관으로 가득하기 때문에 살아 숨 쉴 적에 두개골 안쪽에 미세한 흔적을 남긴다. 엔도캐스트는 그 흔적의 네거티브 필름과 같다. 따라서 실제 뇌와 동일하진 않지만, 적어도 특정 부분에서는 구체적인 실마리를 제공한다. 즉 엔도캐스트는 어떤 사물의 그림자를 연구함으로써 그 사물을 연구하는 것처럼 뇌를 살펴보게 해준다.

"제가 가지고 있는 엔도캐스트가 300~400개 정도입니다. 그중 약 200개가 고릴라, 보노보, 침팬지, 오랑우탄과 상당수의 영장류(긴팔원숭이)에게서 나왔습니다. 모두 박물관에 보관된 표본들로 만들었죠. 라텍스 또는 그 비슷한 재료로 만듭니다." 홀러웨이의 설명이다. 엔도캐스트는 두개골 안에 있어 눈으로 볼 수 없는 중요한 세부요소 등을 모두 보여준다. 이를 이용해 홀러웨이는 뇌의 부피가 다양한 이유나 종에 따른 뇌 영역의 다양한 크기 등을 연구할 수 있었다.

홀러웨이 연구실의 다른 작업대에는 인간의 두개골이 줄지어 놓여 있다. 각각의 두개골 앞에는 뒤집힌 거북이처럼 보이는 아콰마린, 라일락, 세이지그린, 청록 빛깔의 엔도캐스트가 놓여 있다. "현대인의 두개골 80여 개를 직접 작업했습니다." 홀러웨이는 약간 삐딱하게 서서 라텍스로 채워진 엔도캐스트를 화채 그릇처럼 휘젓는다. 라텍스가 빈틈없이 골고루 코팅되도록 하기 위해서다. 시간이 지나 라텍스가 얇은 막처럼 굳으면 마술사가 주먹 쥔 손에서 손수건을 꺼내는 것처럼 (두개골 바닥에 있는 큰 구멍인) 대후두공 foramen magnum에서 조금씩 끄집어낸다.**16**

더 오래된 두개골도 있다. "화석을 바탕으로 만든 엔도캐스트는 약 100~200개 정도일 겁니다"라고 홀러웨이는 말한다. 그중 일부는 소수의 작고 불완전한 화석 조각을 토대로 만들어진 것이지만, 호모사피엔스의 두개골을 토대로 만든 것처럼 신경과 혈관의 흔적까지 볼 수 있는 완전한 엔도캐스트도 있다. 홀러웨이는 지금까지 발견된 가장 중요한 호모사피엔스나 원시인류의 화석을 가지고 1960년대부터 엔도캐스트를 만들어왔다. 나이지리아에서 세계적인 고인류학자 리처드 리키 Richard Leaky와 함께 엔도캐스트를 만들기도 했고, 프랑크푸르트에서 한여름의 무더위 속에 속옷만 입은 채로 자바섬 솔로강에서 발굴한 두개골로 엔도캐스트를 만들기도 했다.

6만 5000년의 공백

오늘날 고생물신경학자들은 가상의 엔도캐스트에 크게 의존하고 있다(CT 스캐너를 이용해 두개골의 내부 구조를 고해상도 3차원 이미지로 만든다).[17] 그렇지만 홀러웨이는 3차원 이미지보다는 물리적인 대상을 선호하기 때문에, 3D 프린터를 이용해 해당 이미지를 '출력'하려 한다. 그렇게 해야만 (복제된) 뇌의 윤곽과 세부 사항을 느낄 수 있기 때문이다. 엔도캐스트가 미술의 한 형식이라면(실제로도 그렇다), 84세의 나이로 지팡이를 짚고 실험실을 누비는 홀러웨이야말로 피카소 같은 존재다.

홀러웨이의 엔도캐스트가 우리에게 말하고자 하는 것은 무엇일까?

첫째, 인간의 뇌는 구석기시대보다 작아졌다. 수만 년 동안 인간의 뇌는 지속적으로 줄어들었다.

태터샐은 이렇게 설명한다. "우리의 뇌는 네안데르탈인보다 작습니다. 하지만 우리 조상(네안데르탈인과 동시대에 살았던 호모 사피엔스)의 뇌는 네안데르탈인만큼 커요. 빙하기가 끝날 무렵 어느 시점에서 뇌의 평균적인 크기가 줄어들었습니다." 아마도 그 이유는 우리가 정보를 처리하는 방식이 네안데르탈인이나 초기 호모사피엔스와 다르기 때문일 것이다. "오늘날 우리는 에너지를 최대한 아끼는 방식으로 정보를 처리합니다. 이 유리한 방식 덕분에 네안데르탈인이나 초기 호모사피엔스만큼 큰 뇌가 필요하지 않습니다."

하지만 홀러웨이의 엔도캐스트가 우리에게 말해주는 것은 그
이상으로, 수백만 년에 걸쳐 호미닌의 뇌에서 일어난 변화의 패
턴을 보여준다. 먼저 뇌의 구조가 재구성되었고, 그 결과 뇌의 크
기가 갑자기 커졌다. 이 '재구성-확장'의 순환주기는 수천 년에
달한다.

호모사피엔스와 네안데르탈인의 엔도캐스트를 비교해보면,
다른 중요한 차이점도 명백하게 드러난다. 호모사피엔스의 엔도
캐스트와 네안데르탈인의 엔도캐스트를 나란히 놓고 보면, 매우
다르다. 전자는 크고 둥글지만, 후자는 평평하고 길쭉하다. 2018
년의 한 연구에서 막스플랑크진화인류학연구소Max Planck Institute
for Evolutionary Anthropology의 사이먼 노이바우어Simon Neubauer(6점 또는
7점)는 우리의 뇌가 언제 특징적인 형태를 갖게 되었는지 파악하
려 시도했다.[18] 우선 노이바우어는 연대가 다양한 화석화된 호모
사피엔스의 두개골로 가상 엔도캐스트를 만들었다. 호모사피엔
스의 두개골 중에 가장 오래된 것으로 알려진 30만 년 전의 화석
도 포함되어 있었다. 이는 인류학자들이 해부학적으로 호모사피
엔스에 포함된다고 간주하는 것 중 아주 초기의 화석이다. 물론
우리는 훨씬 최신의 화석도 가지고 있다. 영국의 고인류학자 메
리 리키Mary Leakey는 1976년 탄자니아에서 12만 년 된 거의 손상
되지 않은 두개골을 발견했다. 1914년에는 독일 본오버카셀Bonn-
Oberkassel에서 1만 4000년 된 두개골 두 개가 발견되었는데, 기르

던 개의 뼈와 함께 매장되어 있었다. 1909년 프랑스 남서부의 콩
브카벨Combe-Capelle에서는 한 노동자가 8000년 된 것으로 추정되
는 두개골을 발견했다. 노이바우어는 스피2 같은 네안데르탈인
의 엔도캐스트, 케냐와 탄자니아에서 발견된 호모에렉투스의 엔
도캐스트, 호모하이델베르겐시스의 몇 가지 완전한 엔도캐스트
그리고 호모사피엔스의 100개에 달하는 엔도캐스트를 모두 비
교했다. 그 결과 두개골 모양이 긴 형태에서 둥근 형태로 점차 변
화했다는 사실을 알게 되었다. 예를 들어 1933년 이스라엘에서
발견된 호모사피엔스 카프체6 Qafzeh 6의 두개골은 11만 5000년
전 것으로 추정되는데, 그 꼴은 분명 인간이지만 현대적이라고
할 수는 없다.

다만 노이바우어에 따르면 10만 년 전에서 3만 5000년 전 사
이에는 화석 기록에 공백이 존재한다. 이는 매우 중요한 사실이
다. 그동안 무슨 일이 벌어진 걸까? 10만 년 전 호모사피엔스의
뇌는 지금과 같은 크고 둥근 모양이 아니었다. 3만 5000년 전 호
모사피엔스의 뇌는 지금 우리의 뇌와 닮아 있다. 이것은 갑작스
러운 변화다. 10만 년 전과 3만 5000년 전 사이 어느 시점에서 호
모사피엔스는 현대적인 뇌의 모습을 얻은 동시에 아프리카를 벗
어나 전 세계로 흩어져 구석구석까지 정복하기 시작했다.

어쩌면 그것은 우연일지 모른다. 하지만 아닐 수도 있다.

두정엽이 커지다

시간이 흘러 인간의 뇌가 재구성되고 성장하면서, 일부 영역은 다른 영역보다 더 큰 변화를 겪었다. 이런 식으로 호모사피엔스는 상징주의자가 되었다. 뇌가 더 크고 둥글게 성장하면서 약간 뒤쪽에 위치한 **두정엽**이 급작스럽게 팽창했다. 두정엽의 주요 기능 중 하나는 신체와 그 신체의 공간적인 위치에 관한 감각정보를 처리하는 것이다. 임상에서 신경학자들은 피험자에게 한 손의 엄지와 검지로 반지 모양(OK 신호)을 만든 다음, 그것에 사슬처럼 맞물리도록 다른 손으로 똑같은 모양을 만들어보게 시킨다.[19] 두정엽에 부상이 있다면 이 과제를 수행하지 못한다.

또한 두정엽은 숫자[20]와 시간의 이해,[21] 공감과 용서[22]는 물론이고 심지어 행복[23]처럼 서로 무관해 보이는 다른 많은 인지기능에도 관여한다.

하지만 어느 시점에서 **굴절적응**exaptation이 일어났다고 콜로라도대학교 원시심리학자인 프레드 쿨리지Fred Coolidge(8점)는 말한다. 굴절적응이란 원래와 다르게 기능하는 물리적 특성이나 특징을 가리킨다. 예를 들어 깃털은 원래 공룡이 체온을 유지하는 수단으로 진화했다. 하지만 굴절적응이 일어나 날아다니는 용도로 사용하게 되었다.

두정엽도 깃털과 비슷하다. 두정엽의 크기가 커지자 가장 먼저 시각 및 공간능력이 발달하게 되었다. 이는 두정엽이 가진 원래 기능의 발전이다. 그런데 굴절적응이 일어나면서 다수성 numerosity 같은 복잡한 개념을 이해하고, 공감 같은 섬세한 감정을 느끼며, 무엇보다 길 찾기가 가능해졌다.[24]

자기중심적인 정보와 **타자중심적인** 정보를 결합해 길을 찾을 때면 두정엽은 매우 바빠진다. 두정엽이 신체와 그 신체의 위치를 추적하는 데 관여하기 때문에 그런 작업을 수행하는 것은 당연하다 할 수 있다. 좀 더 구체적으로 말해 현대인의 뇌에 대한 신경생물학 연구에 따르면 두정엽피질은 자기중심적인 정보를 암호화한다.[25] 꿈꾸거나 공간기억을 다시 경험하거나 익숙한 방의 구조를 상상할 때, 두정엽피질의 뉴런들이 그 일을 하고 있는 것이다.

과학자들은 알베르트 아인슈타인이 우아한 수학적 증명을 남길 수 있었던 이유를 남들보다 뛰어난 그의 두정엽에서 찾는다.[26] 신경해부학적으로 아인슈타인의 두정엽은 평범하지만 건강한 대조군보다 컸다. 1999년 학술지 《랜싯 The Lancet》에 실린 한 논문에 이런 구절이 나온다. "시공간의 인지, 수학적 사고, 운동의 형상화 등은 두정엽에 크게 의존한다. 이러한 인지 영역에서 발휘된 아인슈타인의 뛰어난 지적 능력과 그가 스스로 일컬었던 과학적 사고방식은 하두정소엽 inferior parietal lobule에 있는 평범하지 않은 해부학적 구조와 관련될지 모른다. 하두정소엽의 팽창은 다른 물리학자와 수학자들 사이에서도 나타나는 현상이다. 예를 들어 수학자 카를 프리드리히 가우스 Karl Friedrich Gauß와 물리학자 페르 아담 실리에스트룀Per Adam Siljeström은 모서리위이 랑supramarginal gyrus을 포함한 두정엽 영역이 광범위하게 발달되 었다고 한다."

두정엽의 중앙, 즉 반구 사이에서 뇌의 중앙을 가로지르는 깊은 홈에 숨어 있는 것은 쐐기앞소엽(브로드만 영역 7)이다.

"이제 우리는 모서리위이랑도 커졌다는 사실을 알아냈습니 다." 쿨리지가 말한다. 쿨리지는 인류학자 토머스 윈Thomas Wynn과 함께 쓴 《네안데르탈인처럼 생각하기How To Think Like a Neandertal》에 서 선사시대의 인지능력에 대한 사변적인 글을 썼다.[27] 쐐기앞소 엽은 접근하기 어려운 곳에 있어 연구하기가 까다롭다. 하지만 비침습적인 신경영상 기술이 개발되면서 과학자들은 쐐기앞소 엽의 수많은 활동도 공간과 관련된다는 사실을 깨닫기 시작했 다. 예를 들어 우리는 주변환경을 탐색할 때 쐐기앞소엽을 통해 우리의 운동을 추적한다. 이것은 공간정보 갱신spatial updating이라 는 과정이다. 2018년의 한 연구는 쐐기앞소엽에서 일어나는 활 동을 방해하기 위해 경두개자기자극법을 사용했는데, 그러자 피 험자들은 이동 중에 달라지는 자신의 위치정보를 업데이트하지 못했다.[28]

1998년 일본의 연구자들은 쐐기앞소엽에서 뇌출혈이 발생한 여성의 사례를 분석했다.[29] 당시 70세였던 이 여성은 갑작스러 운 두통과 메스꺼움 때문에 한밤중에 깨어 화장실을 가려고 애 썼지만 결국 실패했다. 화장실의 위치는 알고 있었지만, 도저히

갈 수 없었다. 쐐기앞소엽 깊은 곳에서 뇌출혈이 발생해 조직이 손상된 탓이었다. 검사 결과 이 여성의 타인중심적인 위치감각 능력은 그대로였다. 지도를 정확하게 그릴 수 있었고, 길을 잘 설명했으며, 잘 아는 건물들을 제대로 알아보았고, 심상 회전에 어려움이 없었으며, 공간과 관련된 각종 작업을 익힐 수 있었다. 하지만 철저하게 현대적이고 크기도 확장된 두정엽이 담당하는 자기중심적인 위치감각 능력은 크게 손상되어, 자신이 직접 그린 지도를 보고도 길을 찾지 못했다. 집 안의 화장실조차 찾을 수 없었다.

집의 풍경을 특정한 각도에서 묘사해달라고 부탁하면, 그녀는 잘해냈다. 이를테면 뒷마당에서 보이는 집의 풍경을 묘사할 수는 있었지만, 뒷마당에서 보이는 집의 풍경을 담은 사진을 보여주면 그녀는 그곳이 어디인지 말하지 못했다. 그녀는 공간에서 혼란을 느끼고 있었다.

가정법 없는 언어

기본적으로 인류학자들은 호모사피엔스가 네안데르탈인과 크게 다르다고 생각하지 않는다. 짐승 같은 소리로 웅얼거리는 야만인을 떠올리는 고정관념은 오래전에 사라졌다. "저는 네안데르탈인의 말이나 언어를 부정할 필요가 없다고 봅니다." 원시

심리학자 쿨리지는 말한다. "만일 타임머신을 타고 아무도 모르게 과거로 갔는데, 네안데르탈인이 서로에게 궁금한 점을 묻고 있지 않다면 저는 정말 놀랄 겁니다."

이제 대다수의 인류학자는 네안데르탈인들이 약간의 언어능력을 가졌을 것이라는 데 동의한다. 비록 호모사피엔스만큼 복잡하고 다양하지는 않았을 수 있지만 말이다. 인류학자들은 작고 가느다란 말굽 모양의 목뿔뼈 같은 것을 단서로 제시한다. 목뿔뼈는 말 그대로 목의 앞부분 중간쯤에 뿔처럼 달려 있는데, 해부학적으로 소리를 내기 위해(말을 하기 위해) 반드시 필요한 구성요소다. 네안데르탈인의 목뿔뼈는 호모사피엔스의 그것과 거의 동일하다.[30] 심지어 (스페인에서 발견된, 약 53만 년 전의 것으로 추정되는) 호모하이델베르겐시스의 목뿔뼈도 그들이 말할 수 있었음을 암시한다.[31] 연구자들은 우리의 유전체 genome에 언어습득과 관련된 단백질을 암호화하는 유전자 FOXP2가 존재한다는 것도 단서로 제시한다.[32]

그리고 네안데르탈인에게도 FOXP2가 있었다.[33]

연구자들은 네안데르탈인의 뼈에서 DNA를 추출했는데, 원래는 (침팬지의 유전자와 더 비슷한) FOXP2가 들어 있을 것으로 기대했다. 그런데 예상이 어긋났다. 연구자들은 오히려 인간의 것과 동일한 FOXP2를 발견했다. "네안데르탈인은 우리를 약간 놀라게 했습니다."[34] 2007년 《네이처》에 연구결과를 발표하며 요하네스 크라우제 Johannes Klause가 했던 말이다. 다만 쿨리지는 네안데르탈인의 언어는 어떤 형식이 빠져 있어 우리의 언어와 미묘하게 달랐으리라고 생각한다.

"네안데르탈인은 언어능력이 없었을 겁니다. 고급 화용론 중 하나인 가정법과 관련된 문제 때문입니다."[35]

가정법은 비현실성의 다양한 유형(비현실적인 상황, 꿈, 바람, 신화, 여론, 미래의 가능성 등)을 표현하기 위해 사용되는 특별한 방법이다. 우리는 일시적인 행동과 일어나지 않을지도 모르는 사건, 즉 불확실한 것을 기술하기 위해 가정법을 사용한다. '**저것**이 일어난다면 아마도 **이것**을 할 수 있을 것이다' 같은 것이 가정법이다. 가정법은 우리의 상징적 사고에 힘을 실어주는 말의 형식이다. '시체를 매장하면 불협화음이나 사고 없이 사후세계로 향할 것이다.' 바꿔 말해 가정법은 신과 괴물의 언어인 것이다. 쿨리지는 네안데르탈인들이 가정법을 사용하지 못했다고 믿는다. 뇌가 물리적으로 변화하면서 호모사피엔스의 언어는 더욱 섬세해졌고(언어의 재귀성), 그 결과 네안데르탈인은 하지 못하는 방식으로 상상하고 추론할 수 있게 되었다는 게 쿨리지의 생각이다.✦

이것이 왜 중요할까? 호모사피엔스와 네안데르탈인 사이의 몇 가지 잠재적인 차이에 대해 설명해주기 때문이다. 시체를 매장한 몇몇 네안데르탈인의 사례를 단서 삼아 그들도 가정법적

✦ 쿨리지가 말하는 가정법은 단순한 문법이 아니라, 일종의 언어학적 개념이다.

사고를 했다고 주장하는 고고학자들이 있다. 쿨리지는 동의하지 않는다. 네안데르탈인들은 더 실용적이었다. 단지 시취를 피하고자 매장했을 뿐이라고 쿨리지는 말한다. "네안데르탈인들이 가정법적 사고를 했다고, 즉 뭔가 초자연적인 것을 생각했거나, 이집트인들처럼 사후에 우리를 돌봐줄 환상 속의 신들을 만들었다고 보기는 어렵습니다."

실용적이고, 규칙을 중시하고, 가정법적 사고를 하지 않는 네안데르탈인들은 수십만 년 동안 거침없이 그들의 영역을 지배했다. 그러다가 갑자기 모든 것이 바뀌었다.

"늘씬하고 멋진 호모사피엔스가 나타났습니다. 4만 5000년 전의 우리입니다. 그들은 완전히 발전한 사고방식과 의식화된 매장방식 등 온갖 유형의 가정법적 사고를 갖춘 상태였죠."

이번에도 가정법, 즉 '가상의 것 the hypothetical'이 중요하다. 들소떼가 산기슭을 향해 끊어지지 않는 긴 대열을 이루며 출발한다고 해보자. 우리는 습지를 곧장 가로지르면 그들보다 한발 앞서 산기슭에 닿을 수 있다는 것, 이후 그들이 도착하는 장면을 보게 되리라는 것을 가정할 수 있다. 쿨리지는 이렇게 설명한다. "우리는 두정엽, 즉 시각과 관련된 뇌 영역에 어떤 정신 모델을 만들어냅니다. 이를 위해 모든 종류의 언어적 태그verbal tag를 사용하죠. 그 결과 성공하거나 실패할 확률을 따져 사전적 결정을 내릴 뿐 아니라, 실제로 구체적인 정신 모델을 만들어보고 테스트해 더 나은 의사결정을 내립니다. 우리는 정신적 시행착오를 거치는 것입니다."

누구도 호모사피엔스를 막을 수 없었다. 그들처럼 세상과 그 내용을 상징적으로 처리하는 종에게, 가정법적 사고가 가득해 표현력 좋고 풍부한 언어를 소통수단으로 제공한다면 어떻게 될지 상상해보라. 그러면 방향을 찾고, 결국 지도를 얻을 수 있을 것이다. 1993년 발견된 가장 오래된 지도는 1만 4000년 전에 만들어진 것이라고 한다. 이 지도는 스페인 북부에 있는 팜플로나 Pamplona근처의 아바운츠Abauntz 유적지에서 발견되었다.

실험실에서 만들어진 네안데르탈인의 뇌

캘리포니아대학교 샌디에이고 캠퍼스의 앨리슨 무오트리Alysson Muotri(4점)는 호모사피엔스와 네안데르탈인의 뇌를 비교할 수 있는 다른 방법을 발견했다. 그는 인큐베이터를 열고 배양 접시를 꺼낸다. 그 안에는 작고 기이하게 생긴 희멀건 공 몇 개가 따뜻한 수프 위를 천천히 굴러다니고 있다. 이 공은 뇌의 오가노이드organoid(유사 장기)다.

6개월 전 무오트리는 건강한 인간의 피부세포를 가져다가 '피부 프로그램'을 제거하고 줄기세포로 전환했다. 줄기세포는 어떤 유형의 세포로든 분화할 수 있는데, 무오트리는 뇌세포로 분화시켰다. 시간이 흘러 그렇게 만들어진 뇌세포들이 서로 연결되어 망을 구성하면서 분화 및 분할, 조직화가 시작되었고, 결국 오가노이드가 만들어졌다. 이 작은 뇌에는 시냅스로 연결된 뉴런들도 있었다. 한마디로 원시적인 작은 뇌가 만들어진 것이었다. 두 달 후에 무오트리는 오가노이드에서 전기적 활동을 감지할 수 있었고, 마침내 뇌가 작동할 때 뉴런들의 활동이 급증하는 것처럼, 오가노이드의 뉴런들도 동시에 발화하기 시작했다.

성장한 오가노이드는 약 200만 개의 세포로 구성되며, 크기는 완두콩만 하다. 무오트리는 오가노이드를 몇 년 동안 살아 있게 할 수 있다고 말한다. 그는 오가노이드를 이용해 자폐성 장애나 뇌전증 같은 질병을 치료하는 방법을 연구하고 있다. 벌써 성과가 나오고 있다. 자폐성 장애가 있는 아이의 세포로 만든 오가노이드와 비장애인 아이의 세포로 만든 오가노이드는 연결망의 형태나 조밀도가 다르다는 게 밝혀졌다. 2015년 지카바이러스가 중남미를 덮쳤을 때 연구자들은 오가노이드를 활용해 그것이 소두증을 유발한다는 사실을 확인했다.[36]

무오트리는 자신의 연구를 이렇게 설명한다. "제 학문적 관심사 중 하나는 뇌의 진화입니다. 그것은 호모사피엔스가 매우 고유한 인간 종이라는 생각에서 출발합니다. 호모사피엔스와 같은 종은 유일무이합니다. 심지어 침팬지조차 우리처럼 스스로 조직을 만들지 못합니다. 우리의 뇌는 그런 의미에서 꽤 독특하죠. 우리는 상상할 수 있습니다. 대규모 사회를 만들 수도 있고요. 이와 비슷한 특징이 있는 동물은 찾기 어렵습니다. 저는 이것이 우리 뇌의 고도의 능력 때문이라고 생각합니다. 그리고 제가 알고 싶은 것은, 어떻게 우리에게 이처럼 높은 수준의 인지력이 생기게 되었는지입니다."

무오트리는 오가노이드가 네안데르탈인의 뇌처럼 작동하게 하는 과정을 '오가노이드의 **네안데르탈인화**'라고, 그 결과물을 '네안데로이드Neanderoid'라고 부른다. 네안데르탈인의 화석에서 채취한 DNA를 연구한 결과 호모사피엔스와 200개 이상의 유전자가 다르다는 사실이 밝혀졌다.[37] 네안데르탈인과 호모사피엔스가 매우 밀접하게 관련된 만큼, 궁극적으로 인간다움을 결정짓는 것은 바로 이러한 유전자의 차이(그중 일부는 유전자 코드의 매우 미묘한 차이)라고 과학자들은 추론한다. 무오트리는 '유전자 가위'로도 불리는 최신 유전자 편집기술인 크리스퍼CRISPR를 활용해 그러한 차이 중 하나를 오가노이드의 유전체에 삽입했다.

유전자의 작은 변화는 개체와 종의 큰 변화로 이어질 수 있다. "유전자나 염기쌍 하나에 문제가 발생해도 돌연변이가 되는 수많은 증후군이 있습니다. 그런 경우 말이나 보행, 학습에 관한 능력이 떨어집니다." 무오트리의 설명이다.

무오트리는 신경 발달과 관련되는 노바1NOVA1이라는 유전자에 주목했다. 네안데르탈인은 호모사피엔스에게 없는 노바1의 변종 유전자를 가지고 있었다. 그들에게서 변종 유전자가 나타난 것은 우연이 아니라고 무오트리는 설명한다. "누군가가 새 버전의 유전자를 획득하면 양성선택positive selection(진화에 유리한 변화를 선택하는 것—옮긴이)에 따라 곧 모든 개체가 해당 유전자를 획득하게 됩니다. 옛 버전은 가지고 있어도 이점이 없기 때문에 사라지게 되죠."

다시 말해 노바1은 신경 발달에 매우 중요한 유전자이므로, 일단 변종이 발생하면 영원히 유지된다. 무오트리는 노바1을 편집해 네안데로이드와 따로 손대지 않은 오가노이드를 비교했는데, 그 둘의 차이는 금방 드러났다. 심지어 외형마저 달라졌다. 무오트리에 따르면 전자는 구형이 아니라 팝콘처럼 울퉁불퉁한 모양으로 성장했다. "뭔가 극적인 것을 기대하지는 않았지만, 두 오가노이드는 형태부터 크게 달랐습니다. 이는 피질을 형성하는 방식 자체가 다르다는 것을 의미합니다."

또한 네안데로이드의 뉴런들은 서로 덜 연결된다. 자연스레 전기적 활동도 달라진다. "세포의 생리적 특성은 매우 유사하지만, 그들이 형성하는 네트워크는 완전히 다릅니다. 이는 스파이크 신호와 그 신호들이 시간에 따라 어떻게 변화하는지 살펴보기만 해도 바로 알 수 있습니다. 그러한 변화가 좋은지 나쁜지는 알 수 없습니다. 단지 다를 뿐이죠."

현재 무오트리는 네안데르탈인의 유전체를 뒤져 편집에 활용할 10개의 또 다른 멸종된 유전자를 찾아낸 상태다. 이것들은 앞으로 몇 년 안에 새로운 네안데로이드로 자라날 것이다.

수렵하는 남성, 채집하는 여성이라는 신화

〈바다영웅의 모험〉을 이용한 연구에서 스피어스는 남성과 여성이 **동등하다면**, 둘 모두 길을 잘 찾을 수 있다는 사실을 보여주었다. 그런데도 남성과 여성은 서로 다른 길 찾기 전략을 채택한다고, 캘리포니아대학교의 인지심리학자 헤가티는 말한다. 이러한 성차sex difference는 **수렵채집이론**에 대한 근거로 제시될 만큼 과학적 사실로 받아들여지고 있다. 수렵채집이론의 기원은 하나의 종으로서 호모사피엔스가 등장한 시점까지 거슬러 올라간다.[38]

헤가티는 수십 년 동안 길 찾기에서의 성차를 연구해왔다. 2018년 그는 '듀얼 솔루션 패러다임dual solution paradigm'이라는 방법을 이용해 남녀를 비교했다.[39] 해당 연구에서 피험자들은 VR로 구현된 미로를 통과했다. 손수레, 오리, 의자, 피아노 등의 각종 랜드마크가 여러 곳에 놓여 있었다. 훈련 단계에서 피험자들은 경로를 알려주는 화살표를 따라 미로를 총 다섯 번 통과했다. 랜드마크를 기준으로 '오리-피아노-망원경-의자' 순이었다. 실전 단계에서 피험자들은 랜드마크 중 한 곳(가령 피아노)에서 시작해 헤가티가 요청한 다른 한 곳(가령 의자)을 찾아가야 했다. 이 과정을 수차례 반복한 끝에 헤가티는 한 가지 패턴을 발견했다. 남성은 지름길을 개척하지만, 여성은 학습한 경로를 고수한다는 것이었다.

또 다른 연구에서 남성은 여성과 비교해 중간에 쉬지 않았고,

자연스레 더 멀리 이동했으며,[40] 이전에 방문했던 장소는 또 가지 않았다.

이러한 차이점을 밝힌 연구는 매우 많다.[41] 남성은 심지어 주차할 장소를 옮길 때조차 거리와 방위를 이용해 기하학적으로 공간을 사고했다. 여성은 그보다는 랜드마크를 이용하는 방법으로 길을 찾았다.[42]

수십 년 동안 남성이 여성보다 심상 회전에 능숙하다는 연구 결과가 잇따라 발표되었다. 연구자들은 피험자들에게 작은 정육면체들로 구성된 복잡한 꼴의 물체 이미지를 보여주었다. 그 직후 비슷하게 생긴 물체 이미지를 보여주고는, 그것이 완전히 새로운 물체인지, 아니면 기존의 물체를 회전시킨 것인지 맞추게 했다. 이 실험에서 남성은 꾸준하게 여성보다 좋은 성적을 거두었다. 반면에 여성은 남성보다 위치기억(사물의 위치에 대한 기억)이 더 뛰어나다. VR이든 현실이든 위치를 구분하고 분류하는 일에 여성은 언제나 남성을 앞선다.

여기에서 수렵채집이론이 개입한다. 수렵채집이론을 간단히 설명하면 이렇다. 진화는 적응 과정이므로, 자신에게 도움이 되는 특성을 선택한 다음 강화한다. 기린은 목이 점점 길어지는 쪽으로 진화했다. 치타나 영양은 더 빠르게 달리도록 진화했다. 선사시대에 인간 남성의 가치는 사냥능력에 따라 좌우되었을 것이다. 자연스레 사냥에 도움이 되는 심상 회전 능력이 강화되는 방향으로 진화했다. 물론 오늘날 어떠한 남성도 험난하고 불규칙한 지형에서 매머드를 사냥하기 위해 뛰어다니지 않는다. 그렇지만 **마음속에서** 어떤 형태를 회전시켜 다른 각도에서 바라보고 판단하는 일은 계속하고 있다.

2009년의 한 연구는 이러한 차이에 대한 단서를 신경생물학적 수준에서 보여주었다. 남성의 두정엽피질(심상 회전과 관련된 뇌 영역)이 여성보다 더 크다는 것이다.[43] 수만 년 전인 구석기시대의 여성은 사냥보다는 채집에 집중했을 가능성이 크고, 따라서 그들에게 심상 회전 능력은 별로 쓸모가 없었을 것이다. 그 대신 여성은 과일이 열리는 나무나 고열을 달래줄 약초의 정확한 위치를 기억해야 했다. 이러한 이유로 오늘날까지 여성은 교과서나 배터리, 과제가 담긴 폴더, 도서관 카드, 각종 설명서, 천식용 흡입기, 여권, 집 열쇠 등의 위치를 잘 기억하게 된 것이다.[44]

수렵채집이론의 문제는 전혀 앞뒤가 맞지 않는다는 것이라고 인류학자인 버크는 지적한다. 성차를 다룬 수백 편의 연구를 종합한 그는 남녀의 능력이 동일한 패턴을 따른다고 설명한다. "서양에서 여성은 위치기억에 훨씬 능하고, 남성은 심상 회전에 능하다고 받아들여지죠. 확신컨대 거기에는 성별에 따른 뇌의 유전적 차이보다는 활동 패턴의 차이가 더 강력하게 영향을 미칠 겁니다."

한마디로 위치기억과 심상 회전을 둘러싼 남녀의 차이는 수천 년 동안 꾸준히 진화한 결과가 아니라는 것이다. 이러한 차이는 우리의 조상들에 의해 결정된 것이 아니었다. 따라서 그 차이를 되돌리는 데 4만 년이라는 시간이 걸리지는 않는다. 실제로 몇 시간 동안 비디오게임을 하는 것만으로도 그러한 차이는 사라져버린다. 2007년의 한 연구는 여성이 비디오게임을 10시간 정도 하면 심상 회전 능력이 남성과 거의 비슷한 수준에 이른다는 것을 보여주었다.[45] "여성의 심상 회전 능력은 계속 향상되어 남성과 별 차이가 없게 되었습니다"라고 버크는 강조한다.✦

길 찾기 능력과 성 평등

종이접기 강좌에 참여한 여성들에게서도 동일한 결과가 나왔다. 여성들은 일주일에 한 번씩 종이를 접어 정육면체 모양의 상자나 종이학, 거대한 용(무려 83번을 접어야 한다) 등을 만들었다. (참고로 나는 가장 간단한 형태인 정육면체 모양의 상자만 만들 수 있다. 그보다 더 복잡한 종이접기에 도전하느니, 인공위성을 궤도에 올리기 위한 방정식을 공부하는 편이 나을 듯하다.) 3개월 동안 종이접기 강좌를 수강한 여성들의 뇌는 극적으로 재구성되었다. 그들의 심상 회전 능력은 남성과 비슷해졌다. 격차를 좁힌 것이었다.[46]

✦ 수렵채집이론은 1960년대 중반 이후 자리를 잡았는데, 무조건 옳다고 볼 수 없다. 여성도 유능한 사냥꾼이었다는 증거가 꾸준히 발견되고 있기 때문이다. 고고학자들이 갑옷을 입은 여성 사냥꾼의 유골과 유물을 발굴하기도 했다.

종이접기는 여성들의 뇌가 활동하는 방식까지 바꿨다. 일반
적으로 남성의 경우 심상 회전을 수행할 때 공간정보를 무의식
적으로 처리하는 두정엽피질과 쐐기앞소엽의 활동이 증가하고,
여성의 경우 전전두엽피질의 활동이 증가한다. 후자는 더 많은
노력과 비용이 들어가는 비효율적인 방식이다. 그런데 종이용까
지 훌륭하게 만들어낸 여성들의 뇌는 심상 회전을 수행하며 전
전두엽피질 대신 두정엽피질을 더 많이 사용했다. 한없이 유연
한 그들의 뇌가 더 효율적인 방법을 찾아낸 것이었다.

2005년 BBC는 성차를 이해하기 위한 온라인 설문조사를 진
행했다. 53개국에서 25만 명 이상이 응답했다.[47] 설문조사에는
심상 회전 실험이 포함되어 있었다. 흥미롭게도 노르웨이, 아이
슬란드, 스웨덴처럼 양성평등 수준이 **가장 높은** 국가에서 해당
실험에 대한 남성과 여성의 차이가 가장 컸다. 모두 스피어스가
〈바다영웅의 모험〉을 이용해 긁어모은 방대한 양의 데이터를 분
석한 결과 성차가 좁혀졌다고 한 국가들이다. 물론 그의 분석은
여전히 유효하다. 심상 회전 능력에 관해서만 다른 결과가 나왔
을 뿐이다. 노르웨이 여성들은 다른 어떤 나라의 여성들보다 심
상 회전에 뛰어났다. 그들의 능력은 파키스탄이나 인도, 이집트
여성들을 압도했다. 하지만 그렇다고 해서 자국 남성들을 뛰어
넘을 수는 없었다.[48]

최신 연구에 따르면 미취학 남자아이들은 심상 회전 능력이
뛰어날 아무런 이유가 없는데도, 정규교육을 받기 시작한 1학년

과정의 여자아이들을 능가했다. 한마디로 심상 회전 능력과 관련해 여성은 남성을 원래 따라잡지 못한다.[49] 양성평등이 갑자기 비디오게임이나 종이접기에 대한 열정에 불을 붙이는 것도 아니다. 사실 지금까지 소개한 연구들은 통계를 일반화한 것이다. 그것들은 남녀의 공간능력 차이에 대해 유용한 무언가를 알려주는 동시에, 한 개인에 대해서는 아무것도 알려주지 못한다. 내 아내의 심상 회전 능력은 나보다 뛰어나다. 위치기억도 마찬가지다.

인간의 진화 전시실의 어둠 속에 서서 벨기에의 네안데르탈인 스피2의 눈을 들여다본다. 종이를 83번 접어서 용을 만드는 일에 대해 어떻게 생각할지 궁금하다. 또 거울 미로에는 어떻게 반응할까?

인지지도를 공유하는 능력

우리는 스피2 같은 네안데르탈인들이 왜 사라졌는지 결코 알수 없을 것이다. 필수적인 자원을 얻기 위한 경쟁에서 뒤처졌을지도 모른다. 전쟁이 벌어져서 갑작스레 전멸했거나, 아니면 자연스레 서서히 줄어들다가 아무도 남지 않게 되었을 수도 있다. 또는 온갖 압력이 동시에 작용했을 가능성도 있다.

홀러웨이의 엔도캐스트가 보여주는 두정엽의 확장은 네안데르탈인이 호모사피엔스 때문에 겪어야 했을지 모를 어려움을 보여주는 것일 수 있다. 그러한 차이(두정엽의 크기)가 덕분에 호모 사피엔스는 활과 화살, 장거리 투척용 창을 개발할 수 있었을 것이다. 산을 넘고 바다를 건너 장거리 무역이 꽃핀 계기가 되었을 것이다. 그러나 네안데르탈인은 그러지 못했다. 자취를 감출 때까지, 그들은 수십만 년 동안 사용해왔던 똑같은 석기를 사용하고 있었다. 유럽 전역에 걸쳐 있는 구석기시대 유적지들에서 발견되는 동굴미술(프랑스 남부의 쇼베Chauvet에 있는 동굴 벽에 그려진, 금방이라도 뛰쳐나올 듯한 어깨가 넓은 코뿔소 떼를 그린 그림 등을 말한다. 쇼베의 그림은 3만 2000년 전 것으로 추정된다)을 **벽면예술**parietal art 이라고 부른다. 다시 말해 미술도 하나의 굴절적응이다. 물론 그리폰독수리의 뼈를 깎아 완벽하게 균일한 간격으로 나란히 줄지어 선 구멍을 뚫어놓은 플루트도 굴절적응이다.

물론 여기서 가장 강조할 굴절적응은 우리의 우월한 길 찾기 능력이다. 문득 우리는 기억이나 미신, 노래, 신화 등으로 자신을 상상하는 능력을 갖게 되었다. 우리는 길을 따라 앞서 걸어가 저 멀리 있는, 또는 거대한 산을 관통해 건너편에 있는 자신, 즉 가능한 미래의 내 모습을 상상할 수 있다.

어쩌면 노바1 같은 유전자에서 일어나는 갑작스러운 돌연변이도 강력한 영향을 미치는지 모른다. 무오트리는 네안데로이드를 통해 더욱 많은 것을 알게 될 것이다.

다른 많은 종(가령 톨먼의 미로를 탐험하는 쥐)이 그러하듯, 우리는 인지지도를 구축한다. 네안데르탈인들도 마찬가지였다. 그들도 우리처럼 장소세포, 격자세포, 머리방향세포가 있었고, 우리가 공간을 감지하고 해석하기 위해 사용하는 것과 동일하게 특화된 피질도 있었다. 하지만 그들은 우리처럼 상징적·상상적 사고와 표현력이 풍부한 언어를 이용해 인지지도를 다른 사람의 머리에 이식하는 능력이 없었다.

내 아내는 세세한 내면의 지도를 구축해 내게 보내줄 수 있다. 그것은 인간의 고유한 특징이다. 어쩌면 네안데르탈인들도 그 특징을 보았을지 모른다. 호모사피엔스들이 모여 머리를 맞대고 멀리 보이는 어느 표식, 희미한 언덕을 손으로 가리키는 모습, 손으로 여러 가지 형태를 만드는 모습을 보았을 것이다. 그들은 분명 호모사피엔스들이 기이하고 강력한 마법을 부리고 있다고 생각했을 것이다. 무에서 유를 불러내는 어둠의 마법.

어쩌면 그것이 호모사피엔스의, 우리의 원래 모습이었을 것이다.

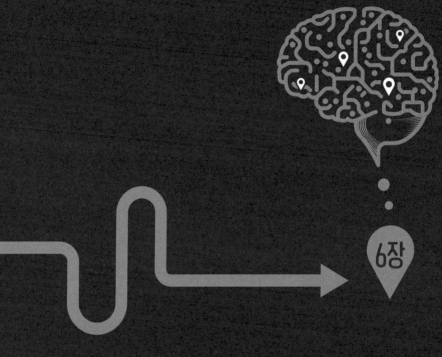

6장

수많은 정보를
통합하는 능력

DARK AND MAGICAL PLACES
The Neuroscience of Navigation

사하라사막의 사막개미는 모험을 싫어한다. 할 수도 없다. 무
자비한 극한의 열기 속에서 단 몇 분이라도 길을 잃는다면 개미
의 몸은 열을 이기지 못하고 말 그대로 익어버릴 것이다. 그리하
여 사막개미는 살아남기 위해, 이 세상 더위가 아닌 곳에서 길을
찾기 위해 적응해야 했다.

사하라사막의 표면 온도가 섭씨 80도에 이를 때조차 사막개
미는 먹이를 찾아 위험을 감수하며 집을 나서야 한다. 크기가 1센
티미터도 되지 않는 사막개미는 다른 동물이 먹다 남긴 찌꺼기
를 찾아 쓰레기 더미를 헤맨다. 더위를 이기지 못하고 쓰러지거
나 죽어버린, 그리고는 바람에 실려 흩날린 곤충의 시체를 찾기
위해 모래밭을 가로질러 정기적으로 사냥을 나선다. 사막개미는
혼자 일한다. 집을 떠나, 1분도 안 되어 50미터를 이동할 정도로

빠르게 움직인다. 넓게 펼쳐진 모래밭을 지그재그로 가로지르며 먹이를 찾는다. 그러다가 잠시 멈춰선 뒤, 몸을 돌려 방향을 바꾸고는 불완전한 호弧를 그리며 25미터를 더 이동한다. 뜨거운 열기속에서 2분이 지나자 체온이 위험한 상태까지 올라간다. 더듬이로 사방을 살피면서 수색작업을 계속한다. 또다시 1분 동안 먹이를 찾는다. 마침내 그늘과 안전이 보장된 집과 수백 미터 떨어진곳에서 죽은 파리 한 마리를 찾는다.[1]

집에서 멀리 떨어진 채 적대적인 환경에 둘러싸인 사막개미는 표류하는 우주인 같다. 휘어진 턱을 이용해 죽은 파리를 들어올린 사막개미는 이제 집으로 돌아가는 길을 찾아야 한다. 그것도 아주 빨리 말이다. 모래가 끊임없이 나부끼는 사막의 특성상자신의 발자국을 추적하는 일은 불가능하다. 설사 추적할 수 있다고 하더라도 한낮의 사막에서 그 먼 길을 돌아가다가는 죽고말 것이다.

하지만 사막개미는 점점 넓어지는 나선형, 헤어핀(직진하는 중에 불쑥 튀어나왔다가 다시 원래 경로로 돌아가는 것—옮긴이), 유턴 등모래밭을 가로지르는 여정의 일거수일투족을 모두 모니터링해놓았다. 그 결과 집을 기준으로 현재 자기가 어디에 있는지 정확히 알고 있다. 죽은 파리를 턱에 문 채 사막개미는 집을 향해 최단 경로로 곧장 나아간다(즉 직진한다). 이것은 놀라운 능력이다. 사막개미는 집 밖으로 나갈 때는 주정뱅이처럼 오락가락하지만, 집으로 돌아올 때는 날아가는 화살처럼 직진한다.

한편 어맨다 엘러는

한편 엘러는 숲을 헤매다가 가파른 바위 비탈길에서 굴러떨어져 다리가 부러졌다. 이제 그녀가 길을 잃고 야생에서 표류한 지도 며칠이 지났다. 숲은 소리로 가득했다. 밤에는 바람에 나무들의 꼭대기가 휘어지며 마치 보이지 않는 파도가 덮쳐오듯 어마어마한 소리를 냈다. 어둠이 내리고 기온이 갑자기 떨어지면 엘러는 안개 속에서 잠잘 만한 곳을 찾기 위해 애썼다. 그녀는 나뭇잎을 덮어 체온을 유지했고, 산비탈을 따라 계곡으로 흘러 들어가는 시냇물을 마셨다. 배가 고프면 벌레를 먹었다. 이처럼 필사적이었지만 살아남을 가능성은 서서히 줄어들고 있었다.

실종 다음 날 아침, 남자친구가 엘러의 실종 사실을 가장 먼저 알아차렸다. 곧 신고받은 경찰이 출동해 주차장에 덩그러니 놓인 그녀의 자동차를 발견했다. 열쇠는 타이어 아래 감춰져 있었고, 물통은 조수석에, 지갑은 휴대전화와 함께 조수석 바닥에 놓여 있었다.

하루도 지나지 않아 구조대가 엘러의 이름을 외치며 숲을 뒤지기 시작했다. 수색견들은 냄새의 흔적을 쫓아 빽빽한 덤불 사이로 구조대를 이끌었고, 드론 한 대가 공중에서 주위를 훑어보았다. 헬리콥터와 적외선 카메라까지 동원되었다. 엘러의 가족은 그녀를 찾은 사람에게 보상금 1만 달러를 주겠다고 약속했다. 한 자원봉사자는 야생 멧돼지를 죽인 다음, 소화가 덜 된 인간의 유해가 남아 있는지 확인하기 위해 낚시꾼이 꼬인 매듭을 풀 듯 내장을 헤집었다. 그는 진줏빛 아교 조각을 발견했는데, 엘러의 치아 일부이거나 요가복에서 떨어져 나온 장식 조각으로 보일 만했다.

엘러의 길 찾기 능력은 길을 찾는 데 도움이 되지 못했다. 프란츠 카프카의 소설에 나오는 인물들처럼 자동차가 있는 곳으로 돌아가려 할수록 오히려 멀어졌다. 엘러는 멧돼지가 다니는 길을 따라가기도 하고, 막다른 길에 다다르기도 하고, 단지 잘못된 경로를 선택하기도 했다. 그러다가 굴러떨어지고 말았다. 그 어느 때보다 숲의 깊은 곳까지 들어왔던 그녀는 경사가 가파른 길에서 넘어지는 바람에 다리가 부러졌다. 상황은 계속 나빠지기만 했다. 비가 내리기 시작했다. 엄청나게 많은 비가 내렸고, 엘러는 신발을 잃어버렸다.

5일째가 되는 날까지 엘러의 흔적을 찾지 못하자, 공식적인 수색의 규모가 축소되었다. 하와이의 소식을 전하는 기자 브리나 커Breena Kerr가 엘러의 실종 소식 일련의 기사로 정리해《뉴욕타임스》와《워싱턴 포스트》에 송고했다. 몇 개월 후 커는 내게 엘러가 따라갔던 등산로를 영상으로 촬영해 보내주었다. 여기저기 녹슨 것처럼 울긋불긋한 등산로는 숲의 나머지 부분과 거의 분간할 수 없을 정도여서 그 길에서 벗어나면 다시는 돌아오지 못할 것 같았다. 그런데도 100명이 넘는 자원봉사자가 엘러를 찾으려고 시냇물과 계곡 주변을 계속해서 뒤지고 다녔다. 수색에는 점점 더 많은 첨단장비가 동원되었다. 자원봉사자들은 마카와오 보존림에 있는 베이스캠프로 돌아가 스마트폰의 GPS 데이터를 추출하고 정리해, 그날 수색한 정확한 경로를 여러 대의 화면에 띄워 공유했다.

하지만 엘러는 정처 없이 떠돌아다니다가 치명적인 상처까지 입은 상태로, 이 모든 수색망을 피해 다니고 있었다.

추측항법의 대가, 사막개미

사막개미는 추측항법 dead reckoning (외부 정보나 랜드마크는 물론이고 인지지도 또한 필요 없는 길 찾기 시스템)을 이용해 사막을 가로질러 집으로 돌아가는 길을 찾아낸다. 필요한 정보는 모두 개미의 내부에 있다. 집으로 돌아가야 하는 시간이 되면 사막개미는 지나온 길을 바탕으로 최단 경로를 계산한다. 추론하거나 사고하는 게 아니라 단지 살아남으려는 타고난 욕구만으로 그렇게 하는 것이다. 사막개미는 자기 몸에 저장된 정보를 이용해 복잡한 피타고라스의 정리를 계산할 수 있다. 그래서 캄캄한 밤에도, 랜드마크가 전혀 없는 텅 빈 황야에서도 완벽하게 집으로 돌아가는 길을 찾는다.

오늘날에는 추측항법을 경로통합 path integration이라고도 한다. 찰스 다윈은 1873년 《네이처》에 보낸 편지에서 동물도 추측항법을 이용해 길 찾기를 할지 모른다고 가장 처음 주장했다. 그 이전의 수 세기 동안에는 망망대해에서 현재 위치를 알아내기 위해 이동속도, 이동시간, 최근 위치 등을 능숙하게 통합해내는 선원들이 '추측항법'이라는 용어를 사용했다.

사막개미가 사용하는 추측항법 시스템을 이해하기 위해 과학자들은 가능한 모든 경우의 수를 테스트했다. 사막개미에 관한 연구만으로도 도서관을 가득 메울 정도다. 독일 울름대학교의 하랄트 볼프Harrald Wolf는 사막개미가 앞을 보지 못하도록 소형 눈가리개를 씌운 다음 사막을 가로지르게 했다.[2] 또한 수많은 연구자가 사막개미에게 미끄러운 표면이나 오르막길을 걷게 하거나, 복잡한 미로를 통과하게 하거나,[3] 무거운 짐을 지게 했다.

그 무엇도 사막개미가 집으로 가는 방향과 속도를 계산한 다음, 최적의 경로를 따라 이동하는 것을 막지 못했다.

다른 실험에서 연구자들은 사막개미가 공략해야 하는 비현실적으로 거대한 장애물 코스를 만들었다.[4] 튀니지의 마하레스사막 인근에 놓인, 포스트모던 조각품처럼 보이는 이 철제 장애물은 햇빛을 반사한다. 그중 '선형 배열Linear Array'로 알려진 장애물은 사막의 뜨거운 열기 속을 갈지자로 가로지르는 이상한 수평 계단과 비슷하게 생겼다. 이 장애물을 이용하면 사막개미가 언덕을 오르고 내리는 움직임을 명확히 다르게 기억하는지, 아니면 비슷하게 기억하는지 알 수 있다. 결론적으로 사막개미는 그리 정확하게 둘의 차이를 기억하지 않는다.

또 다른 실험에서 연구자들은 땅 위로 솟은 개미집과 직접 연결되는 가파른 경사로를 만들었다. 하늘을 향해 솟아오르는 은빛 철로처럼 생긴 이 경사로는 역시 높은 곳에 설치된 먹이 저장고와 철조망 구조물로 연결되어 있어, 마치 사막개미를 위한 롤러코스터 같다. 사막개미는 경사로를 오르내리거나 3차원 공간을 이동하면서도 먹이 저장고까지 이동한 실제 거리를 정확히 계산해냈다. 즉 집의 방향과 집까지의 거리를 계속해서 업데이트했다. 사막개미는 기념비적인 계산능력을 보여주었다.

사막개미 연구자인 볼프는 그 작은 녀석들이 자신의 걸음 수를 센다고 말한다.[5] 모래밭을 가로질러 먹이를 구하러 갈 때 사막개미는 몸 안에 있는 만보계를 사용해 이동거리를 측정한다. 볼프는 이를 '걸음 수 계산기'라고 부른다. 그가 여전히 죽은 파리를 입에 물고 있는 사막개미를 조심스럽게 집어 올려 북쪽으로 20미터 떨어진 지점까지 옮겨놓으면 어떻게 될까? 사막개미는 자신이 계산한 걸음 수만큼만 이동하는 실수를 저지르게 된다. 바꿔 말해 집에서 북쪽으로 정확히 20미터 떨어진 곳(사막개미를 옮기지 않았다면 집이 **있었을** 곳)까지만 이동한다는 것이다. 아무리 경험이 많은 선원일지라도 바다의 신 포세이돈이 배를 집어 올려 수천 킬로미터 떨어진 곳에 놓는다면 똑같은 실수를 저지를 것이다.

물론 사막개미는 다른 정보도 사용하는데, 환경을 재현해내는 것에 가깝다. 가령 가까운 거리라면 후각을 이용해 집 안에서 흘러나오는 이산화탄소 수치를 감지해 길을 찾는다. 또한 과열된 모래밭 위로 나부끼는 바람의 방향을 파악하거나, 겹눈 가장 위쪽의 특별한 세포들을 이용해 전기장의 진동을 알아차린다. 시시각각 달라지는 태양의 방위각(수평선에 대한 태양의 각도)도 기억한다.

볼프는 자신의 걸음 수 계산기 이론을 증명하기 위해 특별한 실험을 설계했다. 사막개미의 집은 작은 편이다. 유럽이나 다른 지역에서 발견되는, 수백만 마리의 나무개미가 사는 거대한 집(곤충 상파울루나 개미 상하이)과는 다르다. 사막개미의 일반적인 집에는 여왕 한 마리(창립자)와 여왕을 돕고 보호하는 일꾼개미 약 300마리가 산다. 한마디로 도시가 아니라 마을이다. 튀니지 북부의 뜨겁고 먼지 가득한 황야에서 볼프는 100여 마리의 사막개미를 손수 채집한다. 그에 따르면 사막개미는 곤충 세계의 우사인 볼트라고 할 만큼 개미는 빠르다. 무려 1초에 1미터를 달린다. 물론 볼트는 그처럼 빠른 속도를 낼 필요는 없다. 낮은 자세로 몸을 구부린 채 모래 위를 가로지르는 개미를 낚아챈다. 힘든 점이라면 한여름의 땡볕을 맞으며 세 달이나 이 일을 해야 한다는 것이다.

볼프는 자신의 공간능력을 평가해달라는 부탁을 받자, 선진국 출신은 누구라도 6점을 넘기기 어렵다고 답한다. 원주민이라면 8점은 받을 테고, 다만 날씨가 좋은 날이면 볼프 자신도 4점은 될 거라고 덧붙인다. 다시 사막에서의 일로 돌아가, 볼프는 사막개미 한 마리를 집은 후 표본용 점토에 다리가 위로 가도록 등부터 밀어 넣었다. 그러고는 가위로 조심스럽게 다리 끝마디를 잘랐다. 반대로 다리를 늘리는 경우도 있다. 작은 죽마(돼지털)를 붙이는 것이다. 그렇게 몇 시간씩 작은 점토 위에 붙어 꿈틀거리는 밤색의 작은 사막개미들 위로 몸을 구부린 채, 뜨거운 사막의 공기에도 아랑곳없이 다리를 자르거나 늘리는 데 집중했다.

그렇게 '개조된' 사막개미들은 볼프의 손에서 벗어나자마자 집을 찾아가지만, 모두 실패했다. 그들은 마치 작은 회계사처럼 여전히 집으로 가기 위한 걸음 수를 정확히 계산해냈다. 하지만 그것이 문제였다. 사막개미는 자신이 계산한 걸음 수만큼만 걷는다. 따라서 다리가 짧아진 사막개미는 보폭도 짧아졌기 때문에 집에 미치지 못했다. 반대로 다리가 길어진 사막개미는 보폭도 넓어졌기 때문에 집을 지나쳤다.

몸으로 기억하다

과학자들은 다른 동물들도 추측항법을 사용한다는 사실을 밝혀냈다. 농게를 포함한 갑각류도 추측항법을 사용한다. 나미브사막거미는 낮 동안 걸음 수를 외우면서 인지지도를 만들고, 밤에는 추측항법으로 자신이 온 길을 되돌아간다.[6] 벌은 시각적인 랜드마크를 이정표 삼는데, 낯선 지역을 비행할 때(지도에서 벗어날 때)는 광학 흐름 정보를 활용하는 또 다른 유형의 추측항법에 의존한다. 말 그대로 자기 앞으로 지나가는 것들과의 거리를 측정하고 기억하는 것이다.[7]

장님두더지쥐는 복잡한 땅굴에서 길을 찾는 데 추측항법을 사용한다. 장님두더지쥐의 굴은 땅속에서 나선형으로 회전하며 마치 거꾸로 뒤집힌 거대한 지하도시처럼 사방으로 뻗어간다. 어두운 땅속에서 장님두더지쥐는 (자신의 움직임을 기억하는) 내부 신호와 지구자기장에서 나오는 정보를 통합한다. 그렇게 지구라는 나침반을 읽는다.[8] 박쥐들은 '하늘길fly-way'이리는 고정된 경로를 통해 날아다닌다. 이 길은 농장들을 구획하는 울타리와 시골길의 단순하고 기하학적인 구조, 달빛이 비치는 강의 유려한 곡선에 견줄 만한 선형적 특징을 지닌다. 박쥐는 곤충을 잡아먹기 위해 하늘길에서 벗어나려면 얼마나 오랫동안 날아야 하는지를 추측항법으로 알아낸다.[9] 개는 심지어 눈가리개와 백색소음을 들려주는 헤드폰을 쓰고 있는 동안에도 추측항법을 사용한다. 즉 먹이가 있는 곳으로 이동하는 동안 수집된 정보를 통합해놓는 것이다.[10]

인간도 신체의 자기제안 정보를 수집하고 정리할 때 늘 추측항법을 사용한다. 우리 몸에서 생성되고 있는 이러한 정보를 이용해 우리 자신의 위치를 알게 되는 것이다. 다윈은 1873년《네이처》에 보낸 편지에서 러시아의 용감한 탐험가 페르디난드 폰 브랑겔Ferdinand von Wrangel이 했던 이야기를 인용했다.[11] 상트페테

르부르크의 예르미타시박물관에 걸려 있는 폰브랑겔의 초상화를 보면, 대머리에 하얀 구렛나룻을 기르고 있으며, 전체적으로 마른 얼굴에 안경을 쓴 옅은 색 눈이 우울해 보인다. 그는 두툼한 황금빛 수술과 훈장으로 장식된 푸른색의 제정러시아 당시 해군 제복을 입고 있다. 그는 제독이었다. 1820년에는 북극해를 탐험하고자 백색 장막을 통과해 북쪽으로 항해하는 콜림스카야 원정을 지휘했다.

다윈은 1840년 출판된 폰브랑겔의 책을 읽은 것이 틀림없다. 1873년에 다음과 같은 글을 남겼기 때문이다.

동물이 멀리 떨어진 집으로 돌아가는 길을 찾는 방법에 대한 질문 중 인간과 관련된 한 가지 인상적인 이야기를 북시베리아 원정을 다룬 폰브랑겔의 책 영문판에서 찾아볼 수 있다. 폰브랑겔은 하늘이나 얼어붙은 바다에서 어떤 단서도 제공받지 못한 채로 끊임없이 방향을 바꾸면서도 험난한 얼음덩어리들을 통과해 올바른 경로를 유지하는 원주민들의 놀라운 이야기를 들려준다. 폰브랑겔은 경험도 많고 나침반을 사용할 줄 아는 측량사인 자신조차 이들 미개인이 손쉽게 해내는 일을 하지 못했다고 기술한다(내 기억력에만 의존해 수년 전에 읽은 것을 인용하고 있다). 그러나 그들이 우리에게는 없는 특별한 감각을 가졌으리라고 가정할 사람은 없을 것이다.

그곳의 풍경은 마치 거대한 백지와도 같았다. 폰브랑겔에게
는 랜드마크도, 아무런 정보도 없었다. 하얀 종이 위에 흰색 물감
이 칠해져 있을 뿐. 하지만 사막개미처럼 시베리아 원주민은 절
대 길을 잃는 법이 없었다. 그들은 빈 종이를 지도처럼 읽을 수
있었다.

다윈은 이어서 이렇게 썼다.

> 우리는 나침반도, 북극성을 비롯한 그 어떤 별자리도, 복잡
> 한 지대나 험준한 빙산을 통과하며 어쩔 수 없이 직선 경로
> 에서 벗어나려는 사람에게 충분한 정보가 될 수 없다는 사
> 실을 명심해야 한다. 특히 그가 추측항법을 사용할 수 없을
> 때 문제가 심각해진다. 다행스럽게도 모든 인간은 어느 정
> 도 추측항법을 구사할 수 있지만, 시베리아 원주민은 아마
> 도 무의식적인 방식으로 놀라운 수준의 추측항법을 구사할
> 수 있는 듯싶다.

시베리아 원주민과 달리 나는 추측항법을 전혀 사용하지 못
한다. 폰브랑겔이라면 험준한 빙산지대가 아니라 랜드마크로 가
득한 우리 동네에서도 길을 헤매는 나를 한심히게 쳐다보았을
것이다.

뇌의 모든 영역을 활성화하는 길 찾기

엘리자베스 크라스틸 Elizabeth Chrastil(9점)은 캘리포니아대학교 어바인 캠퍼스에 있는 학습 및 기억신경학 센터에 있다. 그녀는 천장이 낮고 텅 빈 방 안에 있는데, 사실 방이라고 할 수 없는 곳 이다. 상상 속에서만 위치를 이동시킬 수 있는 일반적인 건물의 방과는 달리, 말 그대로 이동식 트레일러 안에 있기 때문이다. 이 교실처럼 꾸민 이동식 트레일러는 로스앤젤레스 시내에서 남동 쪽으로 약 60킬로미터 떨어진 곳에 있다. 채광창과 창문으로는 빛이 제대로 들지 않고, 벽은 무난한 회색으로 칠해져 있다. 카펫 은 모두 연녹색이다. 크라스틸의 피험자 가운데 한 여성이 방 한 가운데에 서서 VR 고글을 쓴다. 삐져나온 머리카락을 정리하고, 몸을 곧게 편 다음 발을 들어 조심스럽게 한 발을 내디딘다. 허공 을 향해.

크라스틸은 경로통합 실험을 진행하고 있다. 트레일러의 얇 은 벽 너머에서는 학생들이 강의실과 실험실, 도서관과 빵집을 분주하고 오간다. 하지만 트레일러 안의 피험자는 단조로운 픽 셀들로 묘사된 사막에서 길을 찾고 있다.

"수많은 사람이 VR 실험에 열광해요"라고 크라스틸은 말한 다. 하지만 그들은 기대와 달리 VR 사막이라는 삭막한 환경에 처하게 된다. 재미라고는 없는 SF 영화 같은 느낌이다. "실제로 정말 지루하답니다." 이렇게 고백하는 크라스틸에게 VR 사막의 단조로움은 중요한 도구가 된다. "길을 찾는 데 도움이 되는 단서나 랜드마크의 수를 줄이고 싶었어요"라고 크라스틸은 설명한다. 우리는 길을 찾을 때 랜드마크에 크게 의존하며, 랜드마크를 찾아내는 일만 하는 뇌 영역도 갖고 있다. 하지만 랜드마크는 크라스틸이 경로통합을 이해하는 데 도움이 되지 않는다.

크라스틸은 말한다. "경로통합은 길을 찾는 데 상당히 유용합니다. 그렇지만 꼭 경로통합만 사용해야 하는 것은 아니에요."

이것은 추상적인 개념이 아니다. 생생한 현실 세계의 보조 장치다. 당신이 낯선 나라에 머물고 있다고 상상해보자. 이른 아침 호텔을 나선 당신은 인도를 따라 걸어가며 길 양쪽의 고층빌딩들이 만들어낸 협곡의 그림자 속으로 들어간다. 깊은 바닷속처럼 햇볕이 닿지 못하는 그곳에서 커피숍을 찾아본다. 왼쪽으로 방향을 바꿔 지저분한 비둘기들이 장악하고 있는 교차로로 걸어간다. 그런 다음 오른쪽으로 돌아가면 약국, 신발 상점, 시계 수리점을 지나게 된다. 한 번 더 왼쪽으로 돌아가면 나이키, 애플, 갭, 티파니 등 브랜드의 이름을 간판으로 내건 상점들이 줄지어 선 대로에 이르게 된다. 마침내 어둡고 셔터가 내려진 명품 상점 사이에 끼어 있는 커피숍에 도착한다.

만약 나라면 영락없이 길을 잃었을 것이다. 이른 아침 조용한 도시를 지그재그로 왔다 갔다 하고 나면, 나는 지나온 길을 되짚어 호텔로 돌아가지 못한다. 거리 위를 높이 떠다니며 한 장의 지도처럼 볼 수 있다면, 드론으로 촬영한 다큐멘터리의 한 장면처럼 길 위에 드리워져 있는 가로수의 그림자를 필립 글래스Philip Glass의 피아노 연주를 들으며 내려다볼 수 있다면, 호텔로 돌아가는 길을 찾을 수 있을지도 모른다. 하지만 나는 심연에 있다. 가장 낮은 곳에 있다. 톨먼의 쥐처럼 미로 안에 있다.

아내는 낯선 도시에서 나와는 전혀 다른 경험을 한다. 아내는 그저 깊고 원초적이며 직관적인 위치감각에 따라 양손에 든 커피가 식기 전에 회색빛 거리를 통과해 호텔로 돌아온다. 그녀는 뇌의 원시적인 부분에서 저절로 형성된 조화로운 신호(멜로디를 뒷받침하는 베이스라인)를 따랐을 뿐이다. 나의 뇌에 있는 그 부분은 조용하다. 아무런 반응이 없다. 어디에도 기댈 곳이 없다.

우리의 차이는 어디에서 오는 것일까?

크라스틸은 트레일러 안의 피험자를 조심스럽게 안내하고 있다. 그녀는 피험자가 연녹색 카펫 위에서 커다란 원을 그리며 걷도록 느슨하게 팔을 잡은 채 이끌고 있다. 마치 산책하는 노부부 같다. 크라스틸의 인도를 따라 피험자는 바닥에 분홍색 테이프로 'X'라고 표시한 위치에서 다음 위치로 걸어간다.

크라스틸은 경로통합을 "이동할 때 위치와 방향을 지속적으로 업데이트하는 것"이라고 정의한다. 경로통합의 중요한 기능 중 하나는 사막의 개미집이나 낯선 도시의 호텔처럼 돌아가야 할 장소의 위치를 꾸준히 기록하는 것이다. 크라스틸에 따르면 인간의 경로통합 기술은 다른 종들에 비해 그리 뛰어나지 않다.

일반적으로 인간의 뇌는 더 복잡한 시스템을 이용해 길을 찾을 수 있도록 발전해왔다. "경로통합을 사용할 뿐 아니라, 랜드마크를 이용하거나, 계획을 세우거나, 목표 지향적으로 행동하는 등 우리는 뇌의 수많은 영역을 모두 포함하는 고차원적인 능력을 동원해 길을 찾습니다." 크라스틸의 설명이다.

크라스틸은 X를 따라 걷는 피험자가 위치를 얼마나 잘 파악하고 있는지 살펴본다. 크라스틸은 이것을 고리 loop 테스트라고 부른다. "피험자를 원을 따라 걷게 한 후 시작점으로 돌아왔는지 말해달라고 합니다. 원의 좋은 점은 멀리 가더라도 다시 제자리로 돌아올 수 있다는 것이죠." 몇몇 사람은 이 과제를 매우 잘 수행하지만, 볼프가 다리 길이를 조작했던 개미처럼 제 위치를 지나치거나 목표지점 전에 멈추는 사람도 있고, 때로는 엉뚱한 위치에 가 있는 사람도 있다. 크라스틸은 피험자에게 고리 테스트의 영상을 보여주면서 fMRI를 이용해 뇌 활동의 변화를 모니터링하기도 한다. 그 결과 크라스틸은 뇌 안에서 집으로의 귀환과 관련된 신호를 발견했다. 그것은 어둠 속에서 깜박이는 불빛처럼 기이하고 신비로운 발견이었다.

"뇌의 특정 영역, 특히 해마, 후뇌량팽대피질, 해마곁피질 등은 모두 집과의 거리에 민감합니다"라고 크라스틸은 설명한다. "이 영역들은 집에서 멀어질수록 증가하다가 집으로 다가갈수록 감소하는 신호를 내보냅니다." 다시 말해 이 영역들은 우리가 얼마나 멀리 왔는지(누적거리)가 아니라, 집에서 얼마나 떨어져 있는지(직선거리)에 반응한다. 크라스틸에 따르면 "이들 영역은 집에서 얼마나 이동했는지 추적하지 않"는다. "그것은 다른 척도입니다. 이들 영역이 민감하게 반응하는 것은 집에서 얼마나 떨어져 있는지입니다." 그것은 중요한 차이다. **누적거리**가 곧 **직선거리**는 아니다.

이들 뇌 영역에서 각각의 길 찾기 기능이 실패하거나 다른 영역과의 통신에 실패하면, 막다른 골목에서 다 식은 커피를 마시며 호텔을 찾아 정처 없이 헤매게 되는 것이다. 이러한 작업에 특화된 뉴런들은 거리와 시간을 함께 추적하거나, 완전히 새로운 무언가를 추적할지 모른다. 어쨌든 각각의 뇌 영역이 길 찾기에 얼마나 이바지하는지 파악하는 것은 하나의 도전이다.

"우리에게는 하나의 온전한 뇌가 있습니다. 그 온전한 뇌를 이용해 우리는 늘 온갖 유형의 일을 수행하죠." 크라스틸의 말이다.

정보를 통합하지 못한다면

랜드마크도, 다른 길을 찾는 데 필요한 어떤 유용한 데이터도 없는 가상의 사막에서 크라스틸의 피험자는 시작점으로 되돌아오지만, 계속해서 시작점을 지나친다.

"왜 어떤 사람들은 길을 정말 잘 찾는데, 또 어떤 사람들은 정말 중요한 능력인데도 끔찍할 정도로 길을 못 찾는지 그 이유를 이해하는 것이 제 연구의 큰 부분을 차지합니다. 진화적으로 이것은 꽤 중요한 문제인데, 일부 사람은 정말 길을 찾지 못합니다." 크라스틸은 경로통합의 비밀을 풀어 뇌가 어떻게 움직임을 모니터링하는지 알아보고자 한다. 벌과 마찬가지로 인간의 뇌는 광학 흐름을 통해 공간에서의 움직임을 기록한다. 광학 흐름을 바꿔 말하면 눈앞을 스쳐 지나가는 정보의 양과 흐름이다. 이동 중인 자동차 안에서 창밖의 풍경을 촬영한 영상처럼, 우리를 스쳐 지나가는 것들을 기록한 것이다. 이대 중요한 것은 무엇이 촬영되었는지가 아니라, 그렇게 촬영된 무엇들의 양과 흐름이다. "〈스타트렉〉을 예로 들 수 있습니다. 우주선이 초공간hyperspace으로 진입하는 장면에서, 세상은 정말 빠르게 우주선을 스쳐 지나갑니다. 그때 광학 흐름이 만들어져요. 그때 일종의 벡션vection(실제로는 움직이고 있지 않지만, 눈으로 보고 있는 환경이 움직이며, 자신도 움직이는 것처럼 느끼는 감각―옮긴이)을 느끼게 되죠." 크라스틸은 말한다.

아직 과학자들은 광학 흐름이 제공하는 정보를 얻지 못하는 시각장애인이 비시각장애인처럼 추측항법을 이용해 길을 찾을 수 있는지에 대한 답은 찾지 못했다.[12] 그렇지만 시각장애인이 상세하고 유익한 정보를 제공하는 인지지도를 구축해 길을 찾는다는 것은 **밝혀냈다.**[13]

크라스틸은 신체의 움직임 정보도 중요하다고 강조한다. 이를 자기제안 정보라고 한다. "우리는 추측항법뿐 아니라 신체에 기반을 둔 정보도 받고 있어요. 주로 다리에서 나오는 정보지만,

머리에 있는 전정계에서 얻는 정보도 있죠." 크라스틸에 따르면 이들 두 정보원은 공간에서 우리의 움직임을 추적하는 데 똑같이 중요한 역할을 맡는다.

그리고 다른 유형의 정보도 있다고, 독일신경퇴행성질병센터에서 경로통합을 연구하는 토마스 볼베르스Thomas Wolbers(8점)가 말한다. "그것은 다감각multisensory이 관여하는 경험입니다." 우리를 둘러싼 환경은 랜드마크와 기타 공간정보로 가득하며, 우리는 이것들을 모두 수집한다. 심지어 바닥의 질감 같은 촉각정보나 한 공간을 통과할 때 발생하는 청각정보, 이동속도 등도 수집한다. 이들은 시각장애인이 인지지도를 구축할 때 사용하는 정보이기도 하다.

다만 이 모든 정보를 통합하고 결합해 우리의 위치를 계산하는 방법만은 여전히 알려져 있지 않다. 하지만 그것은 우리가 낯선 도시나 식료품점, 또는 캘리포니아대학교의 한 트레일러에서 VR 사막을 탐험할 때 위치를 파악하는 방법이다. 볼베르스에 따르면 이는 새로운 공간을 학습하는 데도 필수적이다. "새로운 공간을 학습하는 경우, 서로 다른 장소를 연관 지어야 하는 만큼 경로통합과 함께해야 합니다."

크라스틸은 고리 테스트를 사용하지만, 삼각법을 사용하는 연구자들도 있다. 간단하기 때문이다. 그들은 피험자에게 VR로 구현된 삼각형의 두 변을 따라 걸어달라고 요청한다. 그런 다음 시작점을 향해 방향을 돌리게 한다. 이렇게 하면 몇몇 특정 뇌 영역이 활성화된다. 크라스틸은 유력한 용의자로 해마, 후뇌량팽대피질, 해마곁피질 등을 짚는다. 이 실험 도중에 오른쪽 해마가 더 활성화되는 피험자는 그렇지 않은 피험자보다 훨씬 정확하게 시작점을 가리킨다.[14]

흥미로운 사실은 거의 모든 과학 논문과 보고서에 이러한 사실이 수많은 도표와 막대그래프, 그래프 등에 파묻혀 사족처럼 추가되어 있다는 것이다. 어떤 삼각형 테스트일지라도 수행력이 몹시 떨어져 연구 대상에서 제외되는 이들이 있다.[15] 그들은 삼각형의 두 변을 따라 조심스럽게 걷다가 돌아선 다음 시작점으로 전혀 엉뚱한 방향을 가리킨다. 고리 테스트에서도 제외되기 일쑤다. 이들의 사례를 테스트에 포함하면 수치가 왜곡되어 중요한 결과가 사라지기 때문이다. 다시 말해 소음이 신호를 압도하는 것이다.

나는 내가 그들 중 하나라는 것을 안다. 나는 앞으로도 잘못된 방향을 가리킬 것이다. 나는 소음이다. 지지직거리는 소리다. 나는 데이터를 왜곡하는 이상치다.

엘러도 이상치였을까?

길치의 뇌

인간의 뇌(또는 모든 동물의 뇌는)는 균일하지 않다. 뇌는 회백질과 백질로 나뉘는데, 회백질과 백질의 비중에서는 개인차가 거의 없다. 회백질을 구성하는 건 대부분 뉴런이다. 예를 들어 해마의 내부에서 위치를 암호화하는 장소세포, 내후각피질에 있는 격자세포와 머리방향세포는 물론이고, 900억 개에 이르는 다른 뉴런들도 회백질에서 찾을 수 있다.[16] 하지만 백질에는 뉴런이 없다. 백질은 다양한 뇌 영역 간에 뉴런과 뉴런을 연결하는 장거리 신경섬유로 구성된다(즉 일종의 통신 케이블 묶음이다).

뇌 영역을 하나의 집이라고 생각해보자. 모든 집이 그러하듯 전문화되어 있고, 위치와 구조로 정의되는 경우가 많으며, 가까운 곳에 사는 이웃의 영향을 받는다. 집을 세분화하면 개별적 특성을 갖는 여러 개의 하부 구조로 나뉘듯이, 해마 같은 전문화된 뇌 영역은 한 무리의 뉴런으로 구성된다. 이때 백질은 집과 집의 하위 구조를 연결하는 고속도로라 할 수 있다. 백질은 회백질을 접하고 둘러 나오며 우회한다. 혼잡한 고속도로에서 집과 집을 오가는 자동차들처럼 뉴런들의 전기신호가 백질을 따라 돌진한다. 이때 경로통합은 세심하게 조율된 사건이다. 전기신호는 내측전전두엽피질, 해마, 후뇌량팽대피질 그리고 인간운동복합체human motion complex로 불리는 피질 표면의 여러 영역을 분주하게 오간다.

과학자들이 fMRI를 사용할 때 그들은 회백질에서의 뇌 활동, 즉 뉴런의 활동만 측정하는데, 그것은 전체 뇌 활동의 절반일 뿐이다. 회백질에만 주목하는 것은 마치 불이 켜진 집들과 꺼진 집들이 몇 채인지 관찰해 거대하고 밀집된 도시 사이의 복잡한 역학관계를 연구하는 것과 같다. 크라스틸은 궁금했다. 멀리 흩어져 있는 집들에 초점을 맞추는 대신 그들 사이의 상호작용 패턴을 연구하면 어떨까? 즉 백질에 주목해보면 어떨까?

크라스틸은 **확산강조영상** diffusion weighted imaging이라는 기술을 이용해 경로통합 시 백질에서 무슨 일이 일어나는지 측정했다. 크라스틸에 따르면 이 기술은 "뇌에서 물의 확산"을 시각화한다. "만일 물이 고루 확산한다면, 그 무엇도 물이 확산하는 것을 막지 못한다는 뜻이죠." 물이 뇌의 구석구석을 자유롭게 가로지를 수 있다면, 그것을 가로막는 장애물이 없다는 뜻이다. 하지만 언제나 그런 것은 아니다. 물이 뇌 속의 장애물 때문에 흐르지 못하는 경우도 있다. 이 점을 이용해 크라스틸은 뇌 영역 사이의 연결성에 관한 중요한 단서를 얻었다.

"물이 특정 방향으로 확산한다면, 백질 영역에 있다는 뜻입니다." 바꿔 말해 뇌를 통과하는 고속도로 중 한 곳을 따라 우회하고 있다는 것이다. 이는 곧 백질 간 미묘한 개인차를 드러낸다. "이로써 길을 잘 찾는 사람과 못 찾는 사람의 백질이 다르다는 사실을 알 수 있습니다"라고 크라스틸은 설명한다.

백질은 평소에는 분화되어 있다가 경로통합과 같은 복합적인 작업을 수행할 때는 하나로 합쳐진다. 이는 길을 찾을 때 수많은 뇌 영역이 하나의 단위로서 함께 발화하는 것과 마찬가지다. 아내와 나의 차이는 백질의 미묘한 차이에 있을지 모른다. 잘 설계된 도시라도 교통 시스템의 작은 결함 때문에 작동을 멈출 수 있다. 정체 구간이 발생하는 것이다.

한 가지는 분명하다. 모든 사람이 같은 방식으로 길을 찾지는 않는다. 크라스틸은 사람마다 다른 수많은 길 찾기 전략이 백질의 차이로 결정되는 것일지 모른다고 생각한다. 가령 해마와 전전두엽피질이 잘 연결된 사람은 후뇌량팽대피질과 후두위치영역이 잘 연결된 사람과는 다른 방법으로 길을 찾을 수 있다. 지나치게 랜드마크에 의존하는 사람이 있는가 하면, 경로통합을 잘하는 사람이나, (네안데르탈인과 호모사피엔스의 결정적 차이인) 두정엽을 이용해 경로를 상상하는 사람도 있는 것이다.

추측은 추측일 뿐이다

추측항법에는 한계가 있다. 특히 인간의 경우에 그렇다. 인간에게 추측항법은 단기간만 사용해야 하는 오류가 많은 측정법일 뿐이다. 처음에는 알아채기 어려운 오차가 점차 누적되기 시작한다. 엘러가 자기 잘못을 알아차렸을 때처럼, 결국 끔찍한 결과가 초래된다.

막스플랑크생물학사이버네틱스연구소 Max Planck Institute for Biological Cybernetics 의 얀 조우만 Jan Souman 은 2009년 사람들이 낯선 영역에서 **직진하는 능력**을 연구했다. '직진하기'는 가장 기본적인 공간작업 중 하나다.[17] 이 연구를 위해 조우만은 경로통합 시 비슷한 뇌 영역이 활성화되는 사람들을 여러 명 모았다.

우선 조우만은 피험자 여섯 명을 독일 남부의 팔츠Pfalz 지역에 있는 비엔발트Bienwald로 데려갔다.[18] 인공위성이 촬영한 비엔발트 사진을 보면, 사방이 바둑판 모양의 농지로 둘러싸인 반달 모양의 광활한 삼림지대다. 깔끔하고 조용하며 목가적인 푸른 계곡과 구불구불한 언덕이 있는 비엔발트는 프랑스와 인접한 지역이기도 하다. 피험자들은 나무 그늘이 드리워진 고요한 숲속으로 들어갔다. 조우만은 그들에게 GPS 기기를 장착하고 오직 직진하라고 요청했다. 맑은 날씨 속에 피험자들은 수많은 장애물을 우회하고, 쓰러진 나무 밑동을 기어오르며, 수백 년 된 너도 밤나무들이 있는 곳을 가로질러 네 시간 동안 직진하면서도, 결코 경로를 벗어나지 않았다. 심지어 그중 한 명은 너무 멀리까지 가는 바람에 숲에서 완전히 벗어나, 담장처럼 자란 비엔발트의 나무들을 뒤로한 채 인접한 들판을 가로지르기 시작했다. 조우만이 그의 방향을 바꿔주자, 다시 몇 킬로미터를 직진해 비엔발트로 돌아갔다.

하지만 날씨가 흐린 날에는 아주 다른 결과가 나왔다. 길잡이 역할을 해주던 태양이 사라지자 피험자들은 더는 직진하지 못했다. 혼돈이 세상을 지배했다. 그들의 경로는 대충 갈겨 쓴 서명처럼 지저분한 낙서 같아 보였다. GPS 기기가 기록한 경로를 보면 반쯤 매듭이 풀린 끈 같아 보이기도 했다. 피험자들은 마치 뱀이

똬리를 틀듯이 원을 그리며 걸었다. 때로는 그것을 깨닫지 못하고 자신의 경로를 반복적으로 가로지르기까지 했다. 지름이 20미터밖에 안 될 정도로 작은 원을 그리며 걷는 피험자도 있었다. 그들은 자신이 어디에 있었는지, 어디로 가고 있는지 알지 못했다. 고요하고 흐린 날씨의 숲에서 똑같이 네 시간을 걸었지만, 피험자들은 시작점에서 1.5킬로미터도 가지 못했다.

태양이 밝게 떠 있을 때 조우만의 피험자들은 먹이를 구한 다음 집으로 돌아오는 사막개미만큼이나 직진할 수 있었다. 실제로 우리도 사막개미처럼 태양의 방위각을 이용한다고 조우만은 말한다. 태양은 길을 가리키는 나침반이다.

조우만은 사하라사막 북쪽의 튀니지 남쪽 지역에서 같은 실험을 반복했다. 똑같은 일이 벌어졌다. 그곳에는 길을 찾는 데 도움이 될 만한 랜드마크도, 길이나 해안, 방향을 잡아줄 산봉우리도 보이지 않고, 광활한 모래 언덕만이 펼쳐져 있다. 크라스틸이 만든 VR의 현실판이었다. 낮에 피험자들은 모래밭을 헤치고 직진했다. 그들의 경로는 한 치의 흐트러짐도 없는 직선을 유지하고 있었다. 해가 지고 밤이 되더라도 끝없이 펼쳐진 모래밭 위로 희미한 달빛이 비치는 동안에는 직진할 수 있었다. 하지만 구름이 몰려들어 짙은 장막으로 달빛을 완전히 가려버리자, 피험자들은 어둠 속에서 방향을 잃고 어지럽게 움직이기 시작했다. 원을 그리며 걷다가 다시 제자리로 돌아왔다. 마치 회색빛 하늘 아래 비엔발트에서 걷고 있을 때처럼.

쇠똥구리와 인간의 공통점

태양이나 달 같은 천체를 이용해 길을 찾을 때는 대부분의 사람이 낯선 곳에서도 직진할 수 있다. 우리의 이러한 능력은 아프리카쇠똥구리와 크게 다르지 않거나 조금 못한 편이다. 땅딸막하고 동그란 검은색 아프리카쇠똥구리는 길을 찾을 때 우리와 같은 기술을 이용하는데, 한계점 또한 같아 보인다. 커다란 초식동물이 신선한 배설물을 선물하면 아프리카쇠똥구리는 즉시 행동에 나선다. 그들은 배설물을 굴려 (대개 자신보다 상당히 큰) 공으로 만든 다음 먹거나 은신처로 삼는다. 아프리카쇠똥구리는 야행성이다. 밤공기에 신선한 수증기가 피어오르면 배설물 더미는 금세 검투사들의 전투장으로 변한다. 대립과 경쟁이 시작된다. 아프리카쇠똥구리는 경쟁자와의 싸움은 되도록 피하면서 배설물에서 자신의 몫을 챙기려 한다. 배설물을 재빨리 차지하고 도망쳐야 한다.

이때 아프리카쇠똥구리는 매우 특별한 방법을 사용한다.[19] 일단 배설물 덩어리를 얻으면 그 위로 기어올라 조심스럽게 밤하늘을 살핀다. 그런 다음 광란에 빠진 군중을 피해 초원을 가로질러 공을 굴리기 시작한다. 당연히 제일 빠른 경로는 직진이다. 먹이를 찾은 사막개미가 집까지 직진해 돌아온다면, 아프리카쇠똥구리는 정반대다. 직진해 배설물에서 벗어난다. 배설물을 놓고 벌이는 싸움에서 벗어나기만 한다면 어디든 상관없다. 전투장에서 멀어지는 가장 좋은 방법은 직진이다.

아프리카쇠똥구리는 은하수의 편광을 이용해 길을 찾는다. 날씨가 좋은 날에는 밤하늘을 가로질러 펼쳐지는 빛의 띠가 하나의 파도처럼 너울거리는 것처럼 보인다. 아프리카쇠똥구리는 배설물 더미에서 멀어지기 위해 뒷다리로 똥 덩어리를 밀면서 천체의 위치에 따라 끊임없이 경로를 재조정한다. 일단 배설물을 굴리면서, 경로를 직선에 맞춘다. 잠시 뒤에 은하수를 올려다본다. 똥 덩어리의 방향을 재조정하고 다시 굴린다. 아프리카쇠똥구리에게는 하늘에 떠 있는 우윳빛 띠가 곧 지도다.

해나 달이 없다면 우리의 뇌는 길을 잃고 헤매게 될 것이다. 아프리카쇠똥구리도 마찬가지다. 2013년의 한 연구는 아프리카쇠똥구리의 가슴에 작은 골판지를 붙여 겹눈을 가리도록 했다.[20] 그러자 더는 하늘(반짝이는 별들, 즉 은하수)을 볼 수 없게 된 아프리카쇠똥구리의 길 찾기 시스템이 갑자기 무너져버리고 말았다. 아프리카쇠똥구리는 빙글빙글 돌면서 원을 그리거나, 배설물 더미에서 멀어지는 데 오래 걸리는 나선 모양을 그렸다. 기존의 전략을 모두 잊은 듯했다. 센티미터 대신 킬로미터로, 분 대신 시간으로 확장해 표시하면 아프리카쇠똥구리가 지나간 경로는 흐린 날 비엔발트를 방황하던 조우만의 피험자들이 지나간 경로와 똑같아 보일 것이다. 물론 연녹색 카펫 위의 X 표시 사이를 걸어 다니던 크라스틸의 피험자들도 다르지 않다. 시각정보와 신체 기반 정보는 경로통합에 동등하면서도 독립적으로 이바지한다. 두

정보 모두 필요하며 어느 하나만으로는 충분하지 않다.

내가 조우만의 '직진 연구'를 언급하자, 크라스틸은 이렇게 말한다. "규모는 정말 중요합니다. 조우만의 연구는 우리의 신체 기반 정보가 먼 거리를 이동하기에 충분하지 않다는 것을 확실히 보여줬어요." 방 안에서 이동할 때는 충분할지 모르지만, 이동거리가 수 킬로미터 규모로 확장된다면 신체 기반 정보만 가지고는 역부족일 수 있다. 계속해서 방향을 조정하기 위해서는 시각정보가 필요하다. "우리의 경로통합 시스템은 정밀하지 않죠. 짧은 거리에서는 잘 작동하지만, 시간이 흐를수록 정확도가 떨어집니다." 크라스틸의 설명이다.

흐린 날의 어두운 숲처럼 혼란스러운 환경에서 조우만의 피험자들은 신체 기반 정보에만 의존해야 했다. 그것만으로는 충분치 않았다. 그들은 마치 공기를 가득 채웠다가 주둥이를 묶지 않고 놓아버린 풍선들처럼 숲속을 어지러이 돌아다녔다.

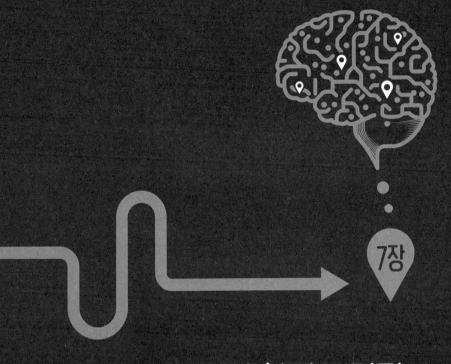

7장

오직 길 찾기 능력과
관련된 장애

DARK AND MAGICAL PLACES
The Neuroscience of Navigation

56세의 언어병리학자인 J. N.이 마침내 정신과의원에 가보겠다고 했을 때, J. N.의 남편은 그녀가 공간과 관련해 보이는 행동들을 기록했다. '화장실에 가면 자기 자리로 돌아오지 못함', '건물에서 나왔다가 다시 들어가려고 할 때 출입구가 어디인지 기억하지 못해 건물 주변을 뒤지고 다녀야 함', '걸핏하면 길을 잃어서 주의력이 부족하다는 지적을 받을 때가 많음'.

나를 두고 하는 말 같다. 아니, 나보다 약간 심각한 수준이다.

캘거리대학교의 인지신경과학자 주세페 이아리아Giuseppe Iaria만큼이나 지형학적 방향감각 상실장애topographical disorientation에 관해 상세하게 연구한 사람은 없을 것이다. 이아리아는 10년 이상 J. N.처럼 인지지도를 형성하지 못하는 환자를 연구해왔다.

"10여 년 전 우리 연구팀은 매일 길을 잃는 사람들의 발달장애를 연구하고 발표했습니다. 이들은 신경성 질환이나 뇌 손상, 선천적인 뇌 기형, 인지 질환이 없는데도 어린 시절부터 집 안에서 조차 방향을 잃습니다." 이아리아의 설명이다.

2009년 이아리아는 지형학적 방향감각 상실장애를 설명하는 첫 번째 논문을 발표했다. 이아리아는 그의 첫 피험자를 '환자1'이라고 불렀다.[1] (환자1과 J. N.은 동일한 사람이 아니며, J. N.은 이아리아의 환자도 아니다. 과학자들은 피험자의 신원을 보호하기 위해 익명으로 처리하는 경우가 많다. 해마를 제거해 기억하지 못하게 된 H. M.의 사례를 떠올려보라.)

이아리아가 환자1을 만났을 때 길을 찾지 못하는 장애가 이미 그녀의 삶을 완전히 지배하고 있었다. 환자1은 어린 시절 식료품점에 갔을 때 판매대 끝에서 엄마가 보이지 않으면 공포에 휩싸이고는 했다. 가족과 친구들은 늘 그녀가 길 찾는 것을 도와주었다. 그녀는 절대 혼자 여행을 다니지 않았다. 현재 43세인 그녀는 아버지와 함께 산다. 독특한 건물 같은 랜드마크는 인식할 수 있지만, 정작 자신이 사는 동네에서 길을 잃는 일이 잦은 탓에 아버지에게 전화로 도움을 청해야 하는 경우가 많다. 그럴 때 아버지는 그녀가 서 있는 거리의 이름을 묻는다. 그런 다음 제대로 작동하는 자신의 인지지도를 이용해 인지지도를 만들지 못하는 그녀를 구해낼 것이다.

환자1의 통근길은 매일 반복되는 공포다. 매일 아침 그녀는 늘 똑같은 경로를 따라 시내로 출근한다. 우선 버스를 타야 한다.

버스 창밖으로 스쳐 지나가는 풍경들. 출근하는 사람들로 붐비는 광장에 도착하는 순간만을 기다리며 그녀는 열심히 창밖을 바라본다. 우산, 택시, 비둘기, 온통 회색으로 물든 도시. 하지만 광장은 그녀도 알아볼 수 있는 랜드마크다. 광장이 시야에 들어오면 환자1은 버스에서 내려 그녀의 직장이 있는 독특한 디자인의 건물까지 조금만 걸어가면 된다.

환자1은 자기 경로를 벗어나지 못한다. 만일 경로를 벗어난다면 곧바로 길을 잃고 말 것이다. 잠시만 한눈을 팔다가(예를 들어 광장을 살피는 대신 버스 정류장 옆에 있는 나무들이 모두 새싹을 틔우고 있는 모습을 보다가) 정신을 차려도, 그녀가 일하는 건물을 애타게 찾으려고 애쓰는 동안 밀려드는 불안감 때문에 도시에서 길을 잃고 말 것이다. 하지만 안타깝게도 회사는 다른 지역으로 이전을 앞두고 있다. 수년 동안 반복된 연습 끝에 익숙해진 경로는 이제 그녀를 인도해주지 않을 것이다. 어쩌면 영원히 직장을 잃을지도 모른다는 예감이 환자1을 이아리아의 연구실로 이끌었다.

팀북투의 동쪽 어딘가

역사적으로 의사들은 환자1과 비슷한 증상을 지닌 사람들에 대해 말해왔지만, 그들의 증상은 거의 언제나 부상, 질병 등 예측할 수 없는 **사건**을 통해 후천적으로 발생한 경우였다. 1982년 보고된 매사추세츠주 출신의 72세 건축가가 좋은 예다.[2] 그는 두정엽과 후두엽에 뇌병변을 앓았다. 그의 병은 병리적 사건이었다. 의사가 그에게 현재 위치를 물으면 늘 'MGH Massachusetts General Hospital'(매사추세츠종합병원)라고 대답했다. 그는 자신이 어느 건물에 있는지 알고 있었다. 하지만 병원의 위치는 신기하게도 매일 바뀌었다.

> **2일째** 내 생각에 런던 외부, 또는 런던의 외곽지역 대형병원과 관련이 있는 것 같아요.
>
> **3일째** MGH의 캘리포니아주 분원에 있습니다.
>
> **4일째** 무슨 말을 하려는지 알겠어요. 하지만 제가 보기에는 제가 파리에 있는 것 같아요.
>
> **7일째** 극동의 어딘가, 아마도 도쿄에 있는 고급 호텔인 것 같아요.
>
> **8일째** 중국의 한 호텔이에요…. 일본인가?
>
> **16일째** MGH 동부요…. 제가 동부라고 말할 때는 보스턴 동쪽보다는 바그다드 쪽을 생각하고 있는 겁니다.

어떤 때는 애리조나주, 덴버, 아프리카 등지에 있다고도 했는데, 어느 날 아침에는 말리 팀북투 Timbuktu의 동쪽 어딘가에 있다고 했다.

의사와 심리학자들은 길 잃은 건축가 같은 사람들을 좋아한다. 신경생물학적 진단이 간단하고 정보도 풍부하기 때문이다.
그들은 우리에게 뇌가 작동하는 방식을 알려준다. H. M.의 해마
와 측두엽에 이웃한 부위는 외과수술을 통해 1953년에 제거되
었다. 그 후 그가 길을 찾을 수 없게 되었다는 사실은 더는 놀라
움을 불러일으키지 못한다. 1985년 바이러스 감염으로 뇌가 손
상된 음악가이자 음악학자 웨어링은 익숙한 환경에서도 전혀 길
을 찾지 못했다. 하지만 그의 증상은 미스터리가 아니었다. 그보
다 심한 부상이 아닐 때도 유사한 결과가 나타났기 때문이다. 최
근 연구에서 이아리아는 빙판에서 넘어져 뇌진탕을 겪은 16세
이하의 어린 하키 선수들은 뇌진탕 경험이 없는 동료 선수들보
다 인지지도를 형성할 가능성이 떨어진다는 사실을 밝혀냈다.[3]

H. M.과 웨어링처럼 환자1은 최강의 길치다. 하지만 환자1이
길을 찾지 못하는 이유에 대해서는 밝혀진 것이 없다. 하키 선수
처럼 뇌진탕 같은 부상을 겪지도 않았고, 해마가 바이러스에 감
염된 적도 없었다. 이아리아는 궁금해졌다. 지형학적 방향감각
상실장애는 언제나 후천적으로 얻게 되는 것일까? 지형학적 방
향감각 상실장애는 정신적 외상에 따른 뇌병변의 결과인가, 아
니면 공간을 해독하는 뇌 영역에서 일어난 모세혈관 파열의 결
과인가? 지형학적 방향감각 상실장애는 종양이 유한하고 밀폐
된 뇌 안에서 뉴런을 한 번에 하나씩 파괴할 때만 발생하는가?

다른 인지 영역에서 일어나는 유사한 문제인 얼굴인식불능증
을 생각해보자. 길 잃은 건축가가 위치를 인지하지 못했을 때와

마찬가지로 얼굴인식불능증은 때로 국소 손상이나 뇌출혈 때문에 발생한다. 하지만 선천적으로 타고나는 경우도 있다. 어쩌면 공간능력이 없는 경우도 마찬가지일 수 있다고 이아리아는 추론했다. (환자1처럼) 언제나 극심한 방향감각 상실을 겪으며 살아가야 하는 사람들은 선천적으로 그렇게 태어났을 수 있다.

이아리아의 관심사는 바로 그러한 사람들이다. 그는 지난 10여 년 동안 선천적으로 방향감각이 없는 이들을 찾아다녔다. 그는 이렇게 설명한다. "이들은 직업도 있고 다른 기능에서는 전혀 이상이 없지만, 길을 찾을 때 매우 부분적으로 장애를 겪고, 어린 시절부터 아주 익숙한 환경에서도 길을 잃는다는 점이 다릅니다. 이런 유형의 발달장애에 관해 언급한 문헌이 없었기 때문에, 이 증상을 '**발달 지형학적 방향감각 상실장애**development topographical disorientation'라고 이름 붙였습니다." 일명 DTD라고 알려진 증상이다.

연구를 통해 이아리아는 1~2퍼센트의 사람이 DTD 증상을 보인다고 추정했으며, 이 수치는 얼굴인식불능증이 있는 사람들의 비율과 동일하다. 이들은 자신의 공간능력을 10점 만점에 1점 또는 2점으로 평가하는 사람들이다. 이아리아는 뇌의 무궁무진한 다양성에 대한 관심이 자신을 인지신경과학 분야로 이끌었다고 말한다. 그러한 다양성은 어디에서 비롯된 것일까? 어떤 사람이 다른 사람보다 특정 인지력을 훨씬 잘 발휘하는 이유는 무엇일까?

이아리아가 공간능력을 연구하는 것은 사람마다 다른 공간 능력을 들여다볼 기회를 제공하기 때문이다. 그 와중에 이아리 아는 DTD 분야의 세계적인 권위자가 되었다. DTD는 정상적인 인간의 뇌 기능에 대해서는 전혀 설명하지 못한다. DTD는 길을 찾지 못하는 1~2퍼센트(스펙트럼 전체가 아니라, 한쪽 끝에 모여 있는 사람들)의 완벽한 실패만을 설명해준다.

"이러한 문제가 있는 사람들 대다수는 정말 단순한 환경에서 도 인지지도를 전혀 형성하지 못합니다"라고 이아리아는 강조 한다. "지금 사는 집이나 동네에 거주한 기간, 지금 일하는 건물 에서 근무한 기간 따위는 중요하지 않습니다. 수십 년간 그곳에 서 지냈다고 하더라도, 이들에게는 주변 사물의 위치를 머릿속 에서 그려낼 방법이 없으므로 늘 주위를 둘러보며 단서와 징후 를 찾으려 합니다." 그들은 단서와 징후에 의존한다. 전조, 그림 자, 흔들림, 예감, 충동, 자극, 두려움. 운에 맡기면 십중팔구 틀리 게 된다. 그들이 가장 많이 의지하는 것은 기억이다.

이아리아가 설명을 이어간다. "이들(이들 중 대부분)은 A에서 B 로 가기 위해 일련의 경로를 외우고, 좌회전이나 우회전 같은 방 향 전환을 기억하는 데는 아무런 문제가 없습니다. 랜드마크를 인지할 때도 아무런 문제가 없습니다. '은행에서 우회전, 베이커 리에서 좌회전'처럼 랜드마크와 신체의 회전 사이를 연관 짓는 데도 문제가 없습니다. 그런데도 그들은 매일 익숙한 환경에서 길을 잃습니다. 이유가 뭘까요?"

마침내 지난 10년 사이에 우리는 그 이유를 조금씩 이해하기 시작했다.

독백에 빠진 뇌

J. N.은 평생 자신을 괴롭혀온 증상에 도움을 받고자 2015년 피츠버그에 있는 카네기멜런대학교의 한 연구팀과 만나게 되었다. 연구팀의 한 명인 인지신경과학자 얼리사 아미노프Elissa Aminoff는 J. N.의 기능적·구조적 뇌 활동을 면밀히 살펴보기로 했다.[4] 이는 원인을 알 수 없는 지형학적 방향감각 상실장애에 대한 가장 완벽하고 철저한 연구 중 하나다. 아미노프는 에머리대학교의 딜크스가 '신월드'라고 불렀던 뇌 영역에 초점을 맞추기로 했다. 현재 브롱크스의 포드햄대학교에 있는 아미노프는 당시의 연구를 이렇게 설명한다. "J. N.을 연구하면서 정말 하고 싶었던 것은 길 찾기의 다양한 측면을 분리해, 그녀가 어떤 문제를 갖고 있는지 그리고 뇌 영역에 관해 우리가 아는 것은 무엇인지 확인하는 것이었습니다."

가장 먼저 관찰해야 할 곳은 당연히 해마주변 위치영역과 후두위치영역(아미노프는 가로후두고랑으로 특정한다), 후뇌량팽대피질 등 신월드의 구성요소들이다. 이들은 우리를 둘러싼 공간을 해독하는 데 도움을 주는 피질의 일부다. 아미노프는 우선 J.

N.의 피질이 제대로 시각정보를 처리해 정상적으로 환경을 인지할 수 있는지 확인했다.

아미노프가 설명을 이어간다. "당시 우리 연구팀은 이 세 가지 영역의 기능적 역할에 관한 아이디어를 실험하고, 그것이 J. N.의 행동에 어떻게 나타나는지 알아보고자 했습니다. 주변환경에 있는 사물을 식별하는 능력에 문제가 있었냐고요? 오히려 그것은 가장 먼저 배제된 요소입니다."

J. N.은 랜드마크를 보고 인지할 수 있었다. 그녀는 부엌이나 욕실을 해변가나 들판과 구별할 수 있었고, 문과 그림은 범주가 다르다는 것을 이해할 수 있었다. 아미노프에 따르면 "지각perception의 문제가 아니라는 사실이 분명"했다. "문제는 그러한 정보를 이용하고 조작해 추상화하는 훨씬 고차원적인 작업이었습니다."

아미노프는 점차 J. N.의 후뇌량팽대피질에 집중하기 시작했다. "저는 후뇌량팽대피질이 정보를 모으는 곳이라고 생각합니다. 해마주변 위치영역이 어떤 장면을 다양한 관점으로 인식한 정보를 모아, 더욱 큰 환경을 이해할 수 있도록 한데 통합하는 것이죠."

해마주변 위치영역은 무질서에서 질서를 만드는 뇌 영역이다. 정보를 추출하고 편집해 의미를 부여하는, 모든 면에서 없어서는 안 될 필수적인 역할을 맡고 있다. 아프리카에서 미지의 세계로 뻗어나간 원시인류건, 내 집에 있는 욕실처럼 익숙한 장소에 가려고 절차적 기억에 의존하는 현대인이건 상관없다. 이동하기 위해서는 제대로 기능하는 후뇌량팽대피질이 필요하다. 앞서 살펴본 예를 다시 인용하자면, 자기 집 욕실을 찾으려고 애썼지만 번번이 실패했던 한 남성은 후뇌량팽대피질 표면의 혈관이 파열되어 있었다. 아미노프는 J. N.의 후뇌량팽대피질에서 적응adaptation 반응을 확인했다.

"무언가를 두 번째로 보게 되면 뇌는 그 전만큼 활성화되지 않는데, 이것을 적응 반응이라고 합니다. 활성화 정도가 적어지는 적응 반응이 나타난다는 것은 해당 영역이 그 정보에 (이전부터) 관심을 보이고 있다는 신호입니다." 아미노프의 설명이다.

예를 들어 해마주변 위치영역은 처음부터 장소에 반응하지만, 얼굴에는 반응하지 않는다. 사람들에게 어떤 장소의 사진을 보여주면 처음에는 해마주변 위치영역이 강한 반응을 보이지만, 다음번에는 그다지 강한 반응을 보이지 않는다. 처음에는 사진 속 장소에 관한 공간정보를 감지하고 해석해야 하지만, 매번 동일한 과정을 반복할 필요가 없기 때문이다. 뇌가 효율성을 유지하는 방법은 이미 완수한 작업은 수행하지 않는 것이다. 하지만 애초에 해마주변 위치영역이 반응하도록 되어 있지 않은 사진 (얼굴 같은 것)을 보여준다면 어떻게 될까? 그런 경우에 적응 반응은 일어나지 않는다.

J. N.의 후뇌량팽대피질은 비정상이었다고 아미노프는 말한다. "장소에 관한 사진을 보여주어도 J. N.의 후뇌량팽대피질은

아무런 적응 반응도 일으키지 않았습니다." 대조군의 피험자들은 적응 반응이 일어났다. J. N.의 다른 뇌 영역에서도 (해당 영역이 인지하는 범주의 대상에 대해서는) 적응 반응이 일어났다. 우리가 세상을 이해하는 일은 이러한 영역들에 크게 의존한다. 따라서 관련 영역들이 작동하지 않으면 간단한 지도를 들고 단순한 환경에서 길을 찾는 능력마저도 훼손될 수 있다.

다음으로 아미노프는 J. N.에게 '휴식 상태 스캔 resting state scan'을 실시했다.

아미노프는 휴식 상태 스캔이 무엇인지 명료하게 설명한다. "기능적 연결성, 즉 뇌 영역들이 실제로 대화를 주고받는지 볼 수 있는 한 가지 방법은 피험자가 아무것도 하지 않을 때의 뇌를 스캔하는 것입니다." fMRI 스캐너 안의 피험자들은 한가운데 십자 표시가 떠 있는 블루스크린을 마주보게 된다. 연구자들은 그들에게 아무런 생각 없이 십자 표시를 바라보라고 요청한다. 사라지십시오. 마음을 비우세요. 툰드라가 되세요. 뇌가 관여하지 않는다면 어떤 일이 벌어질까?

아미노프에 따르면 "대개의 경우 뇌 영역들이 서로 소통하는 휴게소 같은 네트워크가 존재"한다.

하지만 J. N.은 그렇지 않았다. J. N.의 후뇌량팽대피질은 다른 영역들과 기능적으로 거의 분리된 것처럼 보였다. 물론 구조적 연결은 존재했다. 분명 백질이 존재했다고 아미노프는 말한다. 하지만 J. N.의 뇌 영역들은 서로 소통하지 않았다. 구석구석 전화선으로 연결되어 있지만, 어떤 방은 연락두절인 건물을 떠올려보라.

이이리아도 J. N.의 뇌에서 비슷한 상황을 관찰했다. "제가 발견한 것은 J. N.의 해마, 전전두엽피질, 후뇌량팽대피질, 후대상피질, 후두정피질 등 각각의 뇌 영역은 제대로 기능하고 있다는 것이었어요. 하지만 인지지도를 형성할 때 필요한 뇌 영역 사이의 소통은 방향감각에 문제가 없는 대조군 집단만큼 원활하지 않았습니다."

인지지도를 구축하는 뇌 영역들이 서로 소통하기보다는 독백에 빠진 것이다. 지금까지 연구된 사례는 J. N.의 경우가 유일하기 때문에, DTD의 구체적인 원인에 관해 더 상세한 설명을 하기는 어렵다고 이아리아는 말한다. J. N.은 어린 시절부터 자신의 결핍을 뼈저리게 느껴왔을 것이다.

"항상 길을 잃었어요"

J. N.은 피츠버그에 사는 언어병리학자이자 자폐증 치료 전문가인 재니스 네이선 Janice Nathan이다. 공간에 대한 자기평가에서는 10점 만점에 1점 또는 2점을 주었다. 어느 날 오후 나는 햇살이 가득한 사무실에 앉아 네이선과 전화로 우리의 공간 인식 장애에 관한 대화를 나누었다.

"항상 길을 잃었어요"라고 J. N.은 말한다. 그녀는 12세 때 하와이의 외딴 지역에서 하이킹하다가 길을 잃었다. 우연히도 네이선이 길을 잃었던 곳은 2019년에 엘러를 집어삼킨 열대우림 근처였다. 네이선의 아버지는 해군으로 당시 호놀룰루에 주둔하고 있었다.

"우리는 하이킹 클럽에 가입했어요. 제가 아주 어렸을 때죠." 아버지와 오빠가 그녀와 함께 하이킹을 즐겼다. 그러던 중 오빠의 놀림에 화난 네이선이 앞서 걷기 시작했다. 그렇게 혼자 걸어가다가 갈림길에 이르렀다. "이정표가 떨어져 나가고 없었어요. 당연히 저는 엉뚱한 길로 들어섰죠"라고 네이선은 기억한다. 그녀의 뇌가 잘못 발화하는 바람에, 사탕수수밭에서 그만 길을 잃고 말았다.

"제가 왔던 길로 돌아갈 수 없었어요." 할 수 없이 네이선은 계속 나아갔다. 겁에 질려 어쩔 줄 몰라 하며 예닐곱 시간 동안 사탕수수밭을 무작정 뛰어다녔다. 그녀의 가족은 실종신고를 했다. 곧 수색견과 헬리콥터가 동원되었다. 밤이 되자 고속도로에서 들려오는 것이 분명한 소리가 사탕수수밭을 뚫고 네이선의 귀를 때렸다. 자동차의 헤드라이트 불빛이 그녀를 안심시켰다. 길은 문명을 의미한다. 초췌한 모습의 십 대 소녀를 발견한 어느 가족은 다행히 자동차를 세웠다. 그들은 네이선을 태워 집으로 데려가 밥을 먹인 뒤 경찰에 연락했다.

네이선이 당시의 절망감을 이렇게 묘사한다. "그런 일은 저에게만 일어나는 것 같았어요. 저는 정말 그게 끝이라고, 아무도 저를 발견하지 못할 거라고 생각했어요."

어른이 된 후로도 길 찾기와의 사투는 계속되었다. 2001년 네이선은 그녀가 '길 찾기의 악몽'이라고 부르는 도시 피츠버그로 이사했다. 네이선은 지갑을 잃어버렸고, 길을 잃었으며, 운전하면서 자기가 사는 집을 지나쳤다. 네이선은 음료를 많이 흘렸다. 자기 무릎에 흘릴 때도 많았다. 음료를 쏟는 것에 대해서는 좀 더 깊이 살펴볼 만한 가치가 있다. 2020년 존스홉킨스대학교 연구팀이 발표한 내용에 따르면 직관적인 물리학, 바꿔 말해 사물이 어떻게 구르고, 흔들고, 튕기고, 균형을 잡고, 출렁이고, 미끄러지고,[5] 충돌하는지에 대한 우리의 이해는 공간능력에 크게 영향받는다고 한다. 음료수를 출렁이지 않게 하는 방법 같은 물리 세계의 동작방식에 대해 모든 사람이 동일한 내재적 감각을 갖고 있는 것은 아니다.

네이선에 따르면 그녀는 아버지의 훌륭한 공간능력을 물려받지 못한 것이 분명하다. "아버지는 왜 제가 심상지도를 만들지 못하는지 이해하지 못하셨어요. 늘 제게 이렇게 말씀하셨죠. '심상지도를 이용해야 한단다.' 하지만 저는 그 말이 무슨 뜻인지조차 몰랐어요. 심상지도가 뭐지? 저도 하나 있었으면 좋겠다고 생각했죠."

지도를 잃어버린 사람들

～～～～～～～

J. N.이나 환자1처럼 지형학적 방향감각 상실장애가 있는 사람들에게는 목적지까지 단지 화살표(방향 지시)를 따라가는 것만으로도 충분하지 않을까? '은행에서 우회전', '빵집에서 좌회전' 정도의 지시사항이면 일상생활을 하기에는 충분하지 않을까?

이아리아는 이것이 "기억에 지나치게 큰 부담"이 될 수 있다고 경고한다. "우리가 기억해야 하는 경로는 얼마나 될까요? 동일한 경로일 경우에도 우리는 두 가지 연속적인 사건을 조합해야 합니다. 가는 길과 돌아오는 길은 서로 다른 두 가지 경로기 때문이죠."

그래서 우리는 대부분 9세쯤부터 인지지도를 구축하고 거기에 바탕해 행동한다.[6] 인지지도를 만드는 데는 랜드마크를 이용한다. 이아리아는 DTD 증상이 있는 피험자들에게 휴식 상태 스캔('마음을 비우세요')을 실시했을 때, 해마와 전전두엽피질 사이에 기능적인 연결성이 줄어들었다는 사실을 발견했다.[7] 이러한 연결성의 변화는 인지지도를 구축하기 위해 주변환경을 돌아다니면서 공간정보를 모니터링하고 처리하는 개인의 능력에 영향을 미친다고 이아리아는 설명한다. 어떤 공간을 탐험할 때 우리는 그곳의 랜드마크들을 동시에 인지해야 하고, 우리가 그들을 어떤 관점에서 보고 있는지 이해해야 하며, 목적지와의 거리를 파악해야 한다.

이러한 접근은 동적이고 수정이 가능하며, 유연하고 수월하다. 바꿔 말해 '기억'이 아닌 모든 것이다. "이 모든 것이 순식간에 이뤄집니다. 하지만 사물이 어디에 있는지에 관한 심상지도가 있어야만 가능한 일이죠." 이아리아의 설명이다.

환자1에 대한 첫 논문을 발표한 뒤, 이아리아는 후속 연구를 위해 피험자가 되어줄 DTD 환자 120명을 대상으로 길 찾기 능력과 인지력을 테스트했다.[8] 그가 DTD에 대해 신중하게 설명하기 시작했다.

이아리아가 주목한 사실이 한 가지 있었다. 피험자의 3분의 1이 동일한 문제에 시달리는 직계가족(부모, 자녀)이나 형제자매가 한 명 이상 있다고 보고했던 것이다. 이는 길을 잃는 많은 사람이 역시 길을 잃는 다른 사람들과 연관되어 있음을 의미했다. 이아리아는 DTD가 유전자와 관련될지 모른다는 의문을 품게 되었다.

이아리아는 한 가족 전체를 선발해 DTD에 시달리는 사람들의 패턴을 조사했다.[9] 그는 DTD **발단자**發端者(유전자 연구의 시작점이 되는 인물)에게서 시작하는 복잡한 다세대 가계도를 그리며 부모와 형제자매, 자손 등을 대상으로 공간능력을 평가했다. 결과는 분명했다. DTD는 일부 구성원에 대해서만 가족집적성family aggregation(어떤 질병이 가족 내의 특정 구성원들에게 집중되어 나타나는 현상—옮긴이)을 보였다. 즉 DTD는 무리를 이룬다.

가령 '32번 가족'의 경우 DTD 발단자는 두 아이가 있는 여성으로, 아이 중 한 명은 이미 DTD 증상을 보였다. 또한 발단자의 사촌도 DTD 환자였고, 사촌의 어머니(발단자의 아주머니)도 DTD 환자였다. 한 가족에서 적어도 삼대 이상의 구성원이 인지 지도를 형성하지 못했던 것이다. 발단자의 부모도 DTD 환자일 가능성이 컸지만, 어머니는 치매를 앓고 있었고 아버지는 오래전 머리에 입은 부상 때문에 진단이 불가능했다. 그러나 DTD의 실타래는 한 세대에서 다음 세대로 이어지는 것이 분명했다. 다른 가족들의 경우도 마찬가지였다.

몇몇 가족을 조사한 뒤 이아리아는 또 다른 사실을 알게 되었다. 모든 DTD 환자의 부모 중 최소한 한 명은 DTD 환자라는 사실이었다. 콩 심은 데 콩 나고 팥 심은 데 팥 나는 셈이다.

이아리아는 DTD 환자의 친척 중 DTD 증상이 없는 사람들을 자세히 들여다보기로 했다. 그들은 익숙한 장소에서 길을 잃은 적이 없다고 말했다(중요한 DTD 진단 기준이다). 그래서 정상이라고 간주되었지만 실제로는 정상이 아니었다.

그들 중 절반 정도가 이아리아의 인지지도 형성 테스트를 통과하지 못했다. 피험자는 VR에서 인지지도를 형성하게 되는데, 기회는 20회다. 대조군인 일반적인 사람들은 몇 차례 시도한 끝에 성공적으로 인지지도를 만든다. 눈에 띄는 건물을 랜드마크 삼아 이를 중심으로 인지지도를 구축한다. 그들은 평균적으로 아홉 번 만에 테스트를 마쳤다. 하지만 DTD 증상이 없다고 말한, DTD 환자의 친척들은 (정상으로 간주되었는데도) 무려 절반이 인지지도를 형성하지 못했다. 그들은 마지막 시도에서조차 처음 시도할 때처럼 여전히 길을 찾지 못했다. 어쩌면 30번째 시도나 100번째 시도, 또는 1000번째 시도에서는 인지지도를 완성했을지 모른다. 그들은 평소 익숙한 환경에 머물며 정상처럼 길을 찾는 다른 전략을 개발해냈을 뿐, DTD의 영향을 받고 있었다.

억울한 길치들을 위한 모임

어느 날 페이스북에서 시간을 보내고 있을 때 '방향 상실Directional Disorientation'이라는 그룹을 발견했다. 거기에는 가입자들이 공유하는 이야기, 질문과 답변, 불만사항이 정리되어 있었다. 그때까지만 해도 방향감각이 없는 사람은 나 혼자뿐일 것으로 생각했다. J. N.과는 서로의 공통된 경험에 대해 편안하게 이야기할 수 있었지만, 개인적으로 아는 사람 중에는 나처럼 힘들게 길을 찾는 이가 없었다.

이젠 혼자가 아니다. 우리는 다수다!

어느 날 이런 글이 올라왔다.

오늘 제가 몇 번이나 길을 잘못 들었는지 상상도 못 할 거예요. 제가 잘 아는 곳이었는데 말이죠.

ㄴ댓글 GPS에서는 지금 좌회전하라고 하지만, 거리가 아직

남았다고 착각해서 결국 한참을 돌아가게 되었어
요. 저만 이런가요?

└,**대댓글** 안녕하세요. 뜬금없는 질문입니다만, 이불보를
갈다가 헤매는 사람도 있나요? 안타깝지만 저 지
금 농담하는 거 아니에요…. 2인용 이불보에 1인
용 이불을 집어넣느라고 별일을 다 겪었네요. 집
중하기가 얼마나 어려운지, 거의 매번 이불 귀퉁
이가 있는 곳이 헷갈려서 몇 번이고 다시 해야 합
니다. 이불보를 갈 때마다 골치가 아팠는데…. 아,
털어놓으니까 마음이 훨씬 편하네요!

한 번도 만난 적 없는 사람들이 내가 해온 경험을 정확히 설명
할 수 있을 만큼 비슷하다는 것은 무서우리만큼 큰 위로가 된다.
드디어 나도 동족을 찾은 것이다.

페이스북 그룹(방향 상실)에는 800명이 넘는 회원이 있다. 이
그룹은 2013년 런던 북부의 (자칭) 비非종교적 교회 목사인 앤디
퍼쿨라Andy Pakula에 의해 시작되었다. 스스로를 심각한 길치라고
진단한 그는 혼자라는 느낌이 싫어서 이 그룹을 만들었다고 한
다. 그룹을 통해 나는 위치에 대한 감각이 없다고 자처하는 위스
콘신 출신의 소프트웨어 엔지니어 스콧 켈벨Scott Kelbell(3점) 같은
사람들을 만났다. 켈벨은 14세 때 자전거를 타다가 교통사고를
당해 뇌진탕을 경험했고, 그 후로 공간과 관련된 작업에 어려움

을 겪어왔다.

나와 이메일을 주고받는 몇 달 동안 켈벨은 사용자가 북쪽을 향할 때마다 진동하는 '웨어러블 나침반'을 개발했다. 그는 이 기구를 꾸준히 착용한다면 북쪽이 자신의 심상mental gestalt에 완전히 통합될 것이라고 믿는다. 진동이 느껴질 때와 아닐 때를 자신의 뇌가 무의식적으로 동기화해, 결국 북쪽이 어느 방향인지 확실히 알게 되리라는 것이다. 비둘기처럼 말이다. 이것은 행동주의에 기반을 둔 실험이다. 이는 조건반사, 자극, 반응 등을 다룬 파블로프와 스키너의 시대를 떠올리게 한다. 당시 하버드대학교에서 스키너는 레버가 설치된 상자에 비둘기를 집어넣은 다음, 비둘기가 레버를 눌러 씨앗을 받아먹는 것을 관찰했다. 하지만 그것은 학습하고, 동화시키고, 분석하고, 인식하고, 이해하는 것과는 다른 것이다. 나는 켈벨에게 시제품을 써보고 싶다고 요청한 상태다.

페이스북 그룹에서 만난 사람 중에는 네이딘 보넷 Nadine Bonnett(1점)도 있었다. 보넷은 캘거리대학교에서 이아리아의 연구에 참여한 피험자 중 한 명이었다. 캐나다 유콘Yukon에서 어린 시절을 보낸 그녀는 늘 공간 인식에 어려움을 겪었고 평생 길을 잃었다. 그룹 내의 수많은 DTD 환자처럼 그녀는 혼자 운전하기를 꺼렸고, 약속에 늦은 일은 부지기수였으며, 그 결과 떨어진 면접시험은 셀 수 없었고, 엉뚱한 곳에 주차해놓은 자동차를 찾으러 몇 시간이나 돌아다니는 일은 다반사였다.

그룹에 올라온 글들을 읽고 있으면 DTD는 경계가 불분명한 복잡한 장애라는 것을 계속 떠올리게 된다. 때로는 다른 장애를 함께 가지고 있는 경우도 있다. 실제로 원인을 알 수 없는 희귀한 증후군을 여러 개 앓고 있는 회원도 있었다. 길 찾기에 영향을 미치는 증후군으로는, 두정엽피질 병변과 함께 나타나는 발린트Bálint 증후군, 오랫동안 비타민 B1이 결핍되었을 때 나타나는 코르사코프Korsakov 증후군,[10] 소뇌가 손상되었을 때 나타나는 슈마만Schmahmann 증후군,[11] 터너Turner 증후군[12] 등이 있다.

일부 회원은 방위가 갑자기 90도, 또는 180도 틀어지는 **시착각**visual reorientation illusion을 경험하기도 했다. 어두운 영화관에서 나왔는데, 생각과 다른 장소에 있다고 느끼는 것과 비슷하다. 또 다른 회원들은 랜드마크를 알아보지 못하는 증상인 매우 특별한 인지불능에 시달리고 있다. 간단히 말해 이미지를 상상하지 못하는 것으로, 이를 **아판타시아**aphantasia **증후군**('아판타시아'의 어원은 '상상력이 없는'이라는 뜻의 고대 그리스어다)이라 한다. 이를 진단하는 방법은 비교적 간단하다.✦

DTD 진단은 복잡하고 시간도 많이 소요된다. fMRI 스캐너 안에서 장시간 공간과 관련된 작업을 수행해야 하고, 비용도 엄청나게 비싸다. 우리 대부분은 이러한 진단을 받기 어려울 것이

✦ 물뿌리개를 상상해보자. 물뿌리개의 심상(mental image)이 보인다면 아판타시아 증후군이 아닌 것이다.

다. 이아리아의 관련 연구도 멈춘 상태다. 그는 자신이 제출한 보조금 신청서에 대한 답변을 기다리고 있다. 나는 이미 기회를 놓쳤다. 이아리아가 수십 년 동안 DTD를 연구하면서 행동 평가, 심리 평가, 뇌 촬영 등을 통해 최종진단을 내린 사례는 20여 명에 불과하다.

그렇지만 방향 상실 그룹의 회원들에게도 희망은 있다. 이아리아는 DTD 환자들이 인지지도를 구축할 수 있도록 돕는 컴퓨터 기반의 교육 프로그램을 개발해왔다. 대조군을 대상으로 한 연구결과가 2020년에 발표되었는데, 해당 교육 프로그램이 인지지도의 정확도를 향상시키는 것으로 나타났다.[13] 이아리아는 이 프로그램이 홀로 인지지도를 형성하지 못하는 환자1 같은 사람들에게 도움을 주기를 희망하고 있다.

장애 자가 진단

이아리아는 한 개인이 공간정보를 얼마나 능숙하게 처리하는지 들여다볼 수 있는 수많은 온라인 테스트를 개발했다.✦ 그러니 fMRI 스캐너에 오를 기회를 놓쳤다고 하더라도 실망할 필요가 없다. 비가 내리는 일요일 오후, 나는 컴퓨터 앞에 앉아 테스

✦   테스트는 여기서 볼 수 있다. https://www.info. gettinglost. ca/.

트에 참여했다.

첫 번째 테스트는 얼굴 인식 능력에 관한 것이다. 나는 몇 분 동안 검은색 배경 위에 떠 있는 흑백 사진들을 응시한다. 이 사진들은 각각 남성의 얼굴을 담고 있는데, 오른쪽 옆얼굴, 정면 얼굴, 왼쪽 옆얼굴, 기타 다양한 각도의 얼굴을 보여준다. 그런 다음 비슷하게 생긴 세 장의 얼굴 사진을 보여주고는, 그중 설명에 부합하는 한 장을 고르게 한다. 이 테스트는 공간작업과는 무관한 방추형 얼굴영역을 활성화한다. 안면인식장애가 있는 사람은 결과가 형편없을 테지만, 나는 72점 만점을 받았다.

다음 테스트는 심상 회전 능력에 관한 것이다. 이번에는 블록들로 구성된 하나의 3차원 물체를 서로 다른 각도에서 촬영한 두 장의 사진을 보여준 다음, 질문을 던진다. "이 물체들은 같은가요, 다른가요?" 이를 바꿔 표현하면 이런 것이다. "첫 번째 물체를 조사한 후, 머릿속에서 회전시키며, 두 번째 물체와 비교할 수 있나요?" 요청대로 심상 회전을 수행하려 하자 뇌가 불편하게 늘어나는 것 같은 느낌이 들었다. 답은 내가 도저히 부를 수 없는 고음처럼 손이 닿을 수 없는 곳에 있었다. 나는 80점 만점에 64점을 받았다. 컴퓨터 화면에는 "당신의 심상 회전 능력은 평균 수준입니다"라는 문구가 떴다. 내 점수가 우수한 것처럼 보이지만 가능한 답이 두 가지(같은가요? 다른가요?)밖에 없기 때문에, 우리 집 강아지도 40점은 받지 않을까 싶다. 다만 이아리아는 내게 DTD 환자의 심상 회전 능력에 반드시 심각한 문제가 있으리라고 생각하지 않는다고 말했다.

내 아내인 에멀린은 74점을 받았다. 그러자 컴퓨터 화면에 "당신의 심상 회전 능력은 뛰어난 수준입니다"라는 문구가 떴다.

우리의 점수 차는 비교적 근소하다고 할 수 있지만, 바로 그 차이가 편안함과 불편함(수월한 길 찾기와 수고스러운 길 찾기)을 가른다. 이 테스트에서는 일반적으로 남성이 여성보다 좋은 점수를 받는다. 친구들에게도 테스트에 참여해달라고 부탁했는데, 그중 스티브는 만점에 가까운 78점을 받았다. 2018년 4월 이아리아의 피험자였던 보넷은 fMRI 스캐너에 들어갈 기회를 얻었다. 그는 총체적으로 평가받았다. 앨버타주에 있는 보넷의 집에는 이아리아의 동료 연구자인 포드 벌스Ford Burles가 3D 프린터로 만들어준 그녀의 뇌 모형이 있다. 내게 보내준 사진을 보니, 홈이 파인 아이보리색 산호처럼 보였다. 보넷은 자신의 뇌 모형을 화분 옆 선반에 놓아두었는데, 세 살짜리 손자가 관심을 보인 후로는 손이 닿지 않는 서랍에 넣어 보관하고 있다고 했다.

네이딘은 심상 회전 능력 테스트에서 52점을 받았다("당신은 정신적으로 물체를 회전시키는 데 약간의 어려움을 느낄 수 있습니다"). 네이딘(52점), 나(64점), 에멀린(74점), 스티브(78점)가 받은 점수는 우리의 뇌가 공간을 얼마나 잘 처리하고 다루는지 알려준다.

다음은 '네 개의 산' 테스트다. 테스트 참가자들의 컴퓨터 화면에는 마치 비행기 창밖으로 보는 듯한 풍경이 펼쳐진다. 평야 위에 네 개의 구부정한 산봉우리가 솟아 작은 언덕을 이루고 있다. 이 산들은 모두 같지 않다. 그중 한 개는 나머지보다 훨씬 크고, 다른 하나는 연필처럼 날카롭다. 나머지 두 개는 광대한 능선으로 연결되어 있다. 곧 네 개의 산을 찍은 네 장의 사진을 보여주는데, 그중 한 장만이 좀 전에 보았던 네 개의 산을 담고 있다. 그것을 골라야 한다. 즉 머릿속에서 산을 조작할 수 있는지에 대한 테스트다.

나는 20점 만점에 9점을 받았다. 에멀린은 16점이었다. 이번에도 '힘겨워하는지'와 '손쉽게 하는지'의 차이가 극명히 드러났다. 나는 심상 회전을 위해 너무나 애써야 했지만, 에멀린에게는 너무나 단순하고 수월한 일이었다. 한편 네이딘은 문제를 보지 않고 대충 찍어도 나올 만한 점수보다 살짝 높은 6점을 받았다. 이는 그녀가 풍경을 머릿속에 기억하는 데 어려움을 겪고 있다는 사실을 보여준다.

이아리아는 누구라도 "네 개의 산 테스트에서 몇 가지 문제가 나타날 것"이라고 말한다. "왜냐하면 더 어렵기 때문입니다. 네 개의 산 테스트는 다양한 각도와 관점에서 복잡한 장면을 인지할 수 있는 능력이 필요합니다."

마지막 테스트는 공간 배치 능력과 관련된다. 구체, 정육면체, 구면다면체 등 다섯 가지 형태의 물체가 컴퓨터 화면 속에서 조용히 부유하는데, 이아리아는 이를 '무한한 공간의 다섯 가지 물체'라고 부른다. 이들의 위치는 상대적으로 고정되어 있다. 테스트 참여자는 그 배치를 기억해야 한다. 눈앞에 보이는 물체만을 가지고, 그 뒤에 어떤 물체가 있는지 판단해야 하는 것이다. 예를 들어 왼쪽에 정육면체가 보인다면, 내 정면에는 구면다면체가 있어야 하는 식이다.✦

이번에도 결과는 비슷한 패턴을 보였다. 스티브는 60점 만점에 52점을 받았다. 에멀린은 43점으로 그다지 큰 차이를 보이지 않았다. 나는 이 테스트가 매우 당혹스러웠다. 그리하여 마치 손바닥에 점수가 쓰여 있어서 주먹을 꽉 쥐었다가 손가락을 꽃잎처럼 하나둘씩 펼치면서 흘깃 보는 심정으로 결과를 받아보았다. 결과적으로 나는 34점을 받았는데, 네이딘의 21점보다는 높았다. 이들 숫자는 불가능한 일을 해낸다. 이 숫자들 덕분에 우리는 수백만 개의 뉴런이 뇌 전역의 온갖 영역에서 어떤 일을 하는지, 그 복잡한 시스템을 구경할 수 있다. 이로써 나와 네이딘 두 사람이 세상을 어떤 식으로 바라보는지 이해할 수 있게 된다. 쥐의 뇌에 삽입된 전극이나 미로 속 동물의 움직임에서는 결코 알 수 없는 방식으로 정보를 제공하는 것이다.

이아리아가 내 점수를 확인하더니 이렇게 말한다.

"테스트 결과와 길을 찾을 때 겪는 어려움에 대한 설명 등 모든 항목에서 DTD 환자의 결과와 일치했습니다."

✦ 이것은 내가 꾸며낸 사례다. 물체들의 관계와 거리를 정확히 이야기하기에는 아는 바가 너무 없다.

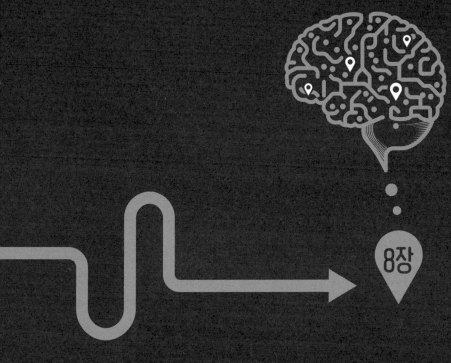

8장

유전자에
새겨지는 경험

DARK AND MAGICAL PLACES
The Neuroscience of Navigation

벤 트럼블Ben Trumble(8점)은 볼리비아의 으슥한 열대우림에 서 있다. 이곳은 곤충의 제국이다. 애리조나대학교의 인류학자인 트럼블은 치마네Tsimane족과 함께하고 있다. 치마네족은 아마존 분지에 사는 고립된 원주민 집단이다. 이들은 볼리비아의 저지 대를 흐르는 갈색의 구불구불한 마니키Maniqui강을 따라 형성된 여러 정착지에서 산다. 검은 머리칼에 체격이 다부진 치마네족 은 수렵과 사냥으로 먹고산다. 치마네족은 1만 년 전과 같은 생 활방식을 여전히 고수하고 있다. 활과 화살로 나무 위에 있는 작 은 원숭이를 쏘아 맞히면, 작은 개를 덤불 속으로 보내 그 시체를 찾는다. 물론 탄약만 공급된다면 총도 쓸 것이다. 강가에 사는 그 들에겐 낚시도 중요한 일과다. 작지만 관리가 잘 된 열대우림의 빈터에서는 질경이, 벼, 달콤한 카사바 등이 자라, 이 또한 즐겨

먹는다.

숲이 우거진 곳은 새들의 노랫소리로 생기가 넘친다. 트럼블은 사냥꾼들이 나무 사이를 민첩하게 오가는 모습을 지켜본다. 이곳에는 재규어를 비롯한 다른 대형 포식자와 수많은 독사 같은 위험이 곳곳에 도사리고 있다. 트럼블이 치마네족과 함께하는 이유는 사냥이 생리학적으로 그들에게 미치는 영향에 관심이 많기 때문이다.

트럼블이 자신이 하는 일을 명료하게 설명한다. "사냥하는 사람들의 땀을 채취하죠. 무언가를 죽일 때 테스토스테론과 코르티솔에 주요한 변화가 생기는지 보려고요."

사냥꾼들을 주기적으로 멈춰 세운 다음, 나무 그늘에 서서 조심스레 그들의 땀을 채취해온 트럼블은 어느 날 특별한 사실을 깨달았다. "이들 사냥꾼을 오랫동안 따라다니면서 제가 꾸준히 물어본 것이 있습니다. '지금 우리가 어디에 있는지 아시나요?'" 트럼블은 사냥꾼들에게 마을이 어디에 있는지 아냐고도 물었다. 수 킬로미터 떨어진 곳이라 해도 사냥꾼들은 마을이 어디에 있는지 가리켰다. 마치 저 멀리서 "이쪽이 집이야… 집… 집…" 하는 소리가 나무 사이를 헤치며 들려오기라도 하는 것 같았다.

"저는 이들이 어떻게 길을 찾는지에 관심이 많았습니다"라고 트럼블은 말한다.

길 찾기 능력은 치마네족 같은 원주민에게 필수다. 지도가 없는 숲은 담장 없는 미로나 다름없다. 사냥꾼들은 한 번에 며칠씩 숲속으로 사라져버린다. 그림자처럼 나무 사이로 미끄러져 들어간다. 때때로 치마네족은 이런저런 이유로 마을에서 매우 멀리 떨어진 곳까지 간다. 숲을 관통해 수 킬로미터를 걸어 약 2만 5000명이 거주하는 분주한 시장도시 산보르하San Borja까지 가기도 한다. 트럼블은 치마네족에게 남녀노소를 불문하고 멀리 떨어진 곳을 가리켜달라고 요청했다. 처음에는 지루함에서 벗어나려는 일종의 게임이었다. 하지만 그들의 길 찾는 능력이 너무나 인상적이어서 본격적으로 연구해야겠다고 마음먹게 되었다.[1] 트럼블은 마니키강을 따라 지어진 다섯 곳의 치마네족 정착지에서 피험자들을 모은 다음 휴대용 기기를 나눠 주었다. 요청사항은 간단했다. 가장 가까운 상류와 하류의 정착지, 산보르하의 중앙광장 등 서로 다른 장소 세 곳을 가리켜달라는 것이었다.

치마네족은 길을 잃지 않는다

마니키강은 구불구불해서 아무리 강가에 사는 치마네족이라도 길을 찾는 데 어떠한 단서도 얻을 수 없다. "강이 일직선이었다면 배를 타고 산보르하까지 가는 데 45분쯤 걸렸을 겁니다"라고 트럼블은 설명한다. "하지만 실제로는 여섯 시간에서 여덟 시간 정도, 또는 그보다도 조금 더 걸립니다. 구불구불 휘어지는 지점이 많기 때문입니다."

숲은 치마네족이 방위를 구분하는 데 전혀 도움을 주지 못하는 얽히고설킨 오솔길로 뒤덮여 있다. 나무들이 마치 성당처럼 빼곡히 높게 솟아 멀리 떨어진 산이나 다른 랜드마크가 거의 보이지 않는다. 심지어 태양도 가린다. "그 덕분에 태양이 조금씩 지기 시작하는 3시 30분쯤이면 금방 어두워집니다"라고 트럼블은 말한다. 따라서 믿을 것은 인지지도밖에 없다. 숲에 들어선 치마네족은 자신의 인지지도에 접속해 경로를 통합하며 자신이 지나온 길을 기록한다. 지표라 할 만한 것이 없는 울창한 숲속에서 그들은 학습된 감각을 이용해 (다른 곳에 대한) 지금 있는 곳의 상대적인 위치를 알아낸다. 문화적 전통이 있어야만 할 수 있는 일상적이고도 고차원의 수련을 통해 치마네족은, 조우만의 피험자들이 직진하려 했지만 실패하고 말았던 비엔발트의 어두컴컴한 숲과 비슷한 환경에서도 놀라운 공간능력을 보여주었다.

트럼블의 연구에 따르면, 치마네족은 평균 25도의 오차로 산보르하를 가리키는데, 몇몇 이는 더 높은 정확도를 보여준다. 산보르하가 북쪽에 있는데 남쪽을 가리킨다면, 이는 정확히 180도만큼 잘못된 것이다. 북쪽 대신 동쪽을 가리킨다면 90도의 오차가 발생한 것이다. 평균 25도의 오차라면 섬뜩할 정도로 정확한 수준이다. 일부 정착지의 경우 산보르하까지 육로로는 22킬로미터 떨어져 있지만, 구불구불한 강을 따라간다면 훨씬 먼 거리를 이동해야 한다. 그런데도 치마네족은 복잡하고 길도 없는 열대우림 너머의 산보르하를 믿어지지 않을 만큼 정확하게 가리킬 수 있다.

치마네족 여성은 남성만큼이나 요청받은 곳의 방향을 정확하게 가리킬 수 있다. 젊은이도 노인만큼이나 정확하다. 트럼블의 피험자 중 가장 나이가 많은 사람은 82세였고, 가장 어린 사람은 6세였다. 트럼블의 연구에서 영감을 얻은 나는 세 아들(당시 11세, 9세, 6세)과 식탁에 둘러앉아 그곳에서는 보이지 않는 세 곳, 즉 내가 일하는 사무실, 세 아이가 함께 다니는 초등학교, 우리가 자주 가는 공원을 가리켜보라고 했다. 내가 만일 이런 테스트를 받았다면 매번 좋지 않은 결과가 나왔을 것이다. 오차는 대부분 25도를 훨씬 넘었을 것이고, 때로는 정반대 방향을 가리키기도 했을 것이다. 과학자들은 이처럼 기대보다 성공률이 낮은 경우를 '기대 이하below chance'라고 표현한다. 아마도 나에게는 제자리에서 세 바퀴 돈 다음 원래 보고 있던 방향을 가리켜보라고 하는 편이 그나마 좀 더 쉬운 요청일 것이다. 하지만 세 아들은 세 곳의 위치를 모두 올바르게 찾아냈다. 아침 햇살을 받으며 시리얼을 요란스럽게 씹어대면서도 아이들은 도시 반대편에 있으며 5킬로미터 정도 떨어진, 내가 일하는 사무실을 정확하게 가리켰다.

평균의 함정

기본적인 신경해부학 수준에서 나는 치마네족의 뇌와 같은 뇌를 가지고 있다. 내가 죽어 병리학자가 내 뇌를 분리해 가장 강하고 유능한 치마네족의 뇌와 비교한다면, 해부학적으로 거의 차이가 없다는 것을 식별할 수 있을 것이다.

하지만 차이는 **존재한다**. 그리고 때로는 그 차이가 중요하다. 실제로 뇌는 사람마다 모두 다르다. 사람들은 많은 경우에 아인슈타인과 볼프강 아마데우스 모차르트를 특이점으로 삼는다. 하지만 우리는 모두 다 이상치다. 똑같은 뇌는 없기 때문이다. 우리가 누구인지 결정하는 것은 사람마다 미묘하게 다른 뇌의 구조다.[2]

몇 년 전 세인트루이스에 있는 워싱턴대학교에서 소아신경학 수련의 과정을 밟고 있던 니코 도센바흐 Nico Dosenbach는 '미드나이트 스캔 클럽'이라는 것을 만들었다. 이 클럽의 모토는 '카르페 녹템 Carfe Noctem'(내일이 없는 것처럼 오늘을 살아라)이었다. 도센바흐는 오래된 문제 하나를 해결하고 싶었다. 일반적으로 fMRI가 포착한 신경영상은 해상도가 낮고 노이즈로 가득하다. fMRI를 활용한 대부분의 뇌 연구는 수많은 피험자(수백 명, 또는 수천 명)의 뇌를 스캔한다. 그 결과 신경영상들이 평균화된다. 서로 섞이게 되는 것이다. 최종결과는 대부분의 뇌에 대해 일반화된 주장밖에 할 수 없는 '집단의 뇌'에 관한 것이 된다. '**특정한** 뇌'에 관해 의미 있는 이야기를 하자면 때로는 아주 많은 뇌가 필요하다. 그러나 현실에서 그 누구의 뇌도 그러한 집단의 뇌와 같지 않다고 도센바흐는 지적한다.

도센바흐가 사람들의 얼굴로 비유를 든다. "사람들은 모두 얼굴을 갖고 있어요. 얼굴에는 많은 공통점이 있고요. 대부분 두 개의 눈과 눈썹, 하나의 코 등 공통점이 있지요. 하지만 똑같은 얼굴은 없습니다."

개인의 뇌에서 나온 데이터를 평균화한다는 것은 호도의 여지가 있다고 도센바흐는 지적한다. "그것은 마치 1000명의 얼굴을 가져다가 뒤섞는 것과 같은 일입니다. 솔직히 말해서 만화에 나 나오는 얼굴을 만드는 것과 마찬가지죠." 그의 설명이 이어진다. "실제로 그런 얼굴은 인간의 얼굴처럼 보이지도 않습니다. 만일 외계인에게 그 얼굴을 보여주면서 '이와 비슷한 얼굴을 찾아보라'라고 말한다면, 실제 사람이 아니라 만화의 등장인물을 찾아올 겁니다."

얼굴과 마찬가지로, 집단의 뇌는 만화에서나 가능한 것이다. 일반적으로 그것은 뇌와 비슷하지만, 하나의 뇌가 작동하는 방식으로 정보를 다루지 않는다. 도센바흐는 1000여 개의 뇌를 조합해 소음으로 가득한 집단의 뇌가 아니라, 단일한 뇌가 드러내는 고유함을 탐구하겠다고 이미 결심했다. 뇌의 공통점을 찾는 대신 뇌가 서로 어떻게 다른지 이해하겠다는 것이다. 그러기 위해서는 단일한 뇌를 정밀하게 고밀도로 매핑mapping할 필요가 있었다. 일개 연구자로서 큰 연구 비용을 투자받기가 어려웠던 도센바흐는, 워싱턴대학교가 자정 이후, 즉 운용시간이 아닐 때는 fMRI 스캐너를 90퍼센트 싸게 빌려준다는 소식을 듣게 되었다.

바로 그때 미드나이트 스캔 클럽이 결성되었다. 클럽의 공식 트위터를 방문하면 여섯 가지 규칙을 볼 수 있다.

1. 더 많은 데이터!
2. 더 많은 데이터!
3. 자정에는 스캔을!
4. 움직이지 말 것!
5. 잠들지 말 것!
6. 데이터는 공유할 것!

스스로 첫 피험자 중 한 사람이 된 도센바흐는 fMRI 스캐너에 들어가 몇 시간씩 움직이지 않고 편안하게 누워 있었다. 휴식 상태의 뇌를 유도하기 위해 화면 속을 둥둥 떠다니는 하얀 점을 바라보았다. 만약 잠들거나 1밀리미터라도 움직인다면 스캔을 다시 해야 한다. 총 1만 2000달러를 들여 도센바흐는 자신을 포함한 10명의 뇌를 처음으로 스캔했다.[3] "신경영상 연구 분야에서 그 정도 금액은 아무것도 아닙니다. 푼돈이나 마찬가지예요." 최종결과는 10개의 고해상도 **커넥톰** connectome, 즉 일종의 신경 배선도라 할 수 있는 아주 상세한 뇌 지도였다.

이 데이터에서 곧바로 중요한 결과가 나오기 시작했다. 예를 들어 모든 사람의 커넥톰이 같을 수 없다는 것이다. 어떤 사람들의 뇌는 전혀 다르게 연결되어 있는 것으로 보인다. "10개 표본

중에서 여덟 개는 같아 보이거나 꽤 비슷해 보였지만, 나머지 두 개는 큰 틀에서는 비슷해 보여도 세부적으로는 나머지와 달라 보였습니다."

도센바흐 본인의 뇌는 달라 보이는 두 개의 뇌 중 하나였다. 나머지 피험자들의 뇌는 규모가 크고 효율적인 회로, 동시에 끊임없이 연결되는 고리처럼 구성되어 있었다. 정보는 이러한 고리 구조에서 가장 빠르게 흐른다. 하지만 도센바흐의 뇌에는 그러한 고리 구조가 없었다. 결과적으로 그의 **전반적 효율성**global efficiency(뇌 영역들 전반에 걸친 통합적 정보처리의 효율성 척도)은 다른 피험자들보다 약간 낮았다. 그러나 도센바흐는 아직 이것이 무엇을 의미하는지, 얼마나 많은 사람이 이러한 뇌를 갖고 있는지, 또는 고리 구조의 커넥톰이 있는 사람과 없는 사람을 구분하는 요인에 대해 아직 밝혀내지 못했다.

똑같은 뇌는 없다

지금까지 인간의 뇌가 제각각 고유하다는 것을 보여준 과학자들이 많았지만, 도센바흐만큼 명쾌하게 보여준 사람은 없었다. 2018년의 한 연구는 200명에 달하는 피험자의 뇌를 2년에 걸쳐 세 번씩 스캔해 여러 뇌 구조를 복잡한 측정값으로 전환했다. 신경해부학적으로 각 개인의 뇌는 너무나 달라서 모든 과정이 끝날 때까지 연구자들은 특정한 뇌 영역의 미묘한 구조적 차이에만 기초해 피험자들을 식별할 수 있었다.[4] 우리의 뇌는 얼굴만큼이나 고유하다. 그리고 이러한 개별적인 차이는 극도로 중요하다. 그 차이가 쌓여 우리의 정체성이 확립되기 때문이다. 아미노프가 J. N.의 뇌에서 보았고, 이아리아가 DTD 환자의 뇌에서 보았던 것이 바로 이러한 차이였다.

2009년 미국 국립보건원은 '휴먼 커넥톰 프로젝트'를 시작했다. 이 프로젝트는 이후 5년간 인간의 뇌와 그 연결망을 매핑한다는 야심 찬 목표를 세웠다(이는 방대하고 복잡한 다층적인 도시를 매핑하는 것과 같다). 이 놀라운 프로젝트는 뇌 구조가 인성과 인지, 행동에 미치는 영향에 관한 새로운 통찰을 제시했다. 2019년 네덜란드의 연구진은 프로젝트에서 나온 데이터를 이용해 뇌 구조의 개인차가 작업 기능이나 언어 기능 같은 뚜렷한 특성을 결정하는 데 영향을 미친다는 사실을 밝혀냈다.[5] 또 다른 연구는 뇌 구조가 훨씬 모호하고 주관적인, 가령 행복이나 정서적인 건강 같은 감정적인 상태에도 영향을 미친다는 사실을 밝혀냈다.[6] 예를 들어 2018년 1000명을 대상으로 한 연구에 따르면 전두피질이 상대적으로 얇은 피험자는 삶에 만족감을 느꼈지만, 전두피질이 상대적으로 두꺼운 피험자는 그렇지 않은 것으로 나타났다.[7] 또 다른 연구에 따르면 우측 전전두엽과 편도체의 연결이 주관적 행복에 긍정적 영향을 미치는 것으로 나타났다.[8]

병리학자가 내 뇌와 치마네족의 뇌를 상세하게 들여다본다면, 수십 년 동안 열대우림을 누비며 살아왔던 치마네족의 해마가 내 해마보다 약간 더 크다는 것을 알게 될 테다. 런던 택시 운전기사의 해마가 점점 커진 것처럼 말이다. 어쩌면 멀리 떨어진 뇌 영역들을 연결하는 치마네족의 백질이 내 백질보다 훨씬 두툼할 수도 있고, 또 전기신호가 조금이라도 직선에 가까운 경로를 따라 흐를지도 모른다. 치마네족과 나의 특정 피질 영역을 비교했을 때 둘의 모양이 조금 다를 수도 있다. 그래서 치마네족은 세상을 이해하는 데 사용하는 복잡한 공간정보를 더 빠르고 효과적으로 처리하는 것 아닐까? 물론 그 차이는 크지 않을 것이다. 하지만 어쨌든 치마네족은 나와 다르게 뇌를 사용하는데, 그것은 뇌가 **다르기** 때문이다.

'인간의 뇌는 모두 비슷하다'는 말은 사우디아라비아의 메카, 쿠바의 아바나, 벨기에의 브뤼셀은 인구 200만 명이 넘는 대도시므로 모두 비슷하다는 말과 비슷하다. 하지만 브뤼셀은 메카가 아니고, 메카도 브뤼셀과는 다르다. 이런 식으로 종종 과학은 우리를 오류로 이끈다. 과학은 이상치를 무시한다. 불편하기 때문이다. 과학자들에게 왜 어떤 사람(가령 내 아내)은 길 찾기에 능하고, 또 어떤 사람(가령 나)은 길 찾기에 무능한지 이유를 물을 때마다 돌아오는 답은 '모른다'였다. 하지만 우리는 매우 단순하게나마 이미 그 답을 **알고** 있다. 예를 들어 우리는 모두 한없이 복잡한 뇌를 가지고 태어난다는 사실을 알고 있다. 그리고 각각의 뇌는 서로 다른 방식으로 복잡하다. 이는 20~30년 전까지만 해도 과학자들이 제대로 파악조차 하지 못했던 개념이다. 이를 도 센바흐의 미드나이트 스캔 클럽이나 휴먼 커넥톰 프로젝트 같은 최근 연구들이 분명하게 밝혀낸 것이다. 또한 우리는 삶이 뇌를 변화시킨다는 사실을 알고 있다. 모든 것이 뇌를 변화시킨다. 문화가 뇌를 변화시키고, 언어가 뇌를 변화시키며, 종이접기가 뇌를 변화시킨다. 심지어 빛이 있고 없음까지도 뇌를 변화시킨다.

길 찾기는 우리의 뇌가 수행하는 인지적으로 가장 복잡한 과제 중 하나다. 길 찾기는 수많은 고유한 뇌 영역 사이의 정보 교환에 따라 성공 여부가 달라지며, 이 뇌 영역들은 사람마다 조금씩 다르다(뇌 표면이 구불구불하게 접히는 패턴까지도). 정보는 이처럼 제각각인 뇌 영역들 사이를 뇌우처럼 깜박거리며 빠르게 가로지른다. 어떤 사람이 유독 길을 잘 찾는 것이 놀라운가? 하지만 같은 이유로 당신은 누구보다 잘 위험을 감지하거나, 공감하거나, 여러 언어를 하거나, 악기를 다루거나, 복잡한 수학 방정식을 풀거나, 심지어 더 낙관적일 수 있다.

이러한 시스템이 나와 비슷한 사람들을 만들거나 내 아내와 비슷한 사람들을 만든다는 것은 쉽게 상상할 수 있다. 엘러를 자동차를 주차해놓은 곳이 아니라, 더욱 깊은 숲속으로 이끈 것도 바로 그 시스템이다. 부품이 많은 시스템일수록 실패할 확률이 높아진다. 특히 모든 부품이 고유하고, 부분적으로 문화와 경험에 의해 형성되고, 또 부분적으로 유전되는 것일수록 그러하다.

망치는 고장 나지 않지만, 복잡한 기계는 망가질 수 있다.

피할 수 없는 조건, 유전

뇌 구조와 기능에서 이러한 차이가 발생하는 이유는 무엇일까? 킹스칼리지런던의 통계유전학자인 카일리 림펠드 Kaili Rimfeld(7점)가 그 답을 찾아내려고 애쓰는 중이다. 그는 지금까지 교육적인 성취에 이바지하는 유전적인 요인에 주로 초점을 맞추었다. 그런데 최근 들어 약간 다른 질문을 던지기 시작했다. 부모에게서 전해지는 유전자로 결정되는 공간능력은 어느 정도인가? 우리가 물려받는 것은 무엇인가? 반대로 환경에 의해 결정되는 것은 무엇인가?[9]

이어진 연구에서 림펠드는 1300쌍의 쌍둥이를 대상으로 심상전환, 지도 읽기, 경로기억, 길 찾기 등의 능력을 평가했다. "이 연구는 정말 도움이 되었어요. 왜냐하면 실험군에 일란성 쌍둥이뿐 아니라, 유전자의 50퍼센트만 공유하는, 그 결과 개인마다 서로 다른 유전자를 가지는 이란성 쌍둥이도 있었으니까요." 같은 방법으로 림펠드 같은 유전공학자들은 특정 형질을 구성하는 유전자의 영향과 환경의 영향을 개별적으로 구분할 수 있게 되었다.

"특정 형질과 관련해 일란성 쌍둥이의 상관관계가 이란성 쌍둥이의 상관관계보다 높다면, 유전적인 영향 때문이라는 사실을 추론할 수 있죠." 림펠드의 설명이다. 그녀는 연구를 시작하며 길 찾기 능력을 구성요소별로 분리할 수 있을 것이라고 가정했다. 예를 들어 지도 읽기 능력은 뛰어나지만, 심상 전환이나 경로 기억 능력은 떨어질 수 있다는 것이다. 그런데 연구결과는 그렇지 않다는 것을 보여주었다. 길 찾기 능력과 관련된 모든 구성요소는 한 덩어리(인자)를 이루는데, 그녀는 이것을 '**공간능력**'으로 통칭한다.

"분리할 수 있는 구성요소는 없었습니다"라고 림펠드는 강조한다. 바꿔 말해 공간능력 중 한 측면에서 어려움을 겪고 있다면, 나머지 측면에서도 어려움을 겪게 된다는 뜻이다. 반대로 머릿속에서 물체를 회전시키는 데 어려움이 없다면, 지도 읽기와 경로기억도 잘해낼 것이다. "평균적으로 한 가지 일을 잘하는 사람은 다른 일도 잘하는 것이 보통"이라고 림펠드는 말한다. 그녀는 쌍둥이를 대상으로 한 2020년의 연구에서 공간능력은 약 84퍼센트가 유전으로 결정된다고 밝혔다.[10] 내게는 그 수치가 크게 느껴졌지만, 그녀의 생각은 달랐다.

림펠드는 사실 전혀 놀라운 일이 아니라고 강조한다. "우리는 오랫동안 인지능력이 유전에 크게 영향받는다는 사실을 알고 있었습니다." 즉 인지능력과 마찬가지로 공간능력도 개체의 차이를 유전적 요인으로 설명할 수 있다는 것이다. 다만 그것이 어떻게 이뤄지는지는 여전히 복잡한 문제로 남아 있다. 예를 들어 눈의 색깔은 15개나 되는 유전자의 작용으로 결정되는데, 이는 상대적으로 간단한 유전자형genotype이다. (공간능력이나 교육적인 성취처럼) 복잡한 특성일수록 관련된 유전자의 수도 훨씬 많아진다.

"최신 전장全長유전체 연관분석 genome-wide association study을 이용해 130만 명의 뇌를 분석한 한 연구에 따르면 교육적인 성취에는 1200개 이상의 유전자가 연관됩니다"라고 림펠드는 설명한다.[11] 그녀는 공간능력에도 수천 개의 유전자가 연관되어 있을 것으로, 그 각각은 전체적인 공간능력에 매우 미세하게 영향을 미칠 것으로 예상하고 있다. 즉 공간능력은 개별적이고 고유한 수천 개의 유전자로 구축된 복잡한 형질이다.

2000년대 초에 10년 이상 오리엔티어링을 지배했던 프랑스인 챔피언 조르주의 가계도를 살펴보자. 2014년에 업로드된 영상을 보면 포르투갈에서 활약 중인 그의 모습을 확인할 수 있다.[12] 그는 지도를 손에 들고 숲속으로 난 길을 따라 전체 29개 체크포인트 중 다섯 번째 체크포인트를 향해 달리고 있다. 살짝 몸을 구부린 채 팔꿈치를 크게 휘두르고 햇볕을 받으며 큰 보폭으로 걷는 조르주의 움직임은 효율적이다. 지도를 자주 보며 낯선 곳에서도 반드시 보폭을 유지한다. 조르주가 숲속을 휘젓고 다닐 때, 화면 귀퉁이의 지도에는 전체 코스와 그의 현재 위치가 표시된다. 그는 체크포인트를 향해 거의 직진하고 있다. 저만치 멀어지는 그를 따라잡지 못한 카메라가 울퉁불퉁한 지면 위로 드리워진 카메라맨의 그림자만을 포착하는 사이에 말이다. 조르주는 화면 밖으로 사라졌다! 그러고는 스웨덴의 알빈 리데펠트Albin Ridefelt보다 거의 2분이나 빨리 결승점을 통과해 우승을 차지했다. 몇 달 뒤 이탈리아에서 열린 오리엔티어링도 석권했다.

조르주는 자신이 길을 잘 찾는 이유에 대해 아버지가 프랑스 오리엔티어링 국가대표팀 코치였고, 어머니는 지역 오리엔티어링 선수였기 때문이라고 답했다. 그의 형도 프랑스 오리엔티어링 국가대표 선수였다. 심지어 아내인 안니카 빌스탐Annika Billstam 도 스웨덴 오리엔티어링 국가대표 선수로, 세 번이나 세계 챔피언의 자리에 올랐다. 조르주 부부는 네 살 된 아들과 두 살 된 딸이 있다. 이 둘은 부모의 유전자를 물려받아 오리엔티어링계의 최강자로 자랄 것이다.

최근에 나는 어머니에게 본인의 길 찾기 능력을 10점 만점 기준으로 평가해달라고 부탁했다. 헤가티의 샌타바버라 방향감각 척도를 활용하면 누구라도 자신의 공간능력을 비교적 정확하게 평가할 수 있다. 어머니는 자기 자신에게 1점을 주었다. 매우 낮은 점수였다. 이아리아는 DTD 환자의 부모 중 최소한 한 명에게서 DTD 증상이 나타난다는 사실을 밝혀냈다. 한편 내 아버지는 길 찾기에 관해 거의 초자연적인 수준의 능력을 보여주었다. 어린 시절의 내가 보기에 아버지는 영국의 모든 길을 알고 있는 것 같았다. 새롭게 지어진 1970년대의 순환로와 우회로는 물론이고, 로마제국 시절의 도로를 재포장한 도로, 고속도로, 지도에서 보면 모세혈관처럼 가는, 자동차 한 내가 겨우 지날 만큼 좁고 구불구불한 시골길까지 말이다. 심지어 아버지는 지도를 보지 않았다. 그냥 길을 **알고** 있었다.

유전자 전쟁에서는 수천 개의 유전자가 서로 충돌한다. 마치 두 강이 만나듯이 말이다. 결과적으로 어머니의 유전자가 승리 했다. 모든 것을 고려할 때 나는 그 충돌의 결과에 만족한다. 누 나는 자신의 공간능력을 5점으로 평가했다. 그녀의 경우 전투는 무승부로 끝났다. 나의 이란성 쌍둥이 형제는 자기 동네에서 길 을 잃지 않는다. 공간능력을 결정하는 유전자 전쟁이 그에게는 유리하게 끝난 것이다.

림펠드는 앞으로 공간능력과 관련된 수천 개의 유전자 중 일 부를 식별하는 까다로운 작업에 나설 것이다. 교육적인 성취와 관련된 유전자를 해독하는 연구와 마찬가지로, 소음 속에서 신 호를 찾아내기 위해서는 수백만 명의 뇌를 똑같은 환경에서, 똑 같은 방법으로 연구해야 한다.

"우리는 이제 막 공간능력이 유전자와 관련된다는 사실을 알 게 되었을 뿐, 어떤 유전자가 어떻게 영향을 미치는지에 대해서 는 아는 것이 없습니다"라고 림펠드는 강조한다. "100만 개, 또는 200만 개의 표본을 구하는 일은 정말 어려울 것입니다."

모차르트 효과와 신경가소성

그렇지만 뇌는 고정불변하는 것이 아니다. 내가 48년 전에 가 지고 태어난 뇌는 내가 사용할 때마다 꾸준히 변화했다. 사실 뇌 는 우리의 요청에 따라 끊임없이 변화하는데, 이 개념을 신경가소성이라고 한다. 공간능력이 나쁘더라도 정교하게 교정해서 길찾기 능력을 향상시킬 수 있다고 림펠드는 설명한다. 미래에는 이러한 교정을 통해 환경이 공간능력에 미치는 영향력(림펠드의 연구에 따르면 16퍼센트)을 키우고, 그만큼 유전자의 영향력을 줄이게 될지 모른다.

뇌를 안쪽에서부터 개조할 수 있는 방법이 많다는 것은 여러 연구결과로 밝혀진 사실이다. 1781년 빈에서 모차르트는 25세의 나이로 〈두 대의 피아노를 위한 소나타 D장조〉를 작곡했다. 세 악장에 걸쳐 두 명의 피아니스트가 소용돌이치듯 급상승하는 복잡한 멜로디를 연주하는데, 잠시 장난스러운 화음을 구성하다가도 곧 무서운 속도로 흩어진다. 분해되고, 흩어졌다가, 다시 만나 한데 엮인 다음 다시 흩어져 날아가는 아름다운 작품이다.

1993년 〈두 대의 피아노를 위한 소나타 D장조〉가 '모차르트 효과'로 알려진 무언가의 원인이라는 주장이 제기되었다.[13] 해당 연구는 모차르트의 음악을 10분 동안 들었던 대학생들이, 혈압을 낮추기 위해 고안된 휴식용 음악을 들었거나, 아무것도 듣지 않았던 대학생들보다 공간 관련 과제를 더 잘해냈다고 결론지었다. 지난봄에 몇 주 동안 나는 개와 함께 숲을 산책하며 이 방법을 응용했다. 우리는 매일 연둣빛의 단풍나무 이파리와 천남성 풀 들이 카펫처럼 깔린 숲속에서, 두 대의 피아노가 읊조리는 멜로디들처럼, 나무들을 사이에 두고 흩어졌다가 만나기를 반복했다. 그렇게 걷다 보면 어느 순간 얽히고설켜 있던 멜로디가 분리되면서, 누군가의 시체라도 묻혀 있을 것 같은, 지나치게 무성해서 너무나도 고요한 숲속에 이르렀음을 알게 된다.

모차르트 효과는 진위를 둘러싸고 여전히 논란 중이다. 1993년 처음 주장된 이후 다른 연구자들도 그 결과를 재현하려고 애썼지만, 모두 실패했다. 즉 피험자들이 모차르트의 소나타를 듣든, 현대음악가 글래스의 유명한 협주곡을 듣든, 아무것도 듣지 않든, 그들의 공간능력은 달라지지 않았다.[14] 또 다른 연구에서는 모차르트와 바흐, 아무것도 듣지 않는 상태를 비교했지만, 여전히 아무런 효과가 없었다.[15] 처음 모차르트 효과를 주장했던 연구자들은 태아일 때 모차르트의 음악을 들은 쥐들이[16] 성체가 되었을 때 길을 더 잘 찾았다고 계속 주장했다.[17] 그 쥐들은 미로를 탐험하며 막다른 골목을 비교적 덜 마주했고, **자궁 속**에서 백색 소음, 또는 글래스의 음악만 들었던 다른 쥐들보다 훨씬 빠르게 길을 찾았다. 애팔래치안주립대학교의 심리학자 케네스 스틸Kenneth Steele(8점)은 그 주장을 신뢰하지 못했다. 그는 수십 년 동안 신중하지만 설득력 있게 모차르트 효과가 틀렸다는 것을 밝히려고 애써왔다.[18] 그와 뜻을 함께한 사람들도 있었다. 2010년에는 학술지《인텔리전스》에 〈모차르트 효과와 쉬모차르트 효과: 메타적 분석Mozart Effect - Shmozart Effect: A Meta-Analysis〉이라는 제목의 논문을 게재했다.[19]

모차르트 효과는 제쳐 두더라도, 우리가 우리의 뇌를 변화시킬 수 있다는 사실은 과학적으로 증명되었다. 1993년 이후의 몇몇 연구는 음악을 들을 때 (그 음악을 즐긴다는 전제하에) 인지능력이 좋아진다는 것을 밝혀냈다. 믿기 어렵겠지만 당신이 1970년 대를 풍미한 싱어송라이터 배리 매닐로Barry Manilow의 음악을 좋아한다면, 그의 〈코파카바나Copacabana〉를 듣는 것으로 뇌를 도울 수 있다. 반면에 어떤 면에서는 스틸이 내게 말한 것과 같을 수 있다. "숲에서 길을 찾으려고 애쓰는 동안 모차르트의 음악을 듣든, 글래스나 힙합 그룹 '인세인 클라운 포시Insane Clown Posse'의 음악을 듣든 길 찾는 능력은 특별히 달라지지 않을 것입니다."

다른 활동도 뇌에 영향을 미친다. 예를 들어 음악가들은 뇌의 두 반구를 연결하는 두꺼운 백질신경관인 뇌량이 더 크다.[20] 여러 개의 물건을 공중에 던졌다가 다시 받아내는 묘기의 달인인 저글러들은 시각정보 및 관련 행동을 처리하는 뇌 영역의 회백질이 더 크다.[21] 2019년의 한 연구에 따르면 언어를 두 가지 이상 사용하게 될 때 실제로 뇌의 구조가 변한다고 한다.[22]

2016년 카네기멜런대학교에서 특별한 실험이 진행되었다. 연구자들은 피험자들이 VR에서 특정 경로를 익히게 했다. 실험이 시작된 지 한 시간도 채 지나지 않아 피험자들의 뇌에서 어떤 변화가 일어났다. 즉 해마와 오른쪽 마루옆속고랑intraparietal sulcus(길 찾기와 관련된 뇌 영역), 뒤관자엽이 연결되기 시작했다. 뒤관자엽은 공간기억과 관련된 곳이다.[23] 연구자들은 실시간으로 뉴런들이 새롭게 연결되고, 그로써 뇌가 개조되고 변화되는 과정을 살펴보았다.

뇌를 변화시키는 다른 방법도 있을 것이다. 2018년의 한 연

구에서 줄무늬다람쥐는 두뇌개발에 필수적인 오메가3 지방산
과 도코사헥사엔산DHA, docosahexaenoic acid, RNA를 구성하는 요소
중 하나인 유리딘5일인산 UMP, uridine-5-monophosphate 등을 투여받았
다.[24] 특정한 시기에 공간인지는 줄무늬다람쥐에게 매우 중요한
능력이 된다. 겨울철에 먹이를 저장하는 다른 종들과 마찬가지
로, 줄무늬다람쥐는 연초에 먹이를 땅속에 숨겨놓고, 그것을 꺼
내 먹으며 추운 겨울을 버틴다. 따라서 먹이가 부족한 시기에 저
장고의 위치를 기억하지 못한다면 굶어 죽을 수밖에 없다. DHA
와 UMP를 투여받은 줄무늬다람쥐들은 6주 만에 복잡한 미로에
서 자신의 저장고를 더 쉽게 찾았고, 결과적으로 더 많은 먹이를
숨겨놓을 수 있었다. 이로써 미로의 슈퍼스타가 되었다. 갑자기
먹이 저장의 모차르트가 된 것이다.

　DHA와 UMP를 투여받은 줄무늬다람쥐의 해마는 몇 주 만에
부쩍 커진다. 즉 뇌 자체가 변화하는 것이다. 다시 말해 몇 년씩
이나 지도를 뚫어져라 쳐다보지 않아도, 런던의 택시 운전기사
처럼 기억력이 뛰어난 뇌를 얻을 수 있다는 뜻이다.

　세상에 공짜는 없다. 이 원칙은 신경가소성에도 적용된다. 런
던 택시 운전기사의 해마는 수많은 정보를 저장할 수 있도록 점
점 더 커지고, 그만큼 뇌의 더 많은 공간을 차지한다. 하지만 그
러한 변화에는 대가가 따른다.

　일단 해마는 뇌의 깊은 곳에 자리 잡은 구조물이기 때문에 무
한히 확장할 수 없다. 한계가 존재한다. 그리하여 해마 뒤쪽(공간

기억 및 길 찾기와 관련된 영역)이 점점 커지는 동안, 해마 앞쪽은 점점 작아진다.[25]

이는 매우 중요하다. 런던의 택시 운전기사들은 랜드마크에 대한 기억력을 측정하는 '런던 랜드마크 인식기억 테스트'에서 매우 높은 점수를 얻는다. 또한 목표지점의 랜드마크와 두 곳의 다른 랜드마크를 보여주고, 후자 중 어떤 랜드마크가 목표지점의 랜드마크와 가까운지 맞추는 '런던 랜드마크 근접성 판단 테스트'에서도 높은 점수를 받는다. 런던의 택시 운전기사들은 답을 찾는 과정에서 인지지도를 활용하는 것이 분명하다. 하지만 복잡한 모양이나 물체를 기억해서 다시 그리게 하면 잘하지 못한다. 또한 일화적 기억을 테스트하는 '연관 언어 짝짓기 테스트'에서도 낮은 점수를 받는다. 그들은 길 찾기의 대가지만, 그 대신 다른 능력을 희생해야 한다. 이 경우에는 연관기억associative memory 능력을 희생하고 있다.

한마디로 뇌는 신경가소성이 뛰어나지만, 무한대로 확장하지는 않는다.

문화가 다르면 길도 다르다

우리가 부모에게 물려받은 것이 공간능력을 전부 설명해주지는 않는다. 뇌를 변화시키려는 개인의 노력(저글링을 배운다든지,

지도를 유심히 살핀다든지, 음악을 듣는다든지)도 마찬가지다. 우리가 속해 있는 문화도 큰 영향을 미친다. 문화가 다르면 길을 찾는 방식도 다르다. 볼리비아의 열대우림에 나를 데려가 길을 찾으라고 한다면, 성공하지 못할 가능성이 크다. 길 찾기의 대가인 내 아내 또한 마찬가지일 것이다. 하지만 치마네족은 길 찾기를 중요하게 여기는 문화 때문에 언제나 대비되어 있다. 뇌는 그물망이고, 문화는 그물망을 통과하는 물이라 할 수 있다.

문화의 가장 강력한 측면 중 하나는 언어다. 한정된 자원을 놓고 호모사피엔스와 네안데르탈인이 경쟁하던 때와 마찬가지다. 특정 문화가 공간을 이해하는 방법은 그것을 설명하기 위해 사용하는 언어에 바탕을 둔다. 우리는 어떤 환경을 이야기할 때, 환경에 포함된 공간과 사물의 위치를 정의하는 한 가지 방법으로 준거틀frames of reference을 사용한다. 우리는 몇 가지 서로 다른 준거틀을 사용할 수 있다. 그리고 그 준거틀에는 몇 가지 중요한 차이점이 있다.

예를 들어 **상대적** 준거틀은 자신의 위치를 기준으로 표현하므로 자기중심적이라는 특징이 있다. 상대적 준거틀을 이용한다면 이렇게 말할 것이다. "제 커피잔은 (제가 보기에) 싱크대 오른쪽에 있어요." 다시 말해 나의 위치에서 바라본 어떤 물체(싱크대)를 기준으로 커피잔의 위치를 표현한다. **내재적** 준거틀을 사용한다면 동일한 상황에서 "제 커피잔은 제 오른쪽에 있어요"라고 말할 것이다. 커피잔의 위치를 설명하기 위해 다른 물체에 의존하지 않는다. 마지막으로 **절대적** 준거틀도 있는데, 동서남북 같은 고정된 방위에 의존한다. 절대적 준거틀은 보통 거대한 환경에서 위치를 표현할 때 사용된다. 나라면 "제 커피잔은 싱크대 남서쪽에 있어요"라고 말하지는 않을 것이다.

물론 문화에 따라 공간을 다르게 생각할 수도 있다. 가령 작은 환경에서도 방위에 의존하는 것이다. 구구이미티르Guugu Yimithirr어를 사용하는 퀸즐랜드Queensland주 북부 출신의 오스트레일리아 원주민에게는 '왼쪽', '오른쪽', '~앞에' 등을 표현하는 단어가 없다. 그래서 그들은 "남쪽 손으로 커피잔을 들고 있군요" 하는 식으로 말한다. 구구이미티르어와 같은 표현방식이 일반적이지는 않지만, 그렇다고 유일하지도 않다. 멕시코 치아파스Chiapas주의 산악지대에 살며 첼탈Tzeltal어를 구사하는 테네자판 마야Tenejapan Maya족은 '오르막uphill', '내리막downhill', '산 너머crosshill' 같은 단어를 사용해 위치를 표현한다. 산이 많은 환경이 언어에 반영된 것이다. 그래서 그들은 "싱크대 왼쪽에 있는 커피잔 좀 건네주세요"라고 하지 않고, "오르막에 있는 커피잔 좀 건네주세요"라고 말한다. 물론 첼탈어 사용자도 구루이미티르어 사용자처럼 공간감각이 뛰어나다. 첼탈어 사용자가 어떤 위치를 간단히 생각할 때조차 거기에는 오르막, 내리막, 산 너머 같은 요소가 포함되어 있다.[26] 즉 모든 것은 공간과 연관된다. 한 연구에 따르면 구구이미티르어 사용자 간의 대화에 사용되는 단어의 약 10퍼센트가 '북쪽', '동쪽', '남쪽', '서쪽' 가운데 하나라고 한다.[27]

새가 북쪽 창을 통해서 들어왔다.

그 아이는 남서쪽 도로에서 자전거를 타다가 넘어졌다.

한발 더 나아가 인간이 공간에 관해 말하는 방식은 뇌가 공간을 이해하고 처리하는 방식도 결정한다. 태어난 순간부터 인간의 뇌는 자신이 속한 문화에 의해 형성된다. "문화가 뇌를 형성할 것이라는 말에 놀랄 사람은 없을 거예요. 어떻게 그러지 않을 수가 있겠어요?" 유타대학교의 인류학자 엘리자베스 캐시던Elizabeth Cashdan(컨디션이 좋은 날은 4점)은 말한다.

캐시던은 치마네족을 비롯해 나미비아Namibia인, 유카텍마야Yucatec Maya족, 북부 탄자니아에서 수렵채집 생활을 이어가고 있는 하즈다Hazda족 등 다양한 집단의 공간인지를 연구해왔다. 그녀는 다양한 환경이 존재하기 때문에 공간을 이해하는 다양한 방식이 필요하고, 이로써 길을 찾는 다양한 유형이 나타난다고 설명한다. 숲길을 따라 이동하는 데 익숙한 치마네족은, 캐시던처럼 네모반듯하게 정리되고, 도시와 숲이 경계를 따라 구분되는 도시인 유타주의 솔트레이크시티에 사는 사람보다 길을 찾는 훨씬 다양한 방법을 알고 있다. 그 결과 캐시던은 자신의 길찾기 능력이 형편없어졌다고 말한다.

문화는 이런 식으로 영향을 미친다. 〈바다영웅의 모험〉을 이용한 스피어스의 연구가 보여주듯, 일부 국가의 남성과 여성은 매우 다른 문화에서 살아간다. 그들의 뇌는 다양한 압력과 경험에 의해 형성되는데, 여성이라는 이유만으로 운전할 수 없고, 자유롭게 이동하지 못하는 문화에서 여성은 믿을 만한 인지지도를 만들 수 없다. 문화에 따라 공간능력이 달라진다는 것은 전혀 놀라운 일이 아니다.

"우리가 길을 찾기 어려운 환경에서 성장했다면 그리고 우리의 언어가 방위를 이용해 위치를 나타냈다면, 길을 더 잘 찾게 되었을지 몰라요"라고 캐시던은 말한다.

변형되는 커넥톰

최신 연구결과에 따르면 아주 작고 사소한 사건이나 경험에 의해서도 뇌는 근본적으로 변화한다. 하버드대학교 의학전문대학원의 연구자들은 환경이 뇌의 기능을 정확히 얼마나 변화시키는지 밝히려고 노력해왔다. 2018년의 연구가 특히 흥미롭다. 연구자들은 쥐들을 태어날 때부터 완전한 어둠 속에서 자라게 했다. 그리고 그중 일부만 아주 잠깐 빛에 노출했다. 그러고는 뇌의 시각피질에 있는 수천 개의 뉴런이 빛에 어떻게 반응하는지를, 여전히 어둠 속에 있는 쥐들의 뉴런과 비교했다.[28]

그 결과는 놀라웠다. 아주 잠깐 빛을 본 것인데도 뉴런들이 변화했다. 그런데 빛은 단지 한 가지 요인에 불과하다. 뇌가 경험하는 사건과 경험의 유형은 무궁무진하다. 그 모든 경우에 따라 유전자는 켜지거나 꺼질 수 있다. 즉 뉴런들과 복잡한 신경망 전체의 활동은 환경적인 요인에 의해 변화한다. 나는 하버드대학교의 연구자 중 한 사람인 아우렐 너지Aurel Nagy에게 이것이 진짜 의미하는 게 무엇인지를 물었다. 예를 들어 빛 외에 어떤 다른 요인을 추가하더라도 뇌가 변화할 수 있을까?

우리가 경험하는 거의 모든 것이 뇌를 변화시킬 수 있다고 너지는 설명한다. **모든 것**이 뇌를 변화시킬 수 있다! 그는 우리 모두 기본적인 연결 패턴(커넥톰)을 가진 채 시작한다고 추측한다. 백지상태를 생각하면 된다. 이러한 패턴은 개인마다 모두 다른데, 경험이 쌓일수록 변화한다. 이러한 변화는 더욱 장기적인 변화의 분자적 토대를 마련한다. 어릴수록 환경에 의해 더욱 쉽게 성형mold되는 이유다.

너지의 연구가 의미하는 바를 생각해보자. 아내와 나는 모두 백지상태, 즉 기본적인 커넥톰에서 시작했다. 그때부터 모든 경험과 사건이 백지상태를 미세하게 바꾸고, 구축하고, 형성하고, 개조한다. 유전자는 때에 따라 켜지거나 꺼진다. 뉴런은 수백만 번 연결되고, 충동은 발산되며, 피질은 특정 방식으로 펼쳐진다. 그리고 이것은 숲속에서 길을 잃은 엘러, 런던의 택시 운전기사들, 치마네족의 아이들, 산악지대의 소박한 집에서 태어난 쳌탈어 사용자들, 파키스탄과 인도, 사우디아라비아에 사는 해방되지 않은 여성들 등 모든 인간에게 해당하는 이야기다.

치마네족은 우수한 길 찾기 능력을 타고나지 않는다. 그들은 우수한 길 찾기 능력을 획득한다. 치마네족이 유전적 우위를 가지고 태어나는지는 분명하지 않다. 치마네족의 커넥톰이 남들과 다른지도 분명하지 않다. 누가 볼리비아의 저지대까지 fMRI 스캐너를 가지고 가겠는가. 다만 치마네족은 자신들의 능력을 꾸준히 개발했다. 그것도 매우 가혹하게, 숲에서 길을 잃으면서 말이다. 사실 숲에서 길을 잃는 것은 치마네족이 살아가면서 반드시 겪는, 피할 수 없는 경험이다. 치마네족이 사냥에 나서면 15킬로미터 정도를 아홉 시간에 걸쳐 걸어 다닌다고 인류학자 트럼블은 설명한다. 그가 만나서 대화를 나누었던 치마네족은 모두 집과 멀리 떨어진 열대우림에서 날이 어두워지기 시작하던 때에 관한 이야기를 들려줬다. 하늘을 뒤덮은 나무 아래 서서 그들은 방향을 잃어버린다. 날은 어둡다. 재규어와 카이만 등 포식자가 숨어 있는 엉뚱한 곳으로 향한다. 때로는 며칠씩 길을 잃기도 한다. 일반적으로 어느 정도 지나면 익숙한 길을 발견한다. 그들은 지친 몸을 이끌고 집에 도착한다.

"그중 일부는 무려 5일 동안 길을 잃었던 무시무시한 이야기를 들려줬습니다. 치마네족이 사는 영토의 정반대 쪽까지 갔다는 이야기였어요. 최근에 길을 잃었던 어린 소년은 아마 3일 만에 발견되었던 것으로 알고 있습니다." 트럼블의 설명이다.

때로는 우수한 길 찾기 능력을 지닌 치마네족도 객사한다. 열대우림이 그들을 통째로 집어삼키기 때문이다. 나무들 사이로 멀리서 들려오는 고향의 소리가 희미해지다가 더는 들리지 않

게 된다. 치마네족에게 길을 잃고 정글의 낯선 곳에서 맞는 죽음
은 실제로 일어날 가능성이 있는 일이다. 일부 원주민 집단에서
특정 연령대의 남성 사망률을 살펴보면 야생동물에게 잡아먹히
는 것이 10퍼센트 정도를 차지한다. 바꿔 말해 엘러처럼 평범한
사람도 숲속에서 길을 잃고 고통당할 수 있지만, 평생을 정글에
서 사는 사람도 마찬가지다. 중요한 점은 언제나 이상치가 있다
는 것이다. 치마네족 일부는 멀리 떨어진 어떤 곳을 가리켜달라
는 트럼블의 요청을 제대로 수행하지 못했다. 그들은 길 찾기에
몹시 서툴렀다. 종 모양의 곡선(정규분포―옮긴이)은 열대우림에
도 존재한다. 그리고 정규분포의 양 끝 쪽에 해당하는, 필연적으
로 길 찾기를 아주 잘하는 사람이 있는 반면, 심하게 못하는 사람
도 있다.

"여행을 많이 하지 않아서인지 길 찾기 능력이 형편없던 젊은
이들 외에도 그런 경향을 보이는 집단이 있는지 확인하려 했습
니다." 트럼블의 설명이다. "인지능력이 떨어지기 시작한 노인들
이 비슷하긴 했어요. 하지만 어떤 유형의 편향이 있다는 증거는
찾지 못했습니다."

실패에는 패턴이 없었다. 트럼블에 따르면 "우연히 잘하지 못
하는 사람들이 있었던 것"이다. 선조에게 물려받은 재능과 문화
를 통해 얻은 혜택, 열대우림에서 살면서 배운(그리고 때로는 배우
지 못한) 교훈에도 불구하고, 치마네족은 길을 잃는다.

길 찾기의 사회적·역사적 차원

치마네족만이 그런 것은 아니다. 캐나다 북부의 이누이트족은 수천 년 동안 훨씬 까다로운 환경에서 길을 찾아왔다. 캐나다 북부의 이글루릭Igloolik섬에 있는 작은 마을인 이글루릭타운은 세상의 최북단이다. 이 지역은 유빙流氷으로 둘러싸여 있어, 안개에 발이 묶이는 일이 빈번하고, 화이트아웃whiteout(눈이나 모래 등으로 시야가 심하게 제한되는 자연현상—옮긴이)이 며칠씩 계속된다. 이곳은 폰브랑겔이 200년 전에 탐험했던 곳이었고, 다윈이 1873년에 경로통합에 관한 아이디어를 공식화한 곳이었다. 그들이 머물렀을 때 이글루릭섬은 아무것도 그려져 있지 않은 백지 같았다. 그런데도 이누이트족은 그곳을 자유자재로 가로질렀다. 여기에는 목적과 의도가 있었다.

2005년 인류학자 클라우디오 아포르타Claudio Aporta(6점)는 이누이트족의 길 찾기 능력을 이렇게 설명했다. "어떤 수단을 쓰더라도 어려운 일이긴 하지만, 이누이트족이 수천 년 동안 그래왔던 것처럼, 이곳의 땅과 바다를 여행하기 위해서는 해안선의 형태, 돌탑, 눈 더미, 풍향, 조류, 동물의 이동, 꿈, 기타 다른 단서 등 미묘한 특질들에 대한 정교한 지식이 필요하다."[29] 이러한 주장에는 꿈이나 그 밖의 여러 단서처럼 마법의 세계에 속한, 수용할 수 없는 무언가가 있다. 이누이트족이 그들의 얼음 세계를 탐색하는 데 꿈과 그 밖의 단서에 의존한다면, 내게는 어떤 기회가 생길까? 나는 내가 사는 동네에서조차 길을 잃을 것이다. 내가 어떻게 돌탑이나 눈 더미를 이용해 이글루릭섬을 탐험할 수 있겠는가? 이것도 문화의 힘이다. 아포르타는 바다코끼리를 사냥하러 나선 이누이트족을 따라 한 치 앞을 볼 수 없는 안개 속으로 발걸음을 내디뎠다. 마치 환영처럼 배는 끝없이 펼쳐진 안개를 뚫고 떠다니며 아무런 소리도 들리지 않는 곳에서 시소처럼 위아래로 천천히 흔들렸다. 그들 아래 깊은 바다속 어딘가에서 바다코끼리들은 나선형으로 회전하며 천천히 헤엄치고 있었다.

"아무것도 보이지 않는 때가 있었습니다. 그냥 안개 때문이었는데 말이죠." 아포르타가 회고한다. 그런데도 이누이트족은 언제나 자신들이 있는 곳을 알았다. 특히 유능한 사냥꾼은 절대로 길을 잃지 않았다. 그들은 때때로, 아포르타의 표현에 따르자면, 일시적으로 엉뚱한 곳에 있게 된다. 그들은 조수의 운동과 물의 리듬, 해류의 미묘한 변화 등을 이용해 길을 찾는다. 그 외에는 눈 더미의 형태, 산등성이나 바위의 패턴을 관찰하기도 한다. 이누이트족과 함께 사냥하고, 또 함께 살면서 아포르타는 길 찾기의 문화적인 측면을 더 잘 이해하게 되었다.

"내가 전혀 인식하지 못하는 풍경에 사회적이고 역사적인 차원이 존재했습니다. 저는 무인지대를 여행하고 있었던 게 아니라, 사람들이 모여 사는 풍경을 여행하고 있었던 것이죠. 가장 놀라웠던 것은 상당히 넓은 지역에서 너무나도 많은 특징을 기억하는 이누이트족의 능력이었습니다. 실제로 그들은 바위 하나만

봐도, 그 색과 보는 위치에 따라 달라지는 모양 등을 막힘없이 설명했어요. 정말 흥미로웠습니다."

아무런 특징이 없어 보이는 곳에서도 이누이트족은 바위, 굽어진 나무, 떠다니는 해빙 조각의 형태와 움직임 등 각종 정보를 찾아냈다.

"북극에서 길을 잃고 절망에 빠지는 일은 경험이 많은 이누이트족과 무관합니다. 자신의 위치를 파악하고 풍경과 지형의 특징, 해빙 등을 해석하는 방법이 너무나도 많아서, 숙련된 이누이트족에게 그런 일은 일어날 수 없어요."

하지만 상황이 바뀌고 있다고 아포르타는 말한다. 그것도 아주 빠르게 말이다.

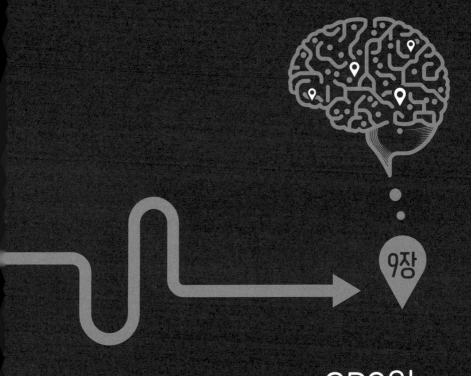

GPS와
내비게이션, 그리고
쪼그라드는 뇌

9장

DARK AND MAGICAL PLACES
The Neuroscience of Navigation

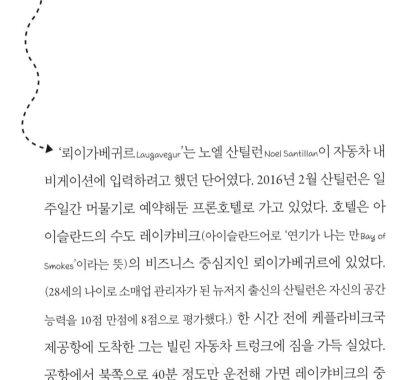

'뢰이가베귀르Laugavegur'는 노엘 산틸런Noel Santillan이 자동차 내비게이션에 입력하려고 했던 단어였다. 2016년 2월 산틸런은 일주일간 머물기로 예약해둔 프론호텔로 가고 있었다. 호텔은 아이슬란드의 수도 레이캬비크(아이슬란드어로 '연기가 나는 만Bay of Smokes'이라는 뜻)의 비즈니스 중심지인 뢰이가베귀르에 있었다. (28세의 나이로 소매업 관리자가 된 뉴저지 출신의 산틸런은 자신의 공간 능력을 10점 만점에 8점으로 평가했다.) 한 시간 전에 케플라비크국제공항에 도착한 그는 빌린 자동차 트렁크에 짐을 가득 실었다. 공항에서 북쪽으로 40분 정도만 운전해 가면 레이캬비크의 중심지에 도착할 터였다.

그런데 산틸런이 입력한 것은 '뢰이가르베귀르Laugarvegur'였다. 주의 깊게 들여다보면 가운데에 'r'이 쓸데없이 하나 더 들어가 있는 것을 알 수 있다. 저 'r'은 문제가 될 수 있다. 아이슬란드 어로 뢰이가베귀르는 '세탁 도로wash road'라는 뜻의 고어다. 하지 만 여기에 'r'이 하나 더 추가된 뢰이가르베귀르는 아무런 의미가 없다. 그것을 구글 지도에서 검색해보면 산틸런이 무슨 일을 겪 었는지 알 수 있게 될 것이다.

어떤 이유에서인지 자동차의 내비게이션에 뢰이가르베귀르를 입력했더니 이상하게 반응했다. 내비게이션은 경로를 조정 해 시글뤼피외르뒤르Siglufjörður라는 도시로 가는 길을 안내했다. 2017년 《아이슬란드 매거진》에 실린 산틸런에 관한 기사를 읽어 보면, 내 예상과 달리 예기치 못할 사건은 아니라는 투였다.[1] 아 마도 아이슬란드인만이 이해할 수 있는 고유한 무언가가 있는 것 같았다.

Laugavegur

Laugarvegur

Siglufjörður

산틸런은 눈치채지 못했다. 아이슬란드는 별천지였다. 시차 와 장시간 비행으로 쌓인 피로 탓에 오류를 알아채지 못한 그의 잘못을 모두 상쇄하고도 남을 만큼 아름다운 풍경이었다. 자동 차는 얼음 행성을 가로지르며 북동쪽으로 나아갔다. 도로 양쪽 으로 검은 바위들이 보였다. 나라 전체가 용광로 위에 있기라도

한 것처럼 곳곳의 작은 분출구들은 증기 기둥을 뿜어내고 있었다. 왼편으로 보이는 회색빛 바다는 시멘트처럼 단단해 보였다.

나는 케플라비크국제공항에서 프론호텔까지 가는 길을 구글 지도에서 검색해보았다. 고속도로를 달리는 짧은 코스에는 바위가 많고 바람이 심하게 부는 해안과 '바이킹 세상'이라는 이름의 박물관, 지열해변, 교외 지역이 포함되어 있었다. (프론호텔은 아이슬란드남근박물관에서 네 블록 정도 떨어져 있는데, 이 박물관은 아이슬란드의 대표적인 바다 및 육지 포유류의 성기 200개를 모아놓은 곳이다. 홈페이지의 설명에 따르면 '온 가족이 감상할 수 있다'.) 나는 프론호텔의 객실 사진도 보았다. 깨끗하고 실용적이었지만, 산틸런과는 더는 아무런 관계가 없는 곳이었다. 산틸런이 가고 있는 곳은 프론호텔도 아니었고, 아이슬란드남근박물관도 아니었다. 그가 향하는 곳은 시글뤼피외르뒤르였다.

시글뤼피외르뒤르는 프론호텔 근처가 아닌 아이슬란드 북부의 험준한 산들로 둘러싸인 외딴 어촌 마을이었다. 약 1200명의 주민이 사는 시글뤼피외르뒤르는 깔끔한 방이 있는 프론호텔과는 완전히 다른 세상이었다. 시글뤼피외르뒤르에도 작은 지역 박물관이 있었지만, 그게 전부였다. 산틸런이 자동차를 운전해 빙판길을 따라 그곳까지 가는 데는 다섯 시간이 넘게 걸렸다. 그는 운전대를 잡은 채 왜 아직도 프론호텔이 나타나지 않는지 끊임없이 자문했다.

GPS가 일으키는 사고

산틸런과 비슷한 일을 겪은 사람은 많다. 일주일 정도 지나자, 그는 아이슬란드의 유명인사가 되었다. 특히 그가 살아 있다는 점이 사람들의 흥미를 끌었다. 다른 사람들은 운이 없었다. 그들이 겪어야 했던 운명에는 이름이 붙었다. **GPS로 인한 사망** death by GPS. GPS로 인한 사망은 위키피디아에서 한 항목을 차지하고 있을 정도로 흔하게 발생하고 있다.

한 예로 2015년 3월 아프티카르 후세인 Iftikhar Hussain이 모는 자동차의 내비게이션은 인디애나주에 있는, 더는 존재하지 않는 어느 다리로 길을 안내했다. 그 다리는 2009년에 무너졌는데, 마치 만화에나 나올 법한 모습으로 중간이 뚝 끊겨 있었다. 후세인이 모는 자동차는 속절없이 지상 10미터 높이에서 추락했고, 화염에 휩싸였다. 그는 크게 다쳤고, 조수석에 타고 있던 아내는 끝내 사망했다.[2]

또 다른 불행한 사례가 있다. 2011년 초 앨버트 크레티엔 Albert Chretien과 리타 크레티엔 Rita Chretien 부부는 자동차를 몰고 브리티시컬럼비아주에서 남쪽의 라스베이거스를 향해 가고 있었다. 내비게이션은 그들을 인적이 드문 네바다주의 외진 지역으로 안내했다.[3] 내비게이션상에서 그들이 가야 할 길은 굵은 선으로 표시되어 있었지만, 산을 통과하는 그 길은 이상할 정도로 관리되지 않은 상태였다. 결국 그들은 오가지 못하는 신세가 되었다. 앨버트는 도움을 청하러 자동차를 떠나 걷기 시작했고, 깊이 쌓인 눈을 헤치며 나아가다가 사망했다. 리타는 48일을 눈과 견과류 간식으로 버티다가, 사망 직전의 상태로 자동차와 함께 발견되었다. 그들은 내비게이션의 지시사항을 따랐을 뿐이다.

사람이 죽지는 않았지만, 작은 결함이 대혼란을 일으킨 적도 있었다. 2019년 6월 구글 지도는 덴버국제공항 부근의 통행이 차단된 도로로 운전자들을 안내했다. 이 때문에 100명에 달하는 운전자가 한곳에 몰리면서 크고 작은 교통사고가 발생해 옴짝달싹 못 하는 상태가 되었다.[4]

2009년 휴가를 즐기던 스웨덴 커플도 오탈자 때문에 어려움을 겪었다. 내비게이션에 '카프리 Capri'를 입력하려다가 '카르피 Carpi'로, 즉 'r'과 'p'를 바꿔 입력했던 것이다.[5]

Capri

Carpi

카프리는 이탈리아 서쪽 나폴리만의 청록색 바다에서 빛나는 섬으로, 고급 휴양지가 있어 많은 사람이 즐겨 찾는다. 우주선처럼 매끄러운 모양새의 호화로운 요트들이 항구에 정박해 있고, 유명인사들이 자갈이 깔린 아름다운 거리를 돌아다니는 모습은 기념사진을 남기기에 가장 좋은 곳이라는 인상을 준다. 하지만 이탈리아 북부 산악지대에 있는 카르피에서는 그런 모습을 찾아

볼 수 없다. 물론 구글에서 카르피를 검색해도 매력적인 사진들을 볼 수 있다. 하지만 이는 카르피가 카프리의 오타임을 감지한 구글이, 카프리의 사진들을 대신 보여준 것일 뿐이다. 이로써 해당 오타가 얼마나 만연한지 알 수 있다(예를 들어 육지로 둘러싸인 카르피에는 보트를 정박할 곳이 없다. 하지만 구글에 카르피를 검색하면, 사용자가 원래 의도했을 카프리로 인식하고는 보트를 정박할 수 있다고 안내한다).

엉망이 된 알고리즘과 혼란한 상호작용

컴퓨터과학자 앨런 린Allen Lin(9점)은 노스웨스턴대학교에 있는 동안 GPS로 인한 사망의 패턴을 연구했다. 린은 현재 구글에서 근무하고 있다. 그는 관련 사고들을 상세하게 설명하는 150개 이상의 뉴스 기사를 모아 데이터베이스를 구축했다.[6] 그는 죽음과 추락과 재앙을 수집한다.

린의 데이터베이스는 온갖 이야기로 가득하다. 어느 일본인 관광객은 내비게이션이 인도하는 길을 따라 운전하다가, 자기도 모르게 바다로 돌진했다. 어느 벨기에 여성은 브뤼셀 인근에 있는 집에서 나와 60킬로미터 정도 떨어진 기차역을 향해 운전하다가, 유럽을 가로질러 크로아티아의 수도인 자그레브Zagreb까지 1400킬로미터를 이동했다. 망가진 내비게이션에 홀린 셈이었다.[7] 몇몇 스키어는 자동차를 몰고 프랑스 쪽의 알프스산맥에 있는 리조트 '라 플라뉴La Plagne'에 가려다가, 거의 800킬로미터나 떨어진 프랑스 남부의 '플라뉴Plagne'에 도착하고 말았다.[8]

La Plagne

Plagne

"GPS로 인한 사망의 근본적인 원인에는 두 가지 주요한 유형이 있습니다. 그중 하나가 바로 알고리즘과 관련됩니다." 린의 설명이다.

수집한 사건의 절반 이상이 내비게이션에 입력되었어야 할 도로의 이런저런 데이터가 누락되거나 부정확해서 일어난 것이라고 린은 말한다. 예를 들어 도로망은 기하학적으로 완벽하게 표현했으면서도, 물리적인 특징에 관한 중요한 데이터가 빠져 있는 것이다. 교각의 제한 높이가 잘못 설정되었거나, 항로가 도로로 잘못 표기되었거나, 도로가 국경을 지나는지 여부가 잘못 표시되었다. 온타리오주의 한 여성은 내비게이션을 따라 운전하다가 늪으로 돌진했다. 그녀는 재빨리 자동차 위로 기어올라가 도움의 손길을 기다린 덕분에 목숨을 건질 수 있었다.[9] 내비게이션이 고속도로 출구와 입구를 잘못 알려줘 운전자가 약 40킬로미터나 역주행한 일도 있었다.

때때로 운전자들은 비포장도로나 더는 관리되지 않고 방치된 도로, 지도에 입력은 되어 있으나 아직 완공되지 않은 도로를 이용하라고 안내받는다. 린에 따르면 "내비게이션은 종종 이륜차 운전자들에게 지름길이라며 비포장도로를 안내"한다. "날씨가 나빠진다면, 짧게는 몇 시간, 길게는 며칠 동안 길을 벗어나지 못하게 될 수 있죠." 실제로 캐나다 뉴브런즈윅 New Brunswick주에서 한 의대생이 내비게이션의 안내대로 대충 나무들을 벌채해 낸 길을 따라 달리다가 폭설을 만나 3일 동안이나 노숙하게 된 일이 있었다.[10]

"GPS로 인한 사망의 또 다른 원인은 인간과 컴퓨터의 상호작용에 관한 것입니다"라고 린은 설명한다. 예를 들어 내비게이션에 쓰일 지도를 만들 때는 대개 도로 근처에 있지 않은 사물은 중요하게 다루지 않는다. 길을 찾는 데 소음이 될 수 있기 때문이다. 즉 운전자의 정보 부하를 줄이려는 시도다. 하지만 그러한 배려가 충분치 못할 경우, 오히려 뜻밖의 혼란을 줄 수 있다고 린은 지적한다. 가령 실제로 가까이 붙어 있는 '철도 railway'와 '도로 roadway'가 지도상에도 비슷한 위치에 표시되어 있다면, 운전자는 둘을 헷갈릴 수 있다.

railway

roadway

린이 수집한 사건 가운데 절반 이상이 교통사고와 관련된다.

그중 대부분은 자동차가 어딘가에 충돌한 것이다. 전체 사건의 5분의 1은 운전자가 외딴곳에 발이 묶인 채 어둠 속에서 스마트폰으로 구글에 접속해 '늑대'를 검색하는 정도였다. 전체 사건의 4분의 1은 한 명 이상이 사망한 사건이었다. 최근 생산되는 자동차들에는 표준사양으로 내비게이션이 장착되어 있다. 우리가 내비게이션에 전적으로 의존한다면, 즉 우리의 공간능력을 어둠 속에 버려두고 근처 기차역이 아닌 유럽을 가로질러 자그레브까지 간다면 곤경에 처할 것이다.

편리함의 대가

편리함에는 대가가 따른다. 런던 택시 운전기사의 뇌를 떠올려보라. 해마(특히 뒷쪽)가 커지며 엄청난 길 찾기 능력을 얻었지만, 그만큼 다른 뇌 영역이 줄어들며 연관기억 능력을 희생해야 했다. 우리가 내비게이션에 너무 의존한다면, 더는 우리 몸 안의 강력한 길 찾기 시스템은 사용하지 못하게 될 것이다. 방치하고 사용하지 않은 해마는 결국 반응하지 않게 된다.

캐나다 북부의 이누이트족를 연구하며 함께 생활한 인류학자 아포르타는 2005년 펴낸 《현대 인류학Current Anthropology》에서 흥미로운 이야기를 들려준다. 한번은 이글루릭섬의 한 식료품점 앞에서 17세의 이누이트족 청소년을 만났는데, 어쩔 줄 몰라 하고 있었다.[11] 그의 아버지가 며칠 전 마을에서 수 킬로미터나 떨어진 곳에 두고 온, 완전히 망가진 스노모빌을 가져오라고 했다는 것이다. 시간이 흐른 만큼 스노모빌은 이글루릭섬의 모든 것이 그러하듯 눈으로 뒤덮여 있을 것이 뻔했다.

그 이누이트족 청소년은 결국 스노모빌을 찾을 수 없었다. 하지만 30년 전에는 그리 어려운 일이 아니었다. 아버지가 위치를 알려주면, 아들은 아무리 눈에 파묻혀 있더라도 스노모빌을 찾아냈다. 어찌 보면 이누이트족이 눈에 뒤덮여 있다는 이유로 무언가를 찾지 못한다는 게 이상한 일이다. 이누이트족의 길 찾기 능력이 점진적으로 쇠퇴한 데는 내비게이션 등의 GPS 기기가 널리 쓰이게 된 것이 큰 영향을 미쳤다. 그리고 그것은 스노모빌의 등장과 함께 시작되었다.

오래전에(아주 오래전은 아니다) 이누이트족은 개썰매를 타고 이동했다. 이누이트족에게 개썰매는 필수품이었다. 물론 개썰매는 느렸다. 아니, 스노모빌에 비해 상대적으로 느렸다. 이누이트족은 개썰매를 타고 지나가면서 보이는 풍경의 특징, 즉 각 풍경의 미묘한 차이를 느낄 수 있었다.

아포르타에 따르면 "스노모빌을 타고 이동하게 되면서 그러한 능력이 줄어들었"다. "개썰매를 타면 속도가 느리니, 주변을 오랫동안 둘러볼 **수 있는** 여유가 생기게 됩니다."

노인이 된 이누이트족은 젊은 시절에 잘 알려진 경로를 따라 눈과 얼음을 헤치며 개썰매를 몰았다. 개들의 숨결이 수증기가 되어 길게 피어오르는 동안, 그들은 특정한 바위나 평퍼짐한 모양의 작은 언덕이나 바람이 조각한 눈 더미의 형태와 각도를 식별했다. 스노모빌을 타고 눈을 헤치며 텅 빈 백지를 누벼보라. 그것은 불가능하다.

이누이트족 노인들은 젊은이들에게 가고 있는 방향만 보지 말고 주기적으로 뒤를 돌아보며 자신이 어디에서 왔는지, 또 다른 쪽에는 어떤 풍경이 펼쳐지고 있는지 세세히 살펴보라고 조언한다. 이는 인지지도가 만들어지는 방식과 상통한다. 한 번에 하나씩, 서서히 경계를 확장해, 점차 정보를 채우는 것이다. 스노모빌 위에 구부리고 앉아 시속 80킬로미터의 속도로 눈을 헤치며 지평선만 바라보는 방식과는 거리가 멀다.

모든 일이 스노모빌에서 시작되었다. 스노모빌은 기술의 비약적인 도약을 알리는 신호탄이었다. "GPS 기기는 스노모빌을 통해 사람들의 생활에 스며들었습니다. 스노모빌을 타면 주위를 둘러볼 시간이 없기 때문에, 결국 GPS 기기에 의존할 수밖에 없어요. 그렇게 GPS 기기는 생활의 일부가 되었습니다." 아포르타의 설명이다.

비슷한 시기에 이누이트족은 얼음과 작별했다. 현대적인 정착지로 이주하기 시작했고, 배터리와 컴퓨터를 비롯한 수많은 유형의 기술을 접하게 되었다. 아포르타는 상황을 한마디로 정리한다. "그러한 기술을 일단 접하면 일상생활에서 떼려야 뗄 수 없게 되지요."

추락이 시작되었다.

눈에 파묻힌 스노모빌을 어떻게 찾아야 할지 고민하던 이누이트족 청소년은 아버지에게 이제는 거의 사용되지 않는 지명(이누이트족 사이에서 전해 내려오기는 하지만 지도에서는 볼 수 없다)만을 들었을 뿐이다. 그 아버지는 구두로 가는 길을 알려주었는데, 바람의 방향에 대해서도 알려주었다고 한다. 그는 아들이 반쯤은 꿈 같은 직관의 공간, 이상하고도 특별해서 기억에 남을 만한 모양의 눈 더미와 바위의 공간을 누비길 기대했다. 하지만 현대적인 정착지에서 태어난 새로운 세대인 아들에게 그러한 지명과 바람의 방향은 아무런 의미가 없었다.

결국 스노모빌은 어떻게 되었을까? 스노모빌이 고장 나기 며칠 전부터 그 부자와 함께 생활했던 아포르타는 내비게이션에 스노모빌의 위치를 기록해두었다. 아들의 하소연을 들은 아포르타는 다음 날 깔끔하게 인쇄된 지도를 건네주었고, 결국 아들은 스노모빌을 찾을 수 있었다.

해마가 침묵하다

하버드대학교 의학전문대학원의 연구자인 루이자 다마니Louisa Dahmani는 2020년에 진행한 연구에서 GPS 기기가 공간기억에 미치는 영향을 살펴보았다.[12] 캐나다에서 케임브리지(여기

서는 하버드대학교가 있는 매사추세츠주의 도시를 가리킨다—옮긴이)
로 이사한 다마니는 난생처음 예측 불가능할 정도로 구불구불
한 도로들을 마주했다. 그녀는 캐나다에서 언제나 자신감 넘치
는 길잡이였다. 하지만 이토록 낯선 환경에서는 길을 찾아본 적
이 없다는 사실을 깨닫고는 자신의 공간능력 점수를 10점 만점
에 6점으로 낮추었다.

　다마니는 50명의 운전기사에게 VR로 구현된 공간에서 길을
찾아보라고 요청했다. 운전기사들은 방사형 미로를 탐색했다.
멀리 보이는 산봉우리와 작고 뾰족한 언덕들이 랜드마크 역할을
했다. "또한 그들이 평생 GPS 기기를 얼마나 사용했는지, 그 전
체 시간을 대략 계산했습니다." 다마니의 설명이다. 그녀는 GPS
기기를 신뢰하는 사람과 그렇지 않은 사람이 과연 다른 방식으
로 길을 찾는지 알고 싶었다.

　다마니에 따르면 "GPS 기기를 많이 사용할수록 그것의 방식
대로 길을 찾는"다. "GPS 기기를 애용해온 피험자들은 다양한
랜드마크와 그 주변의 지형지물을 무시한 채, 목적지까지 계속
해서 제공되는 방향에 관한 지시사항만을 학습합니다."

　VR에서 길을 찾을 때, 지평선의 이쪽과 저쪽에 피라미드처럼
우뚝 솟아 있는 비범한 두 개의 산봉우리는 충분히 도움이 될 만
하다. 하지만 GPS 기기의 지시사항만을 따르는 피험자들에게
그것은 중요하지 않다. 그들은 자기 내부의 중요한 기능(길 찾기
능력)을 꺼버린다. 조리법에 지나치게 충실한 나머지 냄비에서

어떤 재난이 발생하든 알아차리지 못하는 상황과 마찬가지다.

이는 중요한 점을 시사한다. 길 찾기는 유보적이다. 현재 위치를 꾸준하게 모니터링하고, 공간정보를 업데이트하고, 수정하고, 필요하면 되돌아가고, 수많은 선택지를 끊임없이 평가하고, 보류된 판단을 재개하는 것이다. 외줄타기 같은 과정이다. 반면에 GPS 기기의 지시사항을 따르는 일은 길 찾기와 다르다. 만약 '다음에서 좌회전하시오', '0.5킬로미터 직진하시오', '우회전한 다음에 바로 좌회전하시오' 같은 일련의 지시사항에만 의존한다면, 더는 인지지도를 만들지 않게 될 것이다.

"이러한 유형의 전략은 유연성이 없습니다"라고 다마니는 지적한다. "그러한 전략들은 주변환경이 어떤 식으로 배치되어 있는지 알 수 없게 합니다. 지름길로 가고 싶어도 갈 수가 없죠. 그 전에 한 번도 지름길로 가본 적이 없기 때문입니다. 또한 랜드마크를 '마음의 눈mind's eye'으로 보지 못하기 때문이고요."

다마니는 **마음의 눈**을 강조한다. GPS 기기를 사용하게 되면서 마음의 눈이 멀게 되었다. 마치 자동조종장치가 운전하는 것처럼, 밤의 암흑 속에서 평화롭게 빛나고 있는 내비게이션 화면 속의 파란 점에 빙의해 운전해보지 않은 사람이 얼마나 될까?

다음 순서로 다마니는 피험자들에게 VR로 경험한 미로의 지도를 그려달라고 요청했다. "GPS 기기에 의존하는 피험자들이 그린 지도에는 그렇지 않은 피험자들의 지도보다 랜드마크가 적었습니다"라고 다마니는 설명한다. 내비게이션 같은 GPS 기기는 정보를 좀 더 명확히 전달하기 위해 랜드마크를 적게 표시한다. 이에 익숙해진 피험자들은 현실에서도 랜드마크를 더 적게 알아차리게 된 것이다. 즉 GPS 기기를 더 많이 사용할수록 인지 지도의 정보력은 감소한다. 다마니에 따르면 "GPS 기기를 사용하지 않고 혼자 길을 찾아야 하는 상황일 때도 주위를 둘러보며 반응하는 속도가 줄어들었"다.

GPS 기기의 핵심은 편재성遍在性, ubiquitous이다. 이글루릭섬부터 런던까지 어디에나 있고, 누구나 사용한다. 우리 스스로 그러한 기술을 자유롭게 풀어주었다. 하지만 오늘날 다마니 같은 과학자들은 GPS 기기가 어떻게 우리 뇌의 작동방식을 변화시키는지, 또 어떻게 우리의 길 찾기 능력을 약화시키고 부패시키는지 묻고 있다. 이전에는 고려하지 않았던 문제다. 왜 그랬을까? 어째서 그것이 악성종양 같은 녀석일지 모른다고 생각해보지 않았을까? 뇌의 공간능력이 너무나 미스터리했기 때문일까? 이유가 무엇이든 혁명(어쩌면 퇴보)이 눈앞에서 일어났는데, 우리는 알아차리지 못했다. 다마니의 연구는 몇 안 되는 연구 중 하나일 뿐이다. GPS 기기의 영향력은 아직 충분히 연구되지 않았다. 하지만 GPS 기기는 이미 어디에나 있다.

"처음에는 GPS 기기를 많이 사용해본 사람과 GPS 기기를 전혀, 또는 거의 사용해보지 않은 사람을 모집할 계획이었습니다." 다마니는 몇 년간 진행된 연구를 회고하며, 그 짧은 기간에도 눈에 띄는 변화가 일어났음을 지적한다. "시간이 흐를수록 GPS 기기를 사용해보지 않은 사람을 찾기가 점점 어려워졌습니다."

유니버시티칼리지런던의 스피어스도 GPS 기기가 어떤 영향을 미치는지 연구했다. 2017년의 연구에서 스피어스는 fMRI 스캐너를 이용해 피험자들의 뇌 활동을 모니터링했다. 피험자 가운데 절반은 VR로 구현된 런던을 자유롭게 탐험했다. 나머지 절반은 주어진 지시사항을 따랐다. 스피어스는 계획 및 의사결정과 관련된 영역인 전전두엽피질과 해마에 집중했다. 이 영역들은 길을 찾을 때 선택지가 많을수록 특히 능동적으로 반응한다. 예를 들어 런던의 유명한 교차로인 세븐 다이얼스 Seven Dials를 떠올려보라(거대한 바퀴처럼 일곱 개의 도로가 한 지점에서 만난다). 스피어스의 피험자들이 경험한 세븐 다이얼스는 비록 VR이었지만, 현기증이 날 정도로 복잡하다는 점에서 실제와 크게 다르지 않았다.

"세븐 다이얼스 같은 교차로에 진입하면 해마의 활동은 증가한다. 반면에 막다른 골목은 해마의 활동을 감소시킨다." 자신의 연구를 소개하는 보도자료에서 스피어스는 이렇게 설명했다.

앞서 SWR파에 관한 연구들을 소개하며 설명했듯이, 해마의 뉴런들은 꾸준히 대안적인 미래를 상상하고, 우리를 그 가능성에 투영한다. 이 일들은 부지불식간에 벌어진다. 장소세포는 다양한 잠재적 경로를 평가하고, 선택한 경로가 실패할 경우를 대비해 비상계획을 짠다(플랜B와 플랜C).

하지만 GPS 기기는 그렇지 않다.

피험자들이 아무런 의심 없이 GPS 기기의 지시사항을 따라 세븐 다이얼스를 통과활 때, 스피어스는 해마가 '머리 굴리기mental gymnastics'를 하지 않는다는 사실을 확인했다. 해마는 기능하지 않은 채 침묵했다.

우거진 도시의 증가하는 엔트로피

도시는 길 찾기에 좋지 않다는 게 일반적인 생각이다. 도시는 우리의 공간능력을 날카롭게 하는 것이 아니라 무뎌지게 한다. 어마어마한 양의 〈바다영웅의 모험〉 데이터를 분석한 신경과학자들은 이 사실을 잘 알고 있다. 쿠트로는 38개국에 걸쳐 있는 50여만 명의 사용자 점수를 면밀히 분석해 도시 거주자와 시골 거주자 사이의 차이를 살펴보았다.[13] 결과는 명확했다. 평균적으로 도시 거주자의 점수가 시골 거주자의 점수보다 훨씬 낮았다.

다만 모든 도시가 길 찾기에 똑같은 정도로 영향을 미치는 것은 아니다. 쿠트로는 각 도시에 대해 격자성griddiness의 척도라 할 수 있는 '거리 네트워크 엔트로피street network entropy'를 계산했다. 격자는 질서정연하다. 도시의 구조가 격자와 비슷할수록 엔트로피는 낮아진다. 엔트로피는 무질서의 척도이므로, 도시의 구조가 혼란하고 예측 불가능할수록 높아진다. 예를 들어 더할 나위 없이 질서정연한 시카고의 엔트로피는 2.5점이다. 프라하는 어떨까? 중세적이고, 복잡하며, 다층적이고, 유기적이며, 위험하고, 예측 불가능하다. 격자가 하나도 보이지 않는다. 프라하의 엔트로피는 3.6점이다. 점수 차가 작아 보이지만 길 찾기에서는 중요한 차이를 만들어낸다.

엔트로피가 높은 도시에서 성장한 〈바다영웅의 모험〉 사용자들은 고득점을 기록했다. 평균적으로 프라하 출신이 시카고 출신을 이겼다. 쿠트로는 나이와 젠더 그리고 교육 수준도 고려했지만, 이것들은 길 찾기 능력과 아무런 상관이 없었다. 오직 도시의 엔트로피만이 길 찾기 능력에 영향을 미쳤다. 그리스의 이라클리온Iraklion(3.54점)이나 취리히(3.56점)처럼 혼란스러운 도시는 길 찾기 능력을 개발하는 데 도움을 준다. 하나의 격자처럼 건설된 도시들은 GPS 기기처럼 길 찾기 능력을 갉아먹는다. 인디애나폴리스(2.4점), 뉴욕(2.53점), 필라델피아(2.52점), 피닉스(2.1점) 같은 미국의 도시들이 대표적이다. 그런 점에서 영국의 도시들은 최고의 선생이다. 물론 어디에나 예외는 있다. 나는 버밍엄(3.56점)에서 성장해 브리스톨(3.56점)에 있는 대학에 진학했지만, 여전히 늘 길을 잃는다.

케플라비크국제공항에서 출발해 한 시간 이상 운전한 산틸런은 마침내 길가에 자동차를 세웠다. 그는 내비게이션에 목적지를 다시 입력했다.[14] 여덟 시간을 더 달려야 한다고 나왔다. 상식적으로 그럴 리가 없는데도, 그는 운전을 계속했다. 내비게이션 때문에(정확히는 오타 때문에) 길을 잃은 그에게는 심각한 문제가 있었다. 뇌의 미상핵이 활성화된 상태였던 것이다(미상핵은 믿음과 관련된 영역이다─옮긴이). 그는 자동화되어 있었다. 랜드마크도 눈에 들어오지 않았다. 그가 단호하게 자동차를 북쪽으로 모는 동안 그의 해마는 스피어스의 피험자들이 그랬던 것처럼 아무런 반응 없이 침묵하고 있었다.

마침내 시글뤼피외르뒤르까지 오게 되었을 때 산틸런은 내비게이션이 인도한 집 앞에 서서 문을 두드렸다. 집주인은 그가 목적지에서 수백 킬로미터 정도 떨어진 곳에 와 있다고 알려주었다. 피곤했던 그는 지역 호텔에 묵었다.

그런데 하룻밤 사이에 뭔가 이상한 일이 벌어졌다. 산틸런이 얼어붙은 도로를 따라 말도 안 되게 먼 거리를 이동하는 꿈에 시달리다가 눈을 떠보니, 유명해져 있었던 것이다. 발단은 집주인이 여독에 지쳐 자신의 방문을 두드린 미국인에 대한 이야기를 SNS에 올린 것이었다. 산틸런이 자는 동안 순식간에 소문이 퍼져나갔다. 그가 가는 곳마다 사람들이 알아보았다. 개선한 왕이라도 맞이하듯, 사람들은 거리에서 그의 이름을 외쳤다. 휴가를 맞아 아이슬란드를 찾은 그는 지역 라디오 방송과 TV 쇼에 출연했다.

길을 잃었다는 사실은 더는 중요하지 않았다. 볼리비아 열대우림의 치마네족 아이처럼 산틸런은 그것을 인정했고, 또 받아들였다.

GPS라는 감옥

~~~~~~~~~~

과학자들은 GPS 기기에 지나치게 의존할 때 공간능력에 무슨 일이 벌어지는지 밝혀냈다. 한마디로 뇌가 인지지도를 구축하지 못하게 된다. 인지지도를 만들지 못하게 하는 방법은 그 외에도 여러 가지가 있다. 그중 하나로, 토머스제퍼슨대학교의 신경과학자인 리처드 스메인Richard Smeyne(8점)은 독방 생활을 꼽는다. 원래 파킨슨병 같은 신경퇴행성 질병을 연구하던 스멘인은 몇 년 전부터 오랫동안 독방에 갇혀 지낸 재소자의 뇌를 연구하기 시작했다.

"그런 재소자들은 하루에 22~23시간을 독방에 갇혀 지냅니다. 한두 시간 정도 독방에서 나오기도 하는데, 그래봤자 또 다른 독립된 공간에 홀로 있어야 합니다. 단지 '2.4 × 3미터' 크기의 독방보다 좀 더 큰 곳에 있을 뿐이죠. 그들은 다른 사람들과 의미 있는 상호작용을 하지 못합니다. 바로 그 지점을 연구하고 있습니다." 스메인의 설명이다.

완벽한 고립, 경험의 사막, 사회적 연결의 툰드라. 어떠한 기준으로 보더라도 독방은 극단적인 환경이다. 스메인은 독방이 뇌에 어떤 영향을 미치는지 알고 싶었다. 그에게 두 명의 변호사, 피츠버그대학교의 줄스 로벨Jules Lobel과 예일대학교의 주디 레스닉Judy Resnick이 찾아오면서 실험이 시작되었다. 두 변호사는 법리논쟁을 진행하고 있었다. 독방에 오랫동안 가두는 것이 이례적인 형벌을 금지하는 미국 수정헌법의 제8조를 위배하고 있다는 내용이었다. 그들은 독방은 곧 고문이라고 주장하며 생물학에서 단서를 찾으려고 했다.

스메인에 따르면 "오랫동안 독방에서 생활한 재소자들은 확실히 스트레스 수준이 더 높"다. "병에 자주 걸리고, 심리적으로 매우 우울해지는데, 그중 일부는 정신병에 걸리기도 합니다. 일반적인 사람들보다 자살률도 상당히 높아집니다."

그처럼 극단적인 고립에 시달리는 사람은 독방에 갇힌 재소자뿐이 아니다. 노인, 장애인, 만성적 질환에 시달리는 사람도 고립감을 느낀다. 그들은 요양원이나 장애가 있는 신체, 호스피스 등 다양한 유형의 감옥에 갇혀 있다.

스메인은 여기에 한 가지 유형을 추가한다. "만성적으로 외로움을 타는 사람도 고립감을 느낍니다. 그들은 사회적으로 통합되어 있으면서도 혼자 사는 사람의 모든 증상을 나타냅니다. 흥미로운 심리학적 현상이죠."

안경을 쓰고 회색 머리를 모자로 가린 60대의 스메인은 감옥으로 가서, 오랫동안 독방 생활을 해온 재소자들을 인터뷰했다. 어떤 재소자는 무려 수십 년 동안이나 밝고 좁은 독방에서 고독한 시간을 보냈다. 스메인은 재소자들에게 장기간 독방에 감금되는 일이 어떤 영향을 미치는지, 출소 후에도 계속해서 영향을 미치는지를 물었다. 재소자들은 이런저런 이야기를 들려주었으나, 그다지 놀라운 내용은 없었다. 그들은 우울증과 불안감에 시달렸고 사람이 많은 곳에 가면 불편함을 느꼈다. 다만 오랜 독방 생활의 영향으로 스메인이 전혀 예상치 못한 것이 있었으니, 바로 '길 잃음'이었다.

재소자들은 더는 자신이 어디에 있는지 알지 못했다.

스메인은 그 이유를 이렇게 설명한다. "신경생물학적으로 따져보면, 장소세포는 우리 내부의 내비게이션입니다. 그런데 뇌의 많은 영역은 오랫동안 쓰이지 않으면 점차 기능을 잃어가죠. 앙골라 3인방Angola Three(1972년 처우 개선을 요구하며 루이지애나주립 교도소에서 폭동을 일으켰다. '앙골라'는 교도소의 별칭이었다―옮긴이) 중 한 사람으로 33년 동안 독방에 갇혀 있던 로버트 킹Robert King 은 이렇게 말했습니다. '팔을 뻗으면 내가 사는 세상 전부를 만질 수 있었어요.'"

1974년 살인죄로 기소된 앙골라 3인방은 이후 수십 년 동안 독방 생활을 이어갔다. 킹은 몸만 돌리면 독방의 양쪽 벽을 만질 수 있었고, 열 걸음쯤 걸어가면 문의 반대쪽 벽에 닿을 수 있었다. 사방이 모두 같은 색으로 칠해져 있어서, 바닥에 볼트로 고정된 가구들을 제외하면 길 찾기를 위한 아무런 실질적인 단서가 없었다.

스메인에 따르면 "킹은 길을 찾을 **필요가** 없었"다. "독방에서 나왔을 때조차 온몸에 족쇄가 채워진 상태로 이동했기 때문에 어디로 가야 할지 스스로 결정할 필요가 없었거든요. 출소 후(출소한 지 아마도 15년쯤 되었을 것이다)에도 그는 여전히 길을 찾지 못합니다."

기능을 잃는 뇌

독방에 갇힌 재소자의 뇌를 연구하는 것은 거의 불가능하다. 교도소가 fMRI 스캐너의 반입을 허락하거나, 실험을 위해 재소자를 독방에서 풀어줄 리 만무하기 때문이다. 수십 년 동안 독방에서 살아가는 것이 얼어붙은 마음에 미치는 영향을 평가하기 위해 재소자의 뇌를 부검한 연구자도 아무도 없었다. 이런 이유로 스메인은 죄수를 쥐로 바꾸었다. 쥐는 태어나서 성체가 될 때까지 복잡한 환경에서 자란다. 여러 세대가 함께 생활하고, 서로 교류하며, 여러 장난감과 미로, 쳇바퀴를 두고 싸우기도 한다. 그때 툰드라가 찾아온다.

"3개월째가 되면 쥐들을 우리에 집어넣습니다"라고 스메인은 설명한다. 우리 하나에 한 마리씩. "독방을 흉내 내려고 노력했어요. 독방에 갇혔어도 다른 쥐를 볼 수 있고, 말할 수 있고, 소리 낼 수 있고, 다른 쥐의 냄새를 맡을 수 있습니다." 하지만 상호작용은 할 수 없다. 고립된 상태가 되는 것이다. 독방에 갇힌 재소자들은 구석구석을 채우는 형광등 불빛에 끊임없이 노출된다. 역설의 극치를 보여주는 예를 하나 들자면, 스메인이 실제 독방처럼 꺼지지 않는 조명을 우리에도 설치하려 하자, 동물 연구를 관리하는 위원회가 금지했다. 너무 잔혹하다고 판단했기 때문이다. "실제로 인간을 독방에 가두는 것보다 쥐를 우리에 가두기가 훨씬 어렵습니다. 이건 본질적으로 잘못된 것 같습니다"라고 스메인은 말한다.

스메인은 쥐가 30일, 60일, 90일 동안 우리에 갇혀 있을 때, 기간별로 뇌에 어떤 일이 벌어지는지 측정한다. "우선 뉴런의 부피를 측정합니다. 정확하게는 뉴런이 가지를 뻗는 정도, 가지돌기가시dendritic spine의 밀도, 수상돌기의 전체 길이, 축삭돌기의 전체 길이를 측정합니다."

우리에 갇힌 쥐의 뇌는 매우 빠르게 수축된다. 감금된 지 단 30일 만에 해마 내부의 뉴런은 부피가 25퍼센트나 쪼그라든다. 수상돌기(잎이 무성한 나무를 닮은, 다른 뉴런에서 정보를 전달받기 위해 뻗어 나온 돌기)의 길이는 25퍼센트나 짧아진다. 마치 인정사정 없는 정원사가 가지를 잘라낸 나무처럼 보일 정도다. 다른 뉴런으로 정보를 전달하기 위해 수상돌기보다 훨씬 길게 뻗어 나온 축삭돌기의 경우도 마찬가지다. 정상적이고 건강한 뉴런에서 수상돌기는 가지돌기가시라고 하는 작은 돌기들로 덮여 있다. 뉴런은 바로 이 돌기를 통해 주변 뉴런들과 접촉하고 소통한다. 하지만 우리에 오래 갇혀 있는 쥐일수록 가지돌기가시의 수가 적었다.

이처럼 뉴런은 독방 생활에 크게 영향받는다. 운동을 관장하는 다른 뇌 영역도 마찬가지다. 심지어 우리에서 90일 이상 지낸 쥐에게도 여전히 영향을 미쳤다. 놀라운 점은 암컷 쥐의 경우 결과가 정반대였다는 것이다. 오히려 뉴런이 성장했는데, 스메인은 그 이유를 전혀 알 수 없었다. 스메인은 제자인 비볼 헹Vibol Heng과 함께 독방 생활의 신경생물학적 영향은 되돌릴 수 있는 것인지, 아니면 영원한 것인지, 여성의 경우 독방 생활에 대한 회복탄력성이 더 큰지, 심지어 독방 생활에 이로운 점이 있는지를 계속해서 연구 중이다.

어느 통계에 따르면 미국에서만 약 8만 명이 어떤 형태로든 독방에 감금되어 있으며, 대부분은 남성이라고 한다.

"만약 당신이 오랫동안 독방 생활을 하다가 풀려났다고 해봅시다. 그런 당신에게 제가 팔의 25퍼센트를 잘라내겠다고 한다면, 뭐라고 답할 건가요?" 스메인이 묻는다. "아마 당신은 이렇게 답할 겁니다. '그럴 수는 없어요. 동물에게서 어떤 기능의 25퍼센트를 제거한다는 건 고문입니다.'" 뇌에서 일어나는 변화도 그와 비슷하다고 스메인은 강조한다. 뉴런은 크기가 줄어들고, 다른 뉴런과도 덜 연결된다. 결국 기능을 잃어버리게 된다.

"팔이든 뉴런이든 재소자들은 이러한 물리적인 변화를 계속해서 겪고 있습니다. 변화한 기능을 되돌릴 수 없다는 것을, 즉 다시 자라나거나 연결되지 않는다는 것을 확인한다면, 그리하여 행동의 변화 또한 되돌릴 수 없다는 것을 발견한다면, 법원은 이렇게 선고할 겁니다. '좋아요. 쥐들의 뇌에 물리적인 변화를 일으켜 당신이 재소자들에게서 관찰한 것과 같은 행동의 변화를 끌어냈네요.' 그리고 아마도 연구결과를 인정하겠지요."

앙골라 3인방 중 한 명인 킹은 2001년에 풀려났다. 하지만 30년 동안이나 독방에 갇혀 있으면, 신체의 일부는 영원히 독방 안에 남게 된다. 스메인의 연구는 킹의 장소세포와 해마가 여전히 독방에 감금된 상태로 남아 있음을 보여준다. 이러한 이유로 킹은 교도소를 떠난 뒤에도 자신이 어디에 있는지 알지 못했다.

기억을 자극하는 새로운 GPS

정치인들의 선거공약과 무관하게 감옥은 하나의 사회로 재설계되지 못했다. 하지만 GPS 기기를 재설계할 수 있다면 어떨까? 너무 늦었을까? 사람들이 무턱대고 자동차를 몰아 바닷가로 돌진하는 것을 막을 방법이 있다면 어떨까? 끊어진 다리의 끝에서 자동차가 중력과 충돌하는 것을 막을 방법이 있다면 어떨까?

베를린공과대학교의 실험심리학자인 클라우스 그라만Klaus Gramann(본인의 공간능력을 평범한 수준으로 평가해 5, 6점을 주었다) 은 그럴 수 있으리라고 생각한다. 그라만은 '체화된 인지embodied cognition'라는 분야를 연구한다. 이 분야는 뇌와 몸은 분리될 수 없으며 인지는 몸 안에서 일어난다는 개념을 바탕으로 한다.

수년 전 그라만은 GPS 기기가 제공하는 지시사항의 미세한 변화에 따라 피험자들의 반응은 어떻게 달라지는지 살펴보는 실험을 진행했다.[15] 피험자들은 (오락실에서나 볼 수 있는) 운전 시뮬레이터에 앉아서 내비게이션의 지시사항을 따라 VR로 구현된 도시를 관통했다. 피험자들을 세 집단으로 나눠 진행한 실험에서, 첫 번째 집단은 우리가 모두 잘 아는 유형의 지시사항을 제공받았다. 예를 들면 이렇다.

다음 교차로에서 우회전하세요.

스피어스, 다마니 등을 비롯한 과학자들의 연구에 따르면, 이런 유형의 지시사항은 심상지도의 근원인 해마를 비활성화한다. 두 번째 집단은 약간 다른 지시사항을 제공받았다. 거기에는 특정 랜드마크에 관한 상세한 설명, 즉 관련 문맥과 의미가 포함되어 있었다. 예를 들면 이렇다.

서점에서 우회전하세요. 서점에서는 책을 살 수 있습니다.

마지막 세 번째 집단은 피험자 각 개인과 관련된 내용이 들어 있는 지시사항을 제공받았다. 예를 들면 이렇다.

서점에서 우회전하세요. 서점에서는 당신이 가장 좋아하는 책인《모비딕》을 살 수 있습니다.

그라만은 피험자들을 운전 시뮬레이터에 앉히기 전에 그들의 취미, 좋아하는 책이나 영화 같은 개인정보를 수집했다. 이처럼 보강된 지시사항을 제공받은 피험자들은 단지 방향만 알려주는 지시사항을 제공받은 피험자들보다 길을 더 잘 찾았다. 이러한 사소한 변화만으로도 GPS 기기가 공간능력에 그다지 해로운 영향을 미치지 않게 된 것이다. 즉 피험자들은 랜드마크를 더 잘 인식하게 되었다.

이것이 우리의 미래가 될 수 있다고 그라만은 강조한다. "우리가 사용하는 SNS나 구글 지도에는 친구 명단, 검색 기록, 관심사가 망라되어 있습니다." 기술에 더 많은 권력을 허락한다면, 그래서 스마트폰이 데이터를 정밀하게 분석해서 우리에게 정말 의미 있는 방향을 특정하고 구체적으로 제시한다면 어떨까? "스마트폰 등에서 자동으로 그러한 유형의 정보를 추출한다면 어떨까요?" 그라만은 묻는다. "안전한 방식으로 추출할 수만 있다면, 기본적으로 어떤 환경에서도 공간정보를 제공받을 수 있고, 무엇보다 개인의 관심사와 연결된 공간정보를 제공받을 수 있을 겁니다." 가령 이렇게 말이다.

아내를 처음 만나서 사랑에 빠졌던 커피숍 앞에서 우회전 하세요.

길 찾기 재활

다마니는 최근 연구에서 피험자들이 랜드마크를 더는 사용하지 않는다는 사실을 알게 되었다. 그들은 사실상 랜드마크를 수용하지 않았다. 하지만 그라만의 피험자들은 랜드마크를 수용했다. 그는 GPS 기기가 랜드마크에 개인적인 의미를 담아낼 수 있다면, 한 차원 높은 공간정보를 제공하게 될 것으로 생각한다. 랜드마크에 대한 지식은 경로에 대한 지식으로 이어진다. 내비게이션에 표시된 점들은 내가 일하는 빌딩일 수도 있고, 아들이 태어난 병원이나, 사랑니를 뺀 치과, 내가 가장 좋아하는 식당일 수도 있다. "이처럼 랜드마크와 관련된 설정이 풍부해지면, 인지지도와 비슷한 지식을 (마치 설문조사처럼) 습득하게 될 것입니다." 그라만의 설명이다. "그리고 이는 해마를 자극해 기억 시스템을 더욱 강화할 테고요."

그라만의 피험자들은 경로에 있던 랜드마크를 기억했다. 그런데 내비게이션이 직접적으로 언급하지 않은 랜드마크를 더 잘 기억하기도 했다. 단지 문맥과 의미, 개인적인 일화만을 들려줬을 뿐인데, 뇌가 그와 관련된 랜드마크를 떠올렸기 때문이다. 이는 기존의 GPS 기기와는 다른 작동방식이다. 이후 그라만은 피험자들에게 다시 한번 운전 시뮬레이터에 앉아서 VR로 구현된 도시를 탐험해달라고 요청했다. 다만 이번에는 내비게이션이 없었다. 그러자 첫 실험에서 세 번째 그룹에 속했던 피험자들이 길을 가장 잘 찾았다.

후속 연구에서 그라만은 피험자들에게 65개의 전극이 설치된 모자를 씌운 다음 베를린 중심부의 번화가인 샤를로텐부르크Charlottenburg를 돌아다니게 했다.**16** 피험자들이 이탤리언 레스토랑과 화장품 상점으로 가득한 쿠르퓌르슈텐담Kurfürstendamm 거리를 걷는 동안, 그라만은 그들의 뇌 활동을 모니터링했다. 그는 피험자들이 fMRI 스캐너 안에 누운 채 VR에서 길을 찾을 때보다 현실에서 길을 찾을 때 훨씬 정확한 데이터를 얻을 수 있다고 믿는다. "결국 길 찾기란 현실에서 일어나는 일이니까요".♦

그라만의 연구결과로 우리는 무엇을 할 수 있을까? 그라만의 연구는 내비게이션을 비롯한 모든 GPS 기기가 제공하는 지시사항에 미세한 변화를 주는 것만으로도 사상자를 줄일 수 있음을 보여주었다. 나는 이아리아의 소개로 그의 지형학적 방향감각 상실장애에 관한 연구에 참여했던 샤론 로즈먼Sharon Roseman과 이야기를 나눌 수 있었다. 그녀는 2019년 7월에 구글의 컴퓨터 엔지니어들이 자신을 찾아왔다고 말했다. 그들은 캘리포니아주 마운틴뷰의 구글 본사에서 그녀의 집이 있는 콜로라도주 덴버까지 한걸음에 달려왔다. 로즈먼은 그들에게 구글 지도를 이용해 길을 찾는 모습을 보여주었다. 그들의 목표는 지형학적 방향감각

♦ 우리는 전정계와 근육에서 발생한 공간정보를 통해 자신의 움직임을 모니터링하고 업데이트한다. 따라서 fMRI 스캐너 안에 누워 있는 피험자들에게서 얻은 정보는 유익하지만, 한계가 있다.

상실장애를 앓는 사람도 구글 지도를 쉽게 사용할 수 있도록 개선하는 것이었다.

어쩌면 구글 지도를 사용하기 어렵게 만드는 것이 답이 될지 모른다. 우리는 갑작스러운 부상이나 뇌졸중으로 뇌 기능을 상실하면 재활을 통해 천천히 회복한다. 그것과 마찬가지로 GPS 기기의 사용을 조금은 불편하게 해 자기 자신의 힘으로 길을 찾게 해야 한다. 그럼으로써 자동차를 몰고 바닷속이나 끊어진 다리를 향해 돌진하지 않도록 막을 필요가 있다. 이때 우리의 장소 세포가 한마디도 하지 못하게 막기보다는, 오히려 지도(인지지도든 실제 지도든) 만들기에 참여시켜서, 정신적으로 공간을 재현할 수 있게 해야 한다. 그렇게 되기까지 사람들은 브뤼셀의 기차역에서 출발해 자그레브에 도착하게 될 것이다. 이 모든 일과 관련해 가장 큰 문제가 있다. 과연 구글이 그 일을 하려고 할까?

자기 뇌를 사용하라

어떤 방식이든 우리 스스로 선택할 수 있다. 어떤 도시에 처음 방문했을 때 우리는 그 도시에 대한 심상지도를 갖지 못한 상태다. 우리가 도무지 어디에 있는지 알 수 없는 바로 그 순간(완전히 길을 잃었을 때)이야말로 길 찾기에 필요한 도구를 만드느라 가장 바쁜 순간이기도 하다. 그 일을 더욱 효과적으로 해낼 수 있는 방법이 있다.

"저는 길 찾기를 잘해본 적이 단 한 번도 없었어요." 유니버시티칼리지런던에서 스피어스와 함께 연구 중인 대학원생 에버마리아 그리스바워Eva-Maria Griesbauer는 자신의 길 찾기 능력이 최악이었다고 고백했다. 물론 런던의 택시 운전기사들이 어떻게 복잡한 경로를 계획하고 도시를 관통하는지는 누구보다 잘 이해하고 있다. 그래서일까? 어느 날 그녀는 길 찾기에 도전해보기로 결심했다. "구글 지도에서 목표지점의 위치만 확인하고, 그곳까지 가는 방법은 스스로 찾아보기로 했죠."

그리스바워는 아주 빠르게 긍정적이고도 의미 있는 결과를 보여주기 시작했다. 그녀 자신만의 지도를 만들기 시작한 것이다. 런던은 새롭고 유익한 방법으로 자기 자신을 드러내기 시작했다.

"런던이 어떤 곳인지 비로소 알게 되었어요"라고 그리스바워는 말한다. 그녀는 얼마 지나지 않아 자신만의 경로를 수립하고, 런던을 구성하는 여러 지역 간의 상대적인 위치에 대해서도 이해할 수 있게 되었다. 요즘도 그리스바워는 새롭고 낯선 도시에서 이 방법을 사용해 성공적으로 길을 찾고 있다.

"저는 이제 다른 사람들보다 아주 빨리 길을 찾을 수 있어요. 저만의 방법으로 주변환경을 파악하도록 뇌를 훈련해왔거든요." 그리스바워는 누구라도 길 찾기 능력을 키울 수 있다고 강조한다.

"자신의 뇌를 사용한다면 많은 사람이 길 찾기에 성공할 수 있을 거로 믿어요."

그리스바워와 대화를 나누면서 나는 최근에 방문했던 워싱턴 D.C.가 떠올랐다. 아침 일찍 국회의사당과 대법원 등이 모여 있는 캐피털 힐 Capital Hill의 호텔을 나섰다. 거리가 끝나는 곳에 거대한 아이스크림콘을 뒤집어놓은 것처럼 생긴 국회의사당이 고요한 아침 공기 속에 우뚝 솟아 있었다. 유명한 랜드마크들로 가득한 지역에서 나는 커피숍을 찾기 위해 스마트폰을 뚫어져라 쳐다보며 걷기 시작했다. 하지만 또다시 길을 잃었다. 당황한 탓에 방향을 잘못 잡는 실수가 이어졌다. 그러다가 스마트폰 화면의 파란색 화살표가 갑자기 엉뚱한 곳으로, 물리 세계에선 존재할 수 없는 곳으로 떠내려갔다. 나는 다시 한번 도시의 마법에 사로잡혔다. 길을 찾아야 할 뇌 영역들은 아무 말이 없었다. 나는 다마니의 피험자들처럼 주변의 랜드마크들을 알아보지 못했고, 자연스레 인지지도를 구축하지 못했다. 엎친 데 덮친 격으로 비가 내리기 시작했다. 빗줄기가 점점 약해지며 청회색 구름이 하늘을 뒤덮을 때쯤, 나는 드디어 커피숍을 찾을 수 있었다.

유니언역 밖에서 다리가 하나인 남자가 젖은 양말을 벗으며 혼잣말을 읊조리고 있었다. 나는 그 남자에게 호텔로 돌아가는 길을 물었다. 비가 우리를 적시고 있었다. 그는 혼잣말을 멈추지 않은 채 고개를 돌려 멀리 떨어진 곳을 가리켰다. 도시의 그림자에 가려진 거대한 빌딩과 거리들이 그곳에 있었다. 남자의 인지지도는 완벽하게 작동하는 듯했다. 그의 뇌는 각종 랜드마크를 활발히 받아들이고, 꾸준하게 업데이트하며, 공간정보로 가득했을 것이다.

나는 그의 손에 매달려 있는 양말이 가리키는 방향으로 고개를 돌렸다. 그리고 걷기 시작했다.

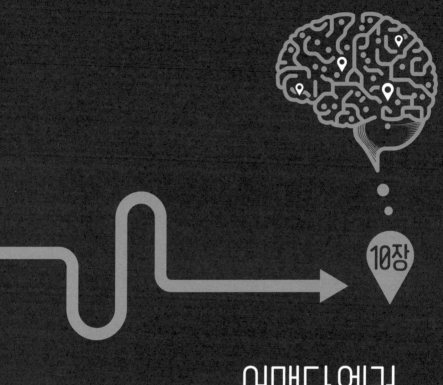

10장

어맨다 엘러,
길을 찾다

DARK AND MAGICAL PLACES
The Neuroscience of Navigation

2019년 5월 24일 엘러는 숲에서의 16번째 아침이라는 표시를 남겼다. 여느 때와 다름없는 고요한 아침이었다. 체중은 줄어들고 있었다. 입술은 물집이 터져 갈라지고 있었다. 피부에는 염증이 생겼다. 폭포에서 굴러떨어지며 부러진 다리는 여전히 아팠다. 엘러는 이제 천천히 이동하고, 아니 기어다니고 있었다. 갑자기 불어난 물에 신발마저 쓸려갔다.

그때쯤 엘러는 빛이 나무를 뚫고 들어오는 방법을 모두 이해하기 시작했다. 약속과 의무로 이루어진 세상을 휴대전화와 물병 그리고 타이어 밑에 감춰둔 자동차 열쇠와 함께 주차장에 남겨둔 채. 엘러가 실종된 이후 자원봉사자들은 매일 그녀의 이름을 부르며 할레아칼라산의 비탈길을 샅샅이 훑었다. 그들은 막대기로 덤불을 찌르며 뭔가 단단한 것(엘러와 비슷한 것)이 숨겨져 있지 않은지 확인했다. 멧돼지의 창자를 뒤져 그녀의 흔적을 찾거나, 나무로 빽빽한 숲 위로 드론을 날리기도 했다. 엘러는 이따금 헬리콥터가 머리 위에서 왔다 갔다 하는 소리를 들었다. 하지만 조종사들은 빈틈없이 얽히고설킨 나뭇가지들 사이로 그녀가 손을 흔드는 모습을 보지 못했다. 엘러는 물 근처에 머물렀다. 몇 번이나 물가에 몸을 웅크린 채 숨죽이고 있다가 가재를 잡으려고 개울이나 강에 뛰어들었다. 실패하긴 했지만, 산딸기와 나방, 그 밖에 먹을 수 있는 것이면 무엇이든 먹으며 버텼다. 비가 자주 내렸다. 밤이면 고사리를 몸에 덮었다.

5월 24일 아침에 이르러 엘러는 임시수색본부가 마련된 주차장에서 약 10킬로미터 떨어진 곳까지 (걷고, 넘어지고, 기어서) 이동했다. 수색작업은 주로 등산로가 시작되는 지점인 주차장을 중심으로 반경 2킬로미터 이내에 집중되었다.[1] 길을 잃은 사람들은 일반적으로 멀리 가지 않는다. 하지만 엘러는 북서쪽으로 계곡과 울퉁불퉁한 땅을 가로질러 수 킬로미터 떨어진 곳까지 이동했다. 북서쪽으로 1~2킬로미터만 더 갔으면 오아후Oahu 해변가에 이르렀을 것이다. 일반적인 경우보다 수색 범위를 넓힌 것은 똑같은 덤불과 계곡, 폭포를 반복해서 뒤지는 데 지친 구조대의 절박함에서 비롯된 결정이었다.

그리고 드디어 한 헬리콥터 승무원이 엘러를 발견했다. 그녀는 강가에 있는 자갈밭에 앉아 있었다. 두 개의 폭포 사이에 있는 깊은 구멍과 같은 곳이었다. 그녀가 훗날 고백하길, 20미터 높이의 폭포 위쪽까지 기어올라가서 몸을 던져 목숨을 끊을 계획이었다고 한다.[2] 구조된 후 《뉴욕 타임스》와의 인터뷰에서 그녀는 "너무 말라서 정말 살아남을 수 있을지 의심하기 시작했어요"라고 말했다.[3] 그 후 몇 주 동안 병상의 그녀에게 가혹한 비판이 쏟아졌다. 비판하는 사람들은 그녀의 이런 발언에 격분했다. "왔던 길로 돌아가고 싶었지만, 저의 직감이 다른 길로 인도했어요. 직감이 아주 강한 편이거든요."

구조대는 엘러를 헬리콥터에 연결된 바구니에 태워 숲 밖으로 끄집어냈다. 그녀는 헬리콥터가 내뿜는 하강기류에 거칠게 흔들리는 나뭇가지들을 지나 숲을 벗어났고, 다시 세상으로 돌아왔다. 그 순간 그녀에게는 가능한 미래가 갑자기 늘어났고, 다양해졌다. 같은 순간이 끊임없이 반복되는 타임 루프 장르의 영화였다면, 그녀는 숲속으로 이어진 등산로 앞에서 뒷걸음질해 17일간이나 길을 헤매는 꼴을 모면했을 것이다.

하지만 놀랍게도 현실의 엘러는 17일간이나 숲속에서 방황해야 했다.

가장 복잡한 인지작업

얼마 전 미시간주 북부에서 캠핑을 즐겼을 때의 일이다. 차가운 비가 내리고 있었는데, 오솔길에서 한 발짝 벗어나보았다. 그러면서 엘러가 겪었던 일을 생각했다. 이끼로 뒤덮인 나뭇가지를 바라보며 낮은 잿빛 구름 뒤에서 나오려고 애쓰는 햇살을 찾으려 노력했다. 또한 랜드마크로 삼을 만한 특이한 나무를 찾아보았다. 다 죽어가는 커다란 소나무 옆에 서서 내 장소세포에 인지지도를 만들어달라고 요청했다. **뭔가** 해달라고 애원했다. 강제로 1만 개의 뉴런에 동시에 발화하라고, 현재 위치를 기록하라고 명령했다. 머리방향세포와 격자세포, 전정계 그리고 숲속에 있는 모든 것을 해독하는 다양한 뇌 영역의 피질들에 대해 생각했다. 그리고 호모사피엔스와 원시인류가 어떤 존재였을지에 대해서도. 쥐, 박쥐, 쇠똥구리에 대해서도. 새에 대해서도. 자기중심적인 사고와 타인중심적인 사고에 대해서도. 언덕을 넘을 때와 진흙탕을 가로질러 나무를 향해 걸어갈 때에 대해서도. 마지막으로 나는 J. N.과 DTD 환자들처럼 내 후대상피질이 공간정보를 통합하는 데 실패하고 있는 것은 아닌지 궁금했다.

반대로 어쩌면 나는 그 어느 때보다 확실하게 심상지도를 만들 수 있을지 모른다. 다음에 시카고를 방문하게 되면 거울 미로의 놀라운 실체를 다시 한번 경험해볼 작정이다.

무엇보다 엘러의 이야기는 울창한 숲에서 길을 잃는다는 것이 결코 재미있는 일이 될 수 없다는 사실을 알려준다. 그것은 기막힌 반전이나, 기이한 소재가 아니다. 그보다는 끔찍한 결말로 이어질 가능성이 크다. 그만큼 치명적이다. 다만 나는 엘러의 이야기를 더 잘 이해하게 된 것 같다. 휴먼 커넥톰 프로젝트로 만들어진 이미지를 보면, 뇌는 마치 얽히고설킨 실타래처럼 보인다. 수백만 개의 신경섬유 다발이 회백질 사이를 통과하며 교차한다. 뇌는 1000억 개의 뉴런이 연결된 유기 슈퍼컴퓨터다. 길 찾기와 관련된 내 부족함도, 아내의 놀라운 능력도 모두 거기 어딘가에서 비롯된다.

길 찾기는 인간이 수행하는 가장 복잡한 인지작업 중 하나다. 그리고 우리는 끊임없이, 하루에도 1000번씩 길을 찾는다. 이전보다 더 잘 이해하게 된 만큼, 더 복잡하게 보이기도 한다. 앞으로 10년 동안 이아리아 같은 과학자들은 지형학적 방향감각 상실장애라는 무질서 상태의 구체적인 원인을 찾아낼지 모른다. 그러한 장애를 간직하고, 또 후손에게 물려주는 사람들이 겪는 어려움의 정확한 신경해부학적 근원을 밝혀낼 것이다.

크라스틸은 백질과 원을 그리며 걷는 능력 사이의 관계를 알아낼지 모른다. 엡스타인은 공간의 물리적인 특성을 해독하고 방에서 나가려고 할 때 옷장 안으로 걸어 들어가는 것을 막는 또하나의 피질 영역(뇌의 표면에 있는 우표 크기의 영역)을 발견할지 모른다. 어쩌면 아무것도 발견하지 못할 수도 있다. 뇌는 비밀을 포기하지 않으려고 한다.

하지만 발견은 계속될 것이다. 스피어스는 길 찾기의 또 다른 근본적인 특징(어떤 경로가 막힐 때 수행하는 역추적)이 전대상피질과 관련된다는 사실을 밝혀냈다.[4]

길 찾기라는 미스터리

길 찾기에 실패하는 것은 자아의 일부다. 그것은 나에 대한 다른 모든 것과 얽혀 있다. 길 찾기에 실패하는 것은 내 뇌 구조의 산물이다. 내 뇌 구조의 일부는 유전되었고, 일부는 문화와 습관 그리고 모든 우연한 만남과 새로운 경험에 의해 무수히 다양한 방식으로 형성된 것이다.

이따금 나는 엘러에게 이메일을 보내 그녀가 길을 잃었을 때 무슨 일을 겪었는지 묻는다. 엘러는 최선을 다해 설명하지만, 나는 그녀의 경험이 우리 두 사람 모두에게 미스터리로 남으리라고 생각한다. 엘러는 자신의 공간능력을 10점 만점에 5점이라 답했다. 시간이 날 때면 나는 컴퓨터 앞에 앉아 이아리아가 DTD 환자를 위해 설계한 온라인 테스트를 해본다. 도움이 되는지는 잘 모르겠다. 내 해마가 갑자기 물에 빠진 스펀지처럼 늘어날 것 같지는 않기 때문이다. 정말 커졌다면 내가 느낄 수 있지 않을까? 내가 사는 동네를 걸어 다닐 때 나는 몇 분마다 방향을 틀어 다양한 방향에서 살펴보려 한다. '다른 방향에서는 어떻게 보일까'라고 질문하는 것이 중요하다고 한 뉴컴의 조언 때문이다.

때때로 혼자 운전하고 있을 때 나는 내비게이션을 끄고 아무런 도움도 받지 않은 채 낯선 거리를 통과한다. 나는 사라진다. 의사결정을 해야 할 때마다 점점 더 멀리 경로를 벗어나게 된다. 그 와중에 미로 속 쥐를 관찰하는 1945년의 톨먼을 떠올린다. 그런 식으로 나는 집에 가는 길을 찾은 적도 있고, 반대로 길을 잃은 적도 있다. 한번은 해가 질 때까지 꽤 오랫동안 운전했는데, 그때는 결국 내비게이션의 힘을 빌려야 했다.

텍사스A&M대학교의 헤더 버트Heather Burte는 내게 길을 열심히 찾는다고 해서 정말 길 찾기 능력이 좋아지지 않는다고 말한다.[5] 그건 재능의 문제라는 것이다. 실제로 그녀는 해당 주장을 증명하는 연구를 발표했다. "방향감각이 없는 사람들에게 '잘 들으세요. 지금 가려고 하는 동네에서 길 찾기 능력을 측정할 겁니다. 똑똑히 잘 봐두셔야 합니다'라고 알려준다고 한들, 그들이 길을 더 잘 찾게 되는 것은 아닙니다."

가끔 밤이 되면 지구궤도를 돌며 GPS 기기들에 신호를 보내는 위성들을 떠올린다. 현재 31개 위성이 전 세계의 길을 잃은 지구인들을 위해 해당 서비스를 제공 중이다. 위성들은 전자가 원자의 핵 주위를 도는 것처럼 지구 주위를 돈다. 첫 번째 위성은 1978년에 발사되었다. 누가 위성들을 관리할까? 망가지면 어떻게 하지? 하나씩 수명이 다해 헛되이 우주를 떠돌아다니면 어떤 일이 벌어질까?

오늘 아침 나는 밝은 햇살 아래 앉아 종이학을 만든다. 엄지손톱으로 가상의 선을 꾹꾹 눌러가며 몸통과 날개를 접는다. 이후 조심스럽게 날개의 윗부분을 두 개의 미세한 점으로 모은다.

나는 손으로 그것을 뒤집는다. 그리고 머릿속에서 그것을 다시 뒤집어보려고 시도한다.

부록 1

야생에서
길을 잃었을 때
해야 하는 일

길 잃은 사람들을 수색하는 전 세계의 구조대가 매뉴얼처럼 참고하는 책이 있다. 바로 2008년 출간된 전문과학서인 《길 잃은 사람의 행동Lost Person Behavior》이다. 이 책의 저자 로버트 코스터Robert Koester는 사람들이 길을 잃었을 때 어떤 행동을 할지 예측 가능하다고 설명한다.[1] 그런 책의 저자라면 당연하겠지만, 코스터는 자신의 공간능력을 10점 만점에 9점으로 평가했다. 그는 거의 20년 동안 어마어마한 데이터베이스를 구축했다. 그는 이 데이터베이스를 '국제 수색 및 구조 사건 데이터베이스International Search and Rescue Incident Database'라고 부른다. 이 데이터베이스에는 방향감각을 상실한 사냥꾼, 동굴에서 길을 잃은 탐험가, 신혼여행지에서 실종된 부부, 숲에서 빠져나오지 못한 버섯 채집가, 집을 벗어난 유아, 늘 엉뚱한 곳에서 잠을 깨는 몽유병자, 범죄자,

서바이벌 게임 애호가, 납치범, 과거의 자신을 찾아 헤매는 알츠하이머 환자, 엘러처럼 길을 잃은 등산객 등 15만 명에 달하는 실종자에게서 얻은 수백만 개의 데이터가 저장되어 있다. 2012년의 한 연구는 요세미티국립공원에서 10여 년간 발생한 사건들을 분석해 독신의 36세 남성이 평균적인 실종자에 해당한다고 밝혔다. 이 평균적인 실종자는 7월의 토요일 오후에 실종되는 경우가 가장 많았다.[2]

실종 사건이 발생하면 코스터는 데이터를 수집하기 시작한다. 마지막으로 알려진 위치를 표시하기 위해 지도에 핀을 꽂고, 인근의 지리를 면밀히 살피기 시작한다. 코스터가 알고 싶은 것은 다음과 같다. 대자연에서 누군가가 실종되었을 때, 그는 강을 따라 갈까, 아니면 거슬러 갈까? 강의 한 변으로만 갈까, 아니면 건너갈까? 강 대신 오솔길을 따라가진 않을까? 구조대가 그를 발견한다면, 늪일까, 산허리일까, 아니면 비탈길일까? 부상을 입지는 않았을까? 자살하지는 않을까? 마지막으로 알려진 위치에서 100미터 떨어진 곳에 있을까? 그랜드캐니언국립공원에서 길을 잃은 사람은 뜨거운 열기 탓에 그곳을 벗어나려 할까, 아니면 더 깊이 들어가려 할까? 이처럼 가능성은 무궁무진하다.

두 명의 도보여행객이 한 달 간격으로 숲의 같은 곳에서 길을 잃는다고 해도, 그들은 완전히 다른 방향으로 움직일 수 있다. 이후에도 각자의 선택이 연속된 결과 두 사람의 최종 위치는 동떨어져 있을 것이다. 그런데 코스터가 길 잃은 사람들의 데이터를 충분히 한데 모아 분석하자 뚜렷한 패턴이 나타났다. 그는 바로 그 패턴을 이용해 길 잃은 사람을 찾아낼 가능성이 가장 큰 곳이 어디인지 계산해낸다.

코스터는 자신에게 "실종된 사람이 정확히 어디에 있는지에 대한 단서는 없"다고 강조한다. "제가 말씀드릴 수 있는 것은, 100명이 그 장소에서 길을 잃는다면, 그들이 있을 가능성이 큰 곳과 낮은 곳의 분포입니다. 가능성이 큰 곳부터 먼저 살펴봐야 하겠죠."

워싱턴 D.C.에 본사를 둔 국제비상대응Emergency Response International의 대표 브렛 스토펠Brett Stoffel과 코스터는 신중하게 대비한다면 대부분의 실종 사건은 처음부터 피할 수 있다고 강조한다. 언제나 가장 중요한 일은, 자신이 어디에서 하이킹이나 캠핑할지, 언제 돌아갈지를 누군가에게 미리 알려주는 것이다. 추가적으로 유사시에 대피할 곳을 알아보고, 불을 피우고, 구조를 요청하고, 물을 소독하고, 경미한 부상은 스스로 치료할 수 있어야 한다. 하루에 이동할 수 있는 거리를 과대평가하면 곤경에 빠질 수 있으니, 주의하라. 또한 되도록 단체로 여행하라. 실종 사건의 72퍼센트가 혼자 여행 온 사람이 길을 잃은 경우다.

스토펠과 코스터는 지도와 나침반을 챙기고, **사용법을 익히라**고 조언한다. GPS 기기를 사용해도 좋다. 완전히 충전된 스마트폰을 가져오되, 맹목적으로 믿지는 말아야 한다. 주변환경에 주의를 기울이고 랜드마크를 메모하는 것도 좋다. 특히 등산로를 벗어날 때는 반드시 그렇게 해야 한다. 하이킹 중에 자주 주위를 돌아보며 다양한 각도와 시점에서 살펴보라. 이렇게 주의를 기울이더라도 길을 잃을 수 있다. 다음은 야생에서 길을 잃었을 때 해야 할 일이다.

1. 정지하라

즉각적으로 어떤 행동에 나서지 말 것. 그 대신 심호흡하며 평정심을 되찾아라. 물을 약간 마시고 과자 같은 것을 먹자. 공간의 공포는 실재한다. DTD 환자는 대부분의 사람보다 정도가 훨씬 심하다. 하지만 우리는 모두 살면서 한두 번 정도 길을 잃는다. 그러니 공황에 빠지지 마라. 마지막으로 자신의 위치를 정확히 알았던 때를 생각해보자. 지도를 보라. 지도가 없다면 만들자. 필요하다면 막대기로 땅에 지도를 그려라.

2. 신호를 보내라

휴대전화로 구조대에 전화할 것. 혹시 전파가 약하더라도 문자 메시지는 보낼 수 있다. 개인용 위치 송신기Personal Locator Beacon를 챙겼다면, 켜놓아라.

3. 결정하라

a) **되돌아간다** 시작지점까지 안전하고 정확하게 돌아갈 수 있다면, 그렇게 해라.

b) **그대로 멈추고 기다린다** 영락없이 길을 잃었고, 돌아갈 수 없지만, 여행을 떠나기 전에 누군가에게 계획을 공유했다면, 그가 분명히 신고할 것이다. 구조대가 당신을 쉽게 발견할 수 있도록, 움직이지 말고, 한군데에 머물러라.

c) **대피** 지도와 나침반을 이용해 도로나 도시로 가는 방향을 찾아야 한다. 건널 수 없는 절벽이나 강처럼 더 큰 위험에 빠질 만한 곳으로 이동하는 것을 피해야 한다.

4. 이동하라

돌아갈 수도 없고, 머물거나 대피할 수도 없다면, 다음 중 한 곳으로 이동해라. 그래야 구조대의 눈에 쉽게 띌 수 있다.

a) **주변 사람이 나를 목격한 마지막 장소**

b) **내가 계획한 여행 경로와 목적지**

c) **널리 알려진 위험한 장소**(직관에 반하는 것처럼 보이겠지만, 구조대는 위험한 장소를 꾸준히 확인한다.)

d) **도로나 등산로, 철로, 송전탑과 송전선, 강 등의 선형 경로**

본문에서 살펴본 거의 모든 사건(애팔래치아산맥을 등산한 라게이, 마카와오 보존림의 엘러, 오리건주의 오지를 헤맨 배치)의 경우에도, 이 네 가지 규칙만 지켰다면 비극은 막을 수 있었다.

사고가 나지 않도록 조심하기 바란다.

부록 2

길 찾기를
잘하는 법

야생에서 길을 잃거나, 단순히 낯설고 복잡한 건물 안에서 길을 찾으려고 할 때, 우리는 공간능력을 향상시킬 수 있다. 런던 택시 운전기사의 뇌를 닮고 싶은가, 아니면 같은 노선을 반복해서 달리는 버스 운전기사의 뇌를 닮고 싶은가? 볼리비아의 열대 우림에 사는 치마네족의 공간능력을 원하는가, 아니면 GPS 기기에 중독된 도시 거주자의 공간능력을 원하는가? 뇌는 유연하게 스스로 적응하고 재구성하며, 새로운 기억을 생성하고 패턴을 인식한다. 뇌는 복잡한 세상을 재현한다. 우리는 몇 가지 습관을 통해 공간의 정신적 재현에 훨씬 능숙해질 수 있다.

템플대학교의 뉴컴은 인지지도를 구축할 때 따라야 할 습관으로 다음 여섯 가지를 꼽았다.

1. **집중하라!** 내 위치를 계속해서 추적하고 공간적 지식을 구축하는 것은 저절로 되지 않는다. 의식적인 노력이 필요하다.

2. 방향을 바꿀 때 90도로만 회전하지 않는다는 점을 잊지 마라. 그저 '우회전', '좌회전'으로만 기억하면 길을 찾기 어려워진다.

3. 낯선 곳을 여행한다면 자주 주위를 둘러보라. 특히 뒤를 돌아보면 유익한 정보가 많은 인지지도를 구축하는 데 도움이 된다.

4. 눈에 띄는 랜드마크를 찾아 매번 그곳을 기준으로 방향을 설정해라. 그런 랜드마크로는 산, 호수, 대양, 휴대전화 기지국, 고속도로 등이 있다. 이 일이 익숙해지면, 지형지물 때문에 랜드마크가 보이지 않더라도, 내 위치를 기준으로 랜드마크의 위치를 알아차릴 수 있다.

5. 시각정보에만 의지하지 마라. 모든 감각을 이용해 길을 찾아라. 주변환경에는 소리나 냄새 같은 데이터가 가득하다. 도시에서는 지면의 경사 같은 데이터도 위치를 파악하고 길을 찾는 데 도움을 줄 수 있다.

6. 건물 안에서 길을 찾고 있다면 창문이 보일 때마다 바깥을 살펴보는 것이 좋다. 이동거리를 짐작할 기준점을 세울 수 있다.

감사의 말

많은 분의 도움이 아니었다면 이 책은 출간될 수 없었을 것이다. 그중에서도 얼리사 아미노프, 클라우디오 아포르타, 티모시 베런스, 베로니크 보보, 닐 버지스, 아리안 버크, 포드 벌스, 헤더 버트, 기요르기 부즈사키, 엘리자베스 캐시던, 엘리자베스 크라스틸, 프레드 쿨리지, 앙투안 쿠트로, 제러미 크램튼, 루이자 다마니, 대니얼 딜크스, 니코 도센바흐, 폴 더드첸코, 아르네 엑스트롬, 러셀 엡스타인, 안드레 펜턴, 로렌 프랭크, 클라우스 그라만, 에버마리아 그리스바워, 메리 헤가티, 비볼 헹, 랠프 홀러웨이, 주세페 이아리아, 조슈아 제이콥스, 케이트 제프리, 로버트 코스터, 루카스 쿤츠, 앨런 린, 엘리너 맥과이어, 에드바르 모세르, 앨리슨 무오트리, 린 네이델, 아우렐 너지, 사이먼 노이바이어, 노라 뉴컴, 카일리 림펠드, 노엘 산틸런, 리처드 스메인, 휴고 스피어스, 래리 스콰이어, 브렛 스토펠, 이언 태터샐, 벤 트럼블, 제프리 다우버, 메노 비터르, 하랄트 볼프, 토마스 볼베르스 등 나와 이야기를 나누었던 모든 과학자에게 감사드리고 싶다.

친절한 도움을 주신 브리나 커에게도 감사드린다. 제럴딘 라게이의 실종을 다룬 훌륭한 책《내 시체를 찾거든 When You Find My Body》의 저자 D. 도피니에게도 감사드린다.

모든 실종자에게, 특히 어맨다 엘러, 네이딘 보닛, 재니스 네이선, 샤론 로즈먼, 스콧 켈벨에게 감사드린다. 그리고 티에리 조르주 같은 비실종자들에게도 감사드린다.

출판 관계자들에게도 감사드린다. 에이전트인 캐서린 플린과 책임편집자 퀸 도는 이 프로젝트의 가치를 알아봐주었다. 편집자 멜라니 토토롤리와 다시 자이델, 교정자 모 크리스트와 교열자 조디 베더는 책이 나올 때까지 수고해주었다. 영국에서의 출판과 관련해서는 프로파일/웰컴 에이전시의 세실리 게이포드와 엘런 졸에게 감사드린다. 악평을 해주시는 독자 여러분에게 미리 감사드린다. 여러분의 서평을 가장 좋아한다.

뇌 사진을 보내준 내 친구 네이트 러빈과 책에 사용되지는 않았지만 소중한 사진을 제공해준 친구 찰리 화이트에게 감사드린다. 훌륭한 작업실을 마련해주신 미시간대학교의 캐릴과 잭에게도 감사드린다.

가장 중요한 점은 가족 모두의 관심과 사랑 덕분에 성공할 수 있었다는 것이다. 정신적 지주인 맥스, 이지, 로언이 없었다면 나는 어디서 무엇을 하고 있었을까? 말 그대로 나는 **어디에** 있었을까? 흠잡을 데 없이 아름다운 에멀린의 뇌가 없었다면 나는 하루하루를 어떻게 견딜 수 있었을까?

뇌, 가장 위대한 내비게이션

주

저자의 말

1   Paul A. Dudchenko, *Why People Get Lost* (New York: Oxford University Press, 2010); Arne D. Ekstrom et al., *Human Spatial Navigation* (Princeton, NJ: Princeton University Press, 2018).

1장 | 어맨다 엘러, 길을 잃다

1   Breena Kerr, "Amanda Eller, Hiker Lost in Hawaii Forest, Is Found Alive after 17 Days," *New York Times*, May 25, 2019.

2   Breena Kerr and Alex Horton, "Official Searched 3 Days for a Lost Hiker. Volunteers Wouldn't Quit—and Found Her Weeks Later," *Washington Post*, May 26, 2019.

2장 | 길 찾기의 시작과 끝, 기억

1   Connie X. Wang et al., "Transduction of the Geomagnetic Field as Evidenced from alpha-Band Activity in the Human Brain," *eNeuro* 6, no. 2 (Apr. 26, 2019): 0483-18; doi: 10.1523/ENEURO.0483-18.2019.

2   Shyamal C. Bir et al., "Julius Caesar Arantius (Giulio Cesare Aranzi, 1530-1589) and the Hippocampus of the Human Brain: History behind the Discovery," *Journal of Neurosurgery* 122, no. 4 (2015): 971-75; doi:

352

10.3171/2014.11.JNS132402.

3   Eliasz Engelhardt, "Hippocampus Discovery: First Steps," *Dementia & Neuropsychologia* 10, no. 1 (2016): 58–62; doi: 10.1590/S1980-57642016DN101 00011.

4   Alan MacFarlane, *Witchcraft in Tudor and Stuart England: A Regional and Comparative Study* (London: Routledge, 1970), xxi.

5   Andrew Colin Gow, ed., *Witchcraft and the Act of 1604, Studies in Medieval and Reformation Traditions*, vol. 131 (Leiden: Brill, 2008).

6   Howard Eichenbaum, "What H.M. Taught Us," *Journal of Cognitive Neuroscience* 25, no. 1 (Jan. 2013): 14–21; doi: 10.1162/jocn_a_00285; PMID: 22905817.

7   William James, *The Principles of Psychology* (New York: Holt, 1890), 647.

8   William Beecher Scoville and Brenda Milner, "Loss of Recent Memory after Bilateral Hippocampal Lesions," *Journal of Neurology, Neurosurgery, and Psychiatry* 20, no. 1 (Feb. 1957): 11–21; doi: 10.1136/jnnp.20.1.11; PMID: 13406589; PMCID: PMC497229.

9   Jeneen Interlandi, "New Estimate Boosts the Human Brain's Memory Capacity 10-Fold," *Scientific American: Mind*, Feb. 5, 2016, https://www.scientificamerican.com/article/new-estimate-boosts-the-human-brain-s-memory-capacity-10-fold/.

10 Howard Eichenbaum, "The Role of the Hippocampus in Navigation Is Memory," *Journal of Neurophysiology* 117, no. 4 (Apr. 1, 2017): 1785–96; doi: 10.1152/jn. 00005.2017; PMID: 281 48640; PMCID: PMC5384971.

11 Oliver Sacks, "The Abyss," *The New Yorker*, Sept. 24, 2007, 100–12; Barbara A. Wilson, Alan D. Baddeley, and Narinder Kapur, "Dense Amnesia in a Professional Musician Following Herpes Simplex Virus Encephalitis," *Journal of Clinical and Experimental Neuropsychology* 17, no. 5 (Oct. 1995): 668–81; doi: 10.1080/01688639508405157; PMID: 8557808.

12 Maine Warden Service Report on Gerry's Largay's Disappearance, Nov. 12,

2015.

13 KTVL News 10, "Missing Port Orford Man Located 'Very Hungry' but OK," https://ktvl.com/news/local/sheriff-search-for-missing-port-orford-man.

14 "Man Survives a Week Lost in the Forest," *Curry Coastal Pilot*, Jan. 19, 2018.

15 Elizabeth Unger, "Lost Tourist Says Monkeys Saved Him in the Amazon," *National Geographic*, Mar. 23, 2017; https://www.nationalgeographic.com/news/2017/03/monkeys-saved-lost-tourist-bolivian-amazon-shamans/.

16 Jeff Farrell, "Naked Student Who Got Lost in the Woods for a Month, 'Was on Meth,' Say Police," *The Independent*, Aug. 25, 2017, https://www.independent.co.uk/news/world/americas/naked-student-lost-woods-month-meth-drugs-police-lisa-theris-us-highway-midland-alabama-a7910766.html.

17 Ben Ashford, "Woman Who Survived a Month in Woods Was High on Meth," *Daily Mail*, Aug. 22, 2017.

18 Kathryn Miles, "The Last Days of Hiker Gerry Largay," *Boston Globe*, Aug. 24, 2016.

19 Jeremy W. Crampton, "The Cognitive Processes of Being Lost," *Scientific Journal of Orienteering* 4, no. 1 (1988): 34-36.

20 Benbow F. Ritchie, "Edward Chace Tolman 1886-1959," *National Academy of Sciences* 1964, http://www.nasonline.org/publications/biographical-memoirs/memoir-pdfs/tolman-edward.pdf.

21 C. James Goodwin, "Amazing Research," *Monitor on Psychology* 43, no. 2 (2012), https://www.apa.org/monitor/2012/02/research.

22 Edward C. Tolman, "The Determiners of Behavior at a Choice Point," *Psychological Review* 45, no. 1 (1938): 1-41.

23 Elizabeth E. W. Samuelson et al., "Effect of Acute Pesticide Exposure on Bee Spatial Working Memory Using an Analogue of the Radial-Arm Maze," *Scientific Reports* 6 (Dec. 13, 2016); doi: 10.1038/srep38957; PMID: 27958350; PMCID: PMC5154185.

24   Christelle Alves et al., "Orientation in the Cuttlefish Sepia officinalis: Response versus Place Learning," *Animal Cognition* 10, no. 1 (Jan. 2007): 129–36.

25   Theresa M. A. Clarin et al., "Foraging Ecology Predicts Learning Performance in Insectivorous Bats," *PLoS One* 8, no. 6 (June 5, 2013); e64823; doi: 10.1371/journal.pone.0064823.

26   A. Ya Karas and G. P. Udalova, "The Behavior of Ants in a Maze in Response to a Change from Food Motivation to Protective Motivation," *Neuroscience and Behavioral Physiology* 31, no. 4 (July–Aug. 2001): 413–20; doi: 10.1023/a:1010440729177. PMID: 11508492.

27   Douglas J. Blackiston, Elena Silva Casey, and Martha R. Weiss, "Retention of Memory through Metamorphosis: Can a Moth Remember What It Learned as a Caterpillar?," *PLoS One* 3, no. 3 (Mar. 5, 2008): e1736; doi: 10.1371/journal.pone.0001736; PMID: 18320055; PMCID: PMC2248710.

28   Luke Tweedy et al., "Seeing around Corners: Cells Solve Mazes and Respond at a Distance Using Attractant Breakdown," *Science* 369, no. 6507 (Aug. 28, 2020): eaay9792; doi: 10.1126/science.aay9792; PMID: 32855311.

29   Edward Chace Tolman, "Cognitive Maps in Rats and Men," *Psychological Review* 55 (1948): 189–208.

30   Giuseppe Iaria et al., "Cognitive Strategies Dependent on the Hippocampus and Caudate Nucleus in Human navigation: Variability and Change with Practice," *Journal of Neuroscience* 23, no. 13 (July 2, 2003): 5945–52, doi: 10.1523/JNEUROSCI.23-13-05945.2003. PMID: 12843299; PMCID: PMC6741255.

31   Timothy E. J. Behrens et al., "What Is a Cognitive Map? Organizing Knowledge for Flexible Behavior," *Neuron* 100, no. 2 (Oct. 24, 2018): 490–509; doi: 10.1016/j.neuron.2018.10.002; PMID: 30359611.

3장 | 장소세포라는 길잡이

1   John O'Keefe and Lynn Nadel, *The Hippocampus as a Cognitive Map* (New York: Oxford University Press, 1978).

2   Anna Goldenberg, "How Lynn Nadel Helped John O'Keefe Develop Nobel Prize–Winning Research," *Forward*, Oct. 10, 2014.

3   "Hippocampal Place Cells Recorded in the Wilson Lab at MIT," YouTube video, posted by mwlmovies, Oct. 15, 2010, https://www.youtube.com/watch?v=lfNVv0A8QvI.

4   Matthew Schafer and Daniela Schiller, "Navigating Social Space," *Neuron* 100, no. 2 (Oct. 24, 2018): 476-89; doi: 10.1016/j.neuron.2018.10.006. PMID: 30359610; PMCID: PMC6226014.

5   Yoshio Sakurai, "Coding of Auditory Temporal and Pitch Information by Hippocampal Individual Cells and Cell Assemblies in the Rat," *Neuroscience* 115, no. 4 (2002): 1153-63; doi: 10.1016/s0306-4522(02)00509-2; PMID: 12453487.

6   Howard Eichenbaum et al., "Cue-Sampling and Goal-Approach Correlates of Hippocampal Unit Activity in Rats Performing an Odor-Discrimination Task," *Journal of Neuroscience* 7, no. 3 (Mar. 1987): 716-32; doi: 10.1523/JNEUROSCI.07-03-00716.1987; PMID: 3559709; PMCID: PMC6569079.

7   Itzhal Fried, K. A. MacDonald, and Charles L. Wilson, "Single Neuron Activity in Human Hippocampus and Amygdala during Recognition of Faces and Objects," *Neuron* 18, no. 5 (May 1997): 753-65; doi: 10.1016/s0896-6273(00)80315-3; PMID: 9182800.

8   György Buzsáki, L. Stan Leung, and Cornelius H. Vanderwolf, "Cellular Bases of Hippocampal EEG in the Behaving Rat," *Brain Research* 287, no. 2 (1983): 139-71; doi: 10.1016/0165-0173(83)90037-1.

9   Shantanu P. Jadhav et al., "Awake Hippocampal Sharp-Wave Ripples Support

Spatial Memory," *Science* 336, no. 6087 (2012): 1454-58; doi: 10.1126/science.1217230.

10 Gabrielle Girardeau et al., "Selective Suppression of Hippocampal Ripples Impairs Spatial Memory," *Nature Neuroscience* 12, no. 10 (Oct. 2009): 1222-23; doi: 10.1038/nn.2384; PMID: 19749750.

11 Lisa Roux et al., "Sharp Wave Ripples during Learning Stabilize the Hippocampal Spatial Map," *Nature Neuroscience* 20, no. 6 (2017): 845-53; doi: 10.1038/nn.4543.

12 Mattias P. Karlsson and Loren M. Frank, "Awake Replay of Remote Experiences in the Hippocampus," *Nature Neuroscience* 12, no. 7 (2009): 913-18; doi: 10.1038/nn.2344.

13 Kenneth Kay et al., "Constant Sub-second Cycling between Representations of Possible Futures in the Hippocampus," *Cell* 180, no. 3 (2020): 552-67. e25; doi: 10.1016/j.cell.2020.01.014.

14 Céline Drieu and Michaël Zugaro, "Hippocampal Sequences during Exploration: Mechanisms and Functions," *Frontiers in Cellular Neuroscience* 13, no. 232 (June 13, 2019), doi: 10.3389/fncel.2019.00232.

15 Arne D. Ekstrom et al., "Cellular Networks Underlying Human Spatial Navigation," *Nature* 425, no. 6954 (2003): 184-88; doi: 10.1038/nature01964.

16 Nancy Kanwisher et al., "The Fusiform Face Area: A Module in Human Extrastriate Cortex Specialized for Face Perception," *Journal of Neuroscience* 17, no. 11 (1997): 4302-11; doi: 10.1523/JNEUROSCI.17-11-04302.1997.

17 Rankin W. McGugin, Ana E. Van Gulick, and Isabel Gauthier, "Cortical Thickness in Fusiform Face Area Predicts Face and Object Recognition Performance," *Journal of Cognitive Neuroscience* 28, no. 2 (2016): 282-94; doi: 10.1162/jocn_a_00891.

18 Michael Brügger et al., "Tracing Toothache Intensity in the Brain," *Journal of Dental Research* 91, no. 2 (2012): 156-60; doi: 10.1177/0022034511431253.

19 Thomas F. Denson et al., "The Angry Brain: Neural Correlates of Anger, Angry Rumination, and Aggressive Personality," *Journal of Cognitive Neuroscience* 21, no. 4 (2009): 734–44; doi: 10.1162/jocn.2009.21051.

20 Hongwen Song et al., "Love-Related Changes in the Brain: A Resting-State Functional Magnetic Resonance Imaging Study," *Frontiers in Human Neuroscience* 9, no. 71 (Feb. 13, 2015), doi: 10.3389/fnhum.2015.00071.

21 Eleanor A. Maguire et al., "Knowing Where and Getting There: A Human Navigation Network," *Science* 280, no. 5365 (1998): 921–24. doi: 10.1126/science.280.5365.921.

22 Eleanor A. Maguire, Katherine Woollett, and Hugo J. Spiers, "London Taxi Drivers and Bus Drivers: A Structural MRI and Neuropsychological Analysis," *Hippocampus* 16, no. 12 (2006): 1091–1101; doi: 10.1002/hipo.20233; PMID: 17024677.

23 Hugo J. Spiers et al., "Unilateral Temporal Lobectomy Patients Show Lateralized Topographical and Episodic Memory Deficits in a Virtual Town," *Brain* 124, no. 12 (2001): 2476–89; doi: 10.1093/brain/124.12.2476.

24 Mary Hegarty et al., "Development of a Self-Report Measure of Environmental Spatial Ability," *Intelligence* 30 (2002): 425–47.

25 Antoine Coutrot et al., "Global Determinants of Navigation Ability," *Current Biology* 28, no. 17 (2018): 2861–66.e4; doi: 10.1016/j.cub.2018.06.009.

26 Tala Salem, "Study: Men Are Better Navigators than Women," *US News and World Report*, May 25, 2018, https://www.usnews.com/news/national-news/articles/2018-05-25/study-men-are-better-navigators-than-women; Fox News, "Men Have a Better Sense of Direction than Women, Study Says," Dec. 8, 2015, https://www.foxnews.com/science/men-have-a-better-sense-of-direction-than-women-study-says.

27 World Bank Group, "Women, Business and the Law 2018" (Washington, DC: World Bank. © World Bank, 2018). https://openknowledge.worldbank.org/handle/10986/29498 License: CC BY 3.0 IGO.

28 Ben Hubbard, "Saudi Arabia Agrees to Let Women Drive," *New York Times*, Sept. 26, 2017.

4장 | 우리 머릿속의 나침반과 격자

1 James B. Ranck Jr., "Foreword: History of the discovery of head direction cells," in *Head Direction Cells and the Neural Mechanisms of Spatial Orientation*, ed. Sidney I. Wiener and Jeffrey S. Taube (Cambridge, MA: MIT Press, 2005).

2 Kashmira Gander, "Endorestiform Nucleus: Scientist Just Discovered a New Part of the Human Brain," *Newsweek.com*, Nov. 22, 2018.

3 Jeffrey S. Taube, Robert U. Muller, and James B. Ranck Jr., "Head-Direction Cells Recorded from the Postsubiculum in Freely Moving Rats. II. Effects of Environmental Manipulations," *Journal of Neuroscience* 10, no. 2 (1990): 436–47; doi: 10.1523/JNEUROSCI.10-02-00436.1990.

4 Misun Kim and Eleanor A. Maguire. "Encoding of 3D Head Direction Information in the Human Brain," *Hippocampus* 29 (2019): 619–29; doi: 10.1002/hipo.23060.

5 Ryan M. Yoder and Jeffrey S. Taube, "The Vestibular Contribution to the Head Direction Signal and Navigation," *Frontiers in Integrative Neuroscience* 8, no. 32 (Apr. 22, 2014), doi: 10.3389/fnint.2014.00032.

6 Paul A. Dudchenko, Emma R. Wood, and Anna Smith, "A New Perspective on the Head Direction Cell System and Spatial Behavior," *Neuroscience and Biobehavioral Reviews* 105 (2019): 24–33; doi: 10.1016/j.neubiorev.2019.06.036.

7 Seralynne D. Vann, John P. Aggleton, and Eleanor Maguire, "What Does the Retrosplenial Cortex Do?," Nature Reviews, *Neuroscience* 10, no. 11 (2009): 792–802; doi: 10.1038/nrn2733.

8 Pierre-Yves Jacob et al., "An Independent, Landmark-dominated Head-Direction Signal in Dysgranular Retrosplenial Cortex," *Nature Neuroscience*

20, no. 2 (2017): 173-75; doi: 10.1038/nn.4465.

9   Hector J. I. Page and Kate J. Jeffery, "Landmark-Based Updating of the Head Direction System by Retrosplenial Cortex: A Computational Model," *Frontiers in Cellular Neuroscience* 12, no. 191 (July 13, 2018), doi: 10.3389/fncel.2018.00191.

10   Torkel Hafting et al., "Microstructure of a spatial map in the entorhinal cortex," *Nature* 436, no. 7052 (2005): 801-6; doi: 10.1038/nature03721.

11   Joshua Jacobs et al., "Direct Recordings of Grid-like Neuronal Activity in Human Spatial Navigation," *Nature Neuroscience* 16, no. 9 (2013): 1188-90; doi: 10.1038/nn.3466.

12   "…you can measure grid cells by fMRI": Christian F. Doeller, Caswell Barry, and Neil Burgess, "Evidence for Grid Cells in a Human Memory Network," *Nature* 463, no. 7281 (2010): 657-61; doi: 10.1038/nature08704.

13   Russell Epstein and Nancy Kanwisher, "A Cortical Representation of the Local Visual Environment," *Nature* 392, no. 6676 (1998): 598-601; doi: 10.1038/33402.

14   Thomas Wolbers et al., "Modality-independent Coding of Spatial Layout in the Human Brain," *Current Biology* 21, no. 11 (2011): 984-89; doi: 10.1016/j.cub.2011.04.038.

15   I saw it: Pierre Mégevand et al., "Seeing Scenes: Topographic Visual Hallucinations Evoked by Direct Electrical Stimulation of the Parahippocampal Place Area," *Journal of Neuroscience* 34, no. 16 (2014): 5399-405; doi: 10.1523/JNEUROSCI.5202-13.2014;

16   Daniel D. Dilks et al., "The Occipital Place Area Is Causally and Selectively Involved in Scene Perception," *Journal of Neuroscience* 33, no. 4 (2013): 1331-36; doi: 10.1523/JNEUROSCI.4081-12.2013.

17   Jean-Pascal Lefaucheur, "Transcranial Magnetic Stimulation," *Handbook of Clinical Neurology* 160 (2019): 559-80; doi: 10.1016/B978-0-444-64032-1.00037-0.

18   Andrew S. Persichetti and Daniel D. Dilks, "Perceived Egocentric Distance Sensitivity and Invariance across Scene-selective Cortex," *Cortex* 77, (2016): 155–63; doi: 10.1016/j.cortex.2016.02.006.

19   Andrew S. Persichetti and Daniel D. Dilks, "Dissociable Neural Systems for Recognizing Places and Navigating through Them," *Journal of Neuroscience* 38, no. 48 (2018): 10295–10304; doi: 10.1523/JNEUROSCI.1200-18.2018.

20   Michael F. Bonner and Russell A. Epstein, "Coding of Navigational Affordances in the Human Visual System," *Proceedings of the National Academy of Sciences of the United States of America* 114, no. 18 (2017): 4793–98; doi: 10.1073/pnas.1618228114.

21   Stephen D. Auger, Sinéad L. Mullally, and Eleanor A. Maguire, "Retrosplenial Cortex Codes for Permanent Landmarks," *PloS One* 7, no. 8 (2012): e43620; doi: 10.1371/journal.pone.0043620.

22   Tadashi Ino et al., "Directional Disorientation Following Left Retrosplenial Hemorrhage: A Case Report with fMRI Studies," *Cortex* 43, no. 2 (2007): 248–54; doi: 10.1016/s0010-9452(08)70479-9.

23   Ritsuo Hashimoto, Yasufumi Tanaka, and Imaharu Nakano, "Heading Disorientation: A New Test and a Possible Underlying Mechanism," *European Neurology* 63, no. 2 (2010): 87–93; doi: 10.1159/000276398.

24   Arthur J. Hudson and Gloria M. Grace, "Misidentification Syndromes Related to Face Specific Area in the Fusiform Gyrus," *Journal of Neurology, Neurosurgery, and Psychiatry* 69, no. 5 (2000): 645–48; doi: 10.1136/jnnp.69.5.645.

25   Louisa Dahmani et al., "An Intrinsic Association between Olfactory Identification and Spatial Memory in Humans," *Nature Communications* 9, no. 1 (Oct. 16, 2018): 4162; doi: 10.1038/s41467-018-06569-4.

26   Zé Henrique T. D. Góis and Adriano B. L. Tort, "Characterizing Speed Cells in the Rat Hippocampus," *Cell Reports* 25, no. 7 (2018): 1872–1884.e4. doi: 10.1016/j.celrep.2018.10.054.

27 Trygve Solstad et al., "Representation of Geometric Borders in the Entorhinal Cortex," *Science* 322, no. 5909 (2008): 1865-68. doi: 10.1126/science.1166466.

28 Patrick A. LaChance, Travis P. Todd, and Jeffrey S. Taube, "A Sense of Space in Postrhinal Cortex," *Science* 365, no. 6449 (2019): eaax4192; doi: 10.1126/science.aax4192.

5장 | 길을 찾도록 진화한 존재

1 Stephen Wroe et al., "Computer Simulations Show That Neanderthal Facial Morphology Represents Adaptation to Cold and High Energy Demands, but Not Heavy Biting," *Proceedings of the Royal Society of Biological Sciences* 285, no. 1876 (2018): 20180085; doi: 10.1098/rspb.2018.0085.

2 Laura T. Buck and Chris B. Stringer. *Homo heidelbergensis*," *Current Biology* 24, no. 6 (2014): R214-15; doi: 10.1016/j.cub.2013.12.048.

3 Aurélien Mounier, François Marchal, and Silvana Condemi, "Is Homo heidelbergensis a Distinct Species? New Insight on the Mauer Mandible," *Journal of Human Evolution* 56, no. 3 (2009): 219-46; doi: 10.1016/j.jhevol.2008.12.006.

4 Günter Bräuer et al., "Virtual Reconstruction and Comparative Analyses of the Middle Pleistocene Apidima 2 Cranium (Greece)," *Anatomical Record* 303, no. 5 (2020): 1374-92; doi: 10.1002/ar.24225.

5 Marie-Hélène Moncel et al., "Early Evidence of Acheulean Settlement in Northwestern Europe—la Noira Site, a 700,000 Year-Old Occupation in the Center of France," *PloS One* 8, no. 11 (Nov. 20, 2013): e75529; doi: 10.1371/journal.pone.0075529.

6 Eva K. F. Chan et al., "Human Origins in a Southern African Palaeo-Wetland and First Migrations," *Nature* 575, no. 7781 (2019): 185-89; doi: 10.1038/s41586-019-1714-1.

7   Nicholas St. Fleur, "In Cave in Israel, Scientists Find Jawbone Fossil from the Oldest Modern Human Out of Africa," *New York Times*, Jan. 25, 2018.

8   Carl Zimmer, "A Skull Bone Discovered in Greece May Alter the Course of Human Prehistory," *New York Times*, July 10, 2019.

9   Ralph Martins, "Was 'Earliest Musical Instrument' Just a Chewed Up Bone?," *National Geographic*, Mar. 31, 2015.

10   John Noble Wilford, "Flutes Revised Age Dates the Sound of Music Earlier," *New York Times*, May 29, 2012.

11   Ariane Burke, "Spatial Abilities, Cognition and the Pattern of Neanderthal and Modern Human Dispersals," *Quaternary International* 247 (2012): 230–35; doi: 10.1016/j.quaint.2010.10.029.

12   Ralph L. Holloway, "New Australopithecine Dndocast, SK 1585, from Swartkrans, South Africa," *American Journal of Physical Anthropology* 37 (1972): 173–85; doi: 10.1002/ajpa.1330370203.

13   Stanislava Eisová, Petr Velemínský, and Emiliano Bruner, "The Neanderthal Endocast from Gánovce (Poprad, Slovak Republic)," *Journal of Anthropological Sciences* 96 (Dec. 31): 139–49; doi: 10.4436/JASS.97005; PMID: 31589589.

14   Sonia O'Connor et al., "Exceptional Preservation of a Prehistoric Human Brain from Heslington, Yorkshire, UK," *Journal of Archaeological Science* 38, no. 7 (2011): 1641–54.

15   Pierpaolo Petrone et al., "Heat-Induced Brain Vitrification from the Vesuvius Eruption in C.E. 79," *New England Journal of Medicine* 382, no. 4 (2020): 383–84; doi: 10.1056/NEJMc1909867.

16   Ralph L. Holloway, "On the Making of Endocasts: The New and the Old in Paleoneurology," in *Digital Endocasts*, ed. Emiliano Bruner, Naomichi Ogihara, and Hiroki C. Tanabe, Replacement of Neanderthals by Modern Humans Series (Tokyo: Springer, 2018), 1–8.

17   Thibaut Bienvenu et al., "Assessing Endocranial Variations in Great Apes and Humans Using 3D data from Virtual endocasts," *American Journal of Physical*

Anthropology 145, no. 2 (2011): 231-46; doi: 10.1002/ajpa.21488.

18 Simon Neubauer, Jean-Jacques Hublin, and Philipp Gunz, "The Evolution of Modern Human Brain Shape," *Science Advances* 4, no. 1 (Jan. 24, 2018): eaao5961; doi: 10.1126/sciadv.aao5961.

19 Lauren R. Moo et al., "Interlocking Finger Test: A Bedside Screen for Parietal Lobe Dysfunction," *Journal of Neurology, Neurosurgery*, and Psychiatry 74, no. 4 (2003): 530-32; doi: 10.1136/jnnp.74.4.530.

20 Manuela Piazza, and Véronique Izard, "How Humans Count: Numerosity and the Parietal Cortex," *Neuroscientist* 15, no. 3 (2009): 261-73; doi: 10.1177/1073858409333073.

21 John B. Issa et al., "Navigating through Time: A Spatial Navigation Perspective on How the Brain May Encode Time," *Annual Review of Neuroscience* 43 (2020): 73-93; doi: 10.1146/annurev-neuro-101419-011117.

22 Sabrina Strang et al., "Neural Correlates of Receiving an Apology and Active Forgiveness: An fMRI Study," *PloS One* 9, no. 2 (Feb. 5, 2014): e87654; doi: 10.1371/journal.pone.0087654.

23 Wataru Sato et al., "The Structural Neural Substrate of Subjective Happiness," *Scientific Reports* 5, no. 16891 (Nov. 20, 2015), doi: 10.1038/srep16891.

24 Frederick L. Coolidge, "The Exaptation of the Parietal Lobes in Homo sapiens," *Journal of Anthropological Sciences* 92 (2014): 295-98; doi 10.4436/JASS.92013.

25 Andreas Schindler and Andreas Bartels, "Parietal Cortex Codes for Egocentric Space beyond the Field of View," *Current Biology* 23, no. 2 (2013): 177-82; doi: 10.1016/j.cub.2012.11.060.

26 Sandra F. Witelson, Debra L. Kigar, and Thomas Harvey, "The Exceptional Brain of Albert Einstein," *Lancet* 353, no. 9170 (1999): 2149-53; doi: 10.1016/S0140-6736(98)10327-6.

27 Thomas Wynn and Frederick L. Coolidge, *How to Think Like a Neandertal* (New York: Oxford University Press, 2013).

28 Notger G. Müller et al., "Repetitive Transcranial Magnetic Stimulation Reveals a Causal Role of the Human Precuneus in Spatial Updating," *Scientific Reports* 8, no. 1 (July 5, 2018): 10171; doi: 10.1038/s41598-018-28487-7.

29 Kyoki Suzuki et al., "Pure Topographical Disorientation Related to Dysfunction of the Viewpoint Dependent Visual System," *Cortex: A Journal Devoted to the Study of the Nervous System and Behavior* 34, no. 4 (1998): 589–99; doi: 10.1016/s0010-9452(08)70516-1.

30 Baruch Arensburg and Anne Marie Tillier, "Speech and the Neanderthals," *Endeavour* 15, no. 1 (1991): 26–28; doi: 10.1016/0160-9327(91)90084-o.

31 Ruggero D'Anastasio et al., "Micro-biomechanics of the Kebara 2 Hyoid and Its Implications for Speech in Neanderthals," *PloS One* 8, no. 12 (Dec. 18, 2013): e82261, doi: 10.1371/journal.pone.0082261.

32 Simon E. Fisher et al., "Localisation of a Gene Implicated in a Severe Speech and Language Disorder," *Nature Genetics* 18, no. 2 (1998): 168–70; doi: 10.1038/ng0298-168.

33 Johannes Krause et al., "The Derived FOXP2 Variant of Modern Humans Was Shared with Neandertals," *Current Biology* 17, no. 21 (2007): 1908–12; doi: 10.1016/j.cub.2007.10.008.

34 Kerri Smith, "Modern Speech Gene Found in Neanderthals," *Nature News*, Oct. 18, 2007, doi: 10.1038/news.2007.177.

35 Thomas Wynn and Frederick L. Coolidge, "The Expert Neandertal Mind," *Journal of Human Evolution* 46, no. 4 (2004): 467–87; doi: 10.1016/j.jhevol.2004.01.005.

36 Fernanda R. Cugola et al., "The Brazilian Zika Virus Strain Causes Birth Defects in Experimental Models," *Nature* 534, no. 7606 (2016): 267–71; doi: 10.1038/nature18296.

37 Martin Kuhlwilm and Cedric Boeckx, "A Catalog of Single Nucleotide Changes Distinguishing Modern Humans from Archaic Hominins," *Scientific Reports* 9, no. 1 (June 11, 2019): 8463; doi: 10.1038/s41598-019-44877-x.

38   Irwin Silverman, Jean Choi, and Michael Peters, "The Hunter-Gatherer Theory of Sex Differences in Spatial Abilities: Data from 40 Countries," *Archives of Sexual Behavior* 36, no. 2 (2007): 261-68; doi: 10.1007/s10508-006-9168-6.

39   Alexander Boone, Xinyi Gong, and Mary Hegarty, "Sex Differences in Navigation Strategy and Efficiency," *Memory & Cognition* 46, no. 6 (2018): 909-22; doi: 10.3758/s13421-018-0811-y.

40   Ascher K. Munion et al., "Gender Differences in Spatial Navigation: Characterizing Wayfinding Behaviors," *Psychonomic Bulletin & Review* 26, no. 6 (2019): 1933-40; doi: 10.3758/s13423-019-01659-w.

41   Alina Nazareth et al., "A Meta-analysis of Sex Differences in Human Navigation Skills," *Psychonomic Bulletin & Review* 26, no. 5 (2019): 1503-28; doi: 10.3758/s13423-019-01633-6.

42   Albert Postma et al., "Losing Your Car in the Parking Lot: Spatial Memory in the Real World," *Applied Cognitive Psychology* 26 (2012): 680-86; doi: 10.1002/acp.2844.

43   Tim Koscik et al., "Sex Differences in Parietal Lobe Morphology: Relationship to Mental Rotation Performance," *Brain and Cognition* 69, no. 3 (2009): 451-49; doi: 10.1016/j.bandc.2008.09.004.

44   Daniel Voyer et al., "Gender Differences in Object Location Memory: A Meta-analysis," *Psychonomic Bulletin & Review* 14, no. 1 (2007): 23-38; doi: 10.3758/bf03194024.

45   Jing Feng, Ian Spence, and Jay Pratt, "Playing an Action Video Game Reduces Gender Differences in Spatial Cognition," *Psychological Science* 18, no. 10 (2007): 850-55; doi: 10.1111/j.1467-9280.2007.01990.x.

46   Norbert Jaušovec and Ksenija Jaušovec, "Sex Differences in Mental Rotation and Cortical Activation Patterns: Can Training Change Them?," *Intelligence* 40, no. 2 (2012): 151-62; doi: 10.1016/j.intell.2012.01.005.

47   Stian Reimers, "The BBC Internet Study: General Methodology," *Archives of*

Sexual Behavior 36 (2007): 147-61; doi: 10.1007/s10508-006-9143-2.

48   Richard A. Lippa, Marcia L. Collaer, and Michael Peters, "Sex Differences in Mental Rotation and Line Angle Judgments Are Positively Associated with Gender Equality and Economic Development across 53 Nations," *Archives of Sexual Behavior* 39, no. 4 (2010): 990-97; doi: 10.1007/s10508-008-9460-8.

49   Jillian E. Lauer, J. E. Eukyung Yhang, and Stella F. Lourenco, "The Development of Gender Differences in Spatial Reasoning: A Meta-analytic Review," *Psychological Bulletin* 145, no. 6: 537-65; doi: 10.1037/bul0000191.

6장 | 수많은 정보를 통합하는 능력

1   Cornelia Buehlmann et al., "Desert Ants Locate Food by Combining High Sensitivity to Food Odors with Extensive Crosswind Runs," *Current Biology* 24, no. 9 (2014): 960-64; doi: 10.1016/j.cub.2014.02.056.

2   Harald Wolf, Matthias Wittlinger, and Sarah E. Pfeffer, "Two Distance Memories in Desert Ants—Modes of Interaction," *PloS One* 13, no. 10 (Oct. 10, 2018): e0204664; doi: 10.1371/journal.pone.0204664.

3   Tobias Seidl and Rüdiger Wehner, "Walking on Inclines: How Do Desert Ants Monitor Slope and Step Length," *Frontiers in Zoology* 5, no. 8 (June 2, 2008); doi: 10.1186/1742-9994-5-8.

4   Sandra Wohlgemuth, Bernhard Ronacher, and Rüdiger Wehner, "Ant Odometry in the Third Dimension," *Nature* 411, no. 6839 (2001): 795-98; doi: 10.1038/35081069.

5   Matthias Wittlinger, Rüdiger Wehner, and Harald Wolf, "The Desert Ant Odometer: A Stride Integrator That Accounts for Stride Length and Walking Speed," *Journal of Experimental Biology* 210, pt. 2 (2007): 198-207; doi: 10.1242/jeb.02657.

6   Thomas Nørgaard, Yakir L. Gagnon, and Eric J. Warrant, "Nocturnal Homing: Learning Walks in a Wandering Spider?," *PloS One* 7, no. 11 (2012): e49263; doi: 10.1371/journal.pone.0049263.

7   Mandyam V. Srinivasan, "Going with the Flow: A Brief History of the Study of the Honeybee's Navigational 'Odometer,'" *Journal of Comparative Physiology A, Neuroethology, Sensory, Neural, and Behavioral Physiology* 200, no. 6 (2014): 563-73; doi: 10.1007/s00359-014-0902-6.

8   Tali Kimchi, Ariane S. Etienne, and Joseph Terkel, "A Subterranean Mammal Uses the Magnetic Compass for Path Integration," *Proceedings of the National Academy of Sciences of the United States of America* 101, no. 4 (2004): 1105-9; doi: 10.1073/pnas.0307560100.

9   Gal Aharon, Meshi Sadot, and Yossi Yovel, "Bats Use Path Integration Rather Than Acoustic Flow to Assess Flight Distance along Flyways," *Current Biology* 27, no. 23 (2017): 36503657.e3; doi: 10.1016/j.cub.2017.10.012.

10   Valérie V. Séguinot, Jennifer Cattet, and Simon Benhamou, "Path Integration in Dogs," *Animal Behaviour* 55, no. 4 (1998): 787-97; doi: 10.1006/anbe.1997.0662.

11   Charles Darwin, "Origin of Certain Instincts," *Nature* 7 (1873): 417-18; doi: 10.1038/007417a0.

12   Jack M. Loomis et al., "Nonvisual Navigation by Blind and Sighted: Assessment of Path Integration Ability," *Journal of Experimental Psychology General* 122, no. 1 (1993): 73-91; doi: 10.1037//0096-3445.122.1.73.

13   Panagiotis Koukourikos and Konstantinos Papadopoulos, "Development of Cognitive Maps by Individuals with Blindness Using a Multisensory Application," *Procedia Computer Science* 67 (2015): 213-22; doi: 10.1016/j.procs.2015.09.265.

14   Elizabeth R. Chrastil et al., "Individual Differences in Human Path Integration Abilities Correlate with Gray Matter Volume in Retrosplenial Cortex, Hippocampus, and Medial Prefrontal Cortex," *eNeuro* 4,

no. 2, ENEURO.0346-16.2017 (Apr. 17, 2017); doi: 10.1523/ENEURO.0346-16.2017.

15 Thomas Wolbers et al., "Differential Recruitment of the Hippocampus, Medial Prefrontal Cortex, and the Human Motion Complex during Path Integration in Humans," *Journal of Neuroscience* 27, no. 35 (2007): 9408-16; doi: 10.1523/JNEUROSCI.2146-07.2007.

16 Frederico A. C. Azevedo et al., "Equal Numbers of Neuronal and Nonneuronal Cells Make the Human Brain an Isometrically Scaled-up Primate Brain," *Journal of Comparative Neurology* 513, no. 5 (2009): 532-41; doi: 10.1002/cne.21974.

17 Henry Fountain, "Hiking Around in Circles? Probably, Study Says," *New York Times*, Aug. 20, 2009.

18 Jan L. Souman et al., "Walking Straight into Circles," *Current Biology* 19, no. 18 (2009): 1538-42; doi: 10.1016/j.cub.2009.07.053.

19 Marie Dacke et al., "How Dung Beetles Steer Straight," *Annual Review of Entomology* 66 (2021): 243-56; doi: 10.1146/annurev-ento-042020-102149.

20 Marie Dacke et al., "Dung Beetles Use the Milky Way for Orientation," *Current Biology* 23, no. 4 (Feb. 18, 2013): 298-300; doi: 10.1016/j.cub.2012.12.034; PMID: 23352694.

7장 | 오직 길 찾기 능력과 관련된 장애

1 Giuseppe Iaria et al., "Developmental Topographical Disorientation: Case One," *Neuropsychologia* 47, no. 1 (2009): 30-40; doi: 10.1016/j.neuropsychologia.2008.08.021.

2 C. Miller Fisher, "Disorientation for Place," *Archives of Neurology* 39, no. 1 (Jan. 1982): 33-36; doi: 10.1001/archneur.1982.00510130035008. PMID: 7055444.

3 Liam Heath McFarlane et al., "A Pilot Study Evaluating the Effects of Concussion on the Ability to Form Cognitive Maps for Spatial Orientation in Adolescent Hockey Players," *Brain Injury* 34, no. 8 (2020): 1112-17; doi: 10.1080/02699052.2020.1773537.

4 Jiye G. Kim et al., "A Neural Basis for Developmental Topographic Disorientation," *Journal of Neuroscience* 35, no. 37, 2015, 12954-69; doi: 10.1523/JNEUROSCI.0640-15.2015.

5 Alex Mitko and Jason Fischer, "When It All Falls Down: The Relationship between Intuitive Physics and Spatial Cognition," *Cognitive Research* 5, no. 24 (May 19, 2020); doi: 10.1186/s41235-020-00224-7.

6 Ford Burles et al., "The Emergence of Cognitive Maps for Spatial Navigation in 7- to 10-Year-Old Children," *Child Development* 91, no. 3 (2020): e733-e744; doi: 10.1111/cdev.13285.

7 Giuseppe Iaria et al., "Developmental Topographical Disorientation and Decreased Hippocampal Functional Connectivity," *Hippocampus* 24, no. 11 (2014): 1364-74; doi: 10.1002/hipo.22317.

8 Giuseppe Iaria and Jason J. S. Barton, "Developmental Topographical Disorientation: A Newly Discovered Cognitive Disorder," *Experimental Brain Research* 206 (2010): 189-96; doi: 10.1007/s00221-010-2256-9.

9 Sarah F. Barclay et al., "Familial Aggregation in Developmental Topographical Disorientation (DTD)," *Cognitive Neuropsychology* 33, no. 7-8 (2016): 388-97; doi: 10.1080/02643294.2016.1262835.

10 Erik Oudman et al., "Route Learning in Korsakoff's Syndrome: Residual Acquisition of Spatial Memory Despite Profound Amnesia," *Journal of Neuropsychology* 10, no. 1 (2016): 90-103; doi: 10.1111/jnp.12058.

11 Georgios P. D. Argyropoulos et al., "The Cerebellar Cognitive Affective/Schmahmann Syndrome: A Task Force Paper," *Cerebellum* 19, no. 1 (2020): 102-25; doi: 10.1007/s12311-019-01068-8.

12 David Hong, Jamie Scaletta Kent, and Shelli Kesler, "Cognitive Profile of

Turner Syndrome," *Developmental Disabilities Research Reviews* 15, no. 4 (2009): 270-78; doi: 10.1002/ddrr.79.

13 Michael McLaren-Gradinaru et al., "A Novel Training Program to Improve Human Spatial Orientation: Preliminary Findings," *Frontiers in Human Neuroscience* 14, no. 5 (Jan. 24, 2020); doi: 10.3389/fnhum.2020.00005.

8장 | 유전자에 새겨지는 경험

1 Benjamin C. Trumble et al., "No Sex or Age Difference in Dead-Reckoning Ability among Tsimane Forager-Horticulturalists," *Human Nature* 27, no. 1 (2016): 51-67; doi: 10.1007/s12110-015-9246-3.

2 Jenny Gu and Ryota Kanai, "What Contributes to Individual Differences in Brain Structure?," *Frontiers in Human Neuroscience* 8, no. 262 (Apr. 28, 2014); doi: 10.3389/fnhum.2014.00262.

3 Evan M. Gordon et al., "Precision Functional Mapping of Individual Human Brains," *Neuron* 95, no. 4 (2017): 791-807.e7; doi: 10.1016/j.neuron.2017.07.011.

4 Seyed Abolfazl Valizadeh et al., "Identification of Individual Subjects on the Basis of Their Brain Anatomical Features," *Scientific Reports* 8, no. 5611 (Apr. 4, 2018); doi: 10.1038/s41598-018-23696-6.

5 Alberto Llera et al., "Inter-individual Differences in Human Brain Structure and Morphology Link to Variation in Demographics and Behavior," *eLife* 8 (July 3, 2019): e44443; doi: 10.7554/eLife.44443.

6 Yuta Katsumi et al., "Intrinsic Functional Network Contributions to the Relationship between Trait Empathy and Subjective Happiness," *NeuroImage* 227, no. 117650 (2021); doi: 10.1016/j.neuroimage.2020.117650.

7 Joaquim Radua, "Frontal Cortical Thickness, Marriage and Life Satisfaction," *Neuroscience* 384 (2018): 417-18; doi: 10.1016/j.neuroscience.2018.05.044.

8 Wataru Sato et al., "Resting-State Neural Activity and Connectivity

Associated with Subjective Happiness," *Scientific Reports* 9, no. 12098 (Aug. 20, 2019), doi: 10.1038/s41598-019-48510-9.

9   Kaili Rimfeld et al., "Phenotypic and Genetic Evidence for a Unifactorial Structure of Spatial Abilities," *Proceedings of the National Academy of Sciences of the United States of America* 114, no. 10 (2017): 2777-82; doi: 10.1073/pnas.1607883114.

10   Margherita Malanchini et al., "Evidence for a Unitary Structure of Spatial Cognition beyond General Intelligence," *NPJ Science of Learning* 5, no. 9 (July 2, 2020), doi: 10.1038/s41539-020-0067-8.

11   Kaili Rimfeld et al., "The Stability of Educational Achievement across School Years Is Largely Explained by Genetic Factors," *NPJ Science of Learning* 3, no. 16 (Sept. 4, 2018), doi: 10.1038/s41539-018-0030-0.

12   "Follow Thierry 1," YouTube video, 2:04, posted by O-Portugal, March 16, 2017, https://www.youtube.com/watch?v=p-Hp-SLhmZ8.

13   Frances H. Rauscher, Gordon L. Shaw, and Katherine N. Ky, "Music and Spatial Task Performance," *Nature* 14, no. 365 (Oct. 14, 1993): 611; doi: 10.1038/365611a0; PMID: 8413624.

14   Kenneth M. Steele et al., "Prelude or Requiem for the 'Mozart Effect'?," *Nature* 400, no. 6747 (1999): 827-28; doi: 10.1038/23611.

15   Hanyu Lin and Hui Yueh Hsieh, "The Effect of Music on Spatial Ability," in *Internationalization, Design and Global Development. IDGD 2011. Lecture Notes in Computer Science*, vol. 6775, ed. P. L. Patrick Rau (Berlin and Heidelberg: Springer, 2011).

16   Frances H. Rauscher, Desix Robinson, and Jason Jens, "Improved Maze Learning through Early Music Exposure in Rats," *Neurological Research* 20, no. 5 (1998): 427-32; doi: 10.1080/01616412.1998.11740543.

17   Sun-Young Lim and Hiramitsu Suzuki, "Changes in Maze Behavior of Mice Occur after Sufficient Accumulation of Docosahexaenoic Acid in Brain," *Journal of Nutrition* 131, no. 2 (2001): 319-24; doi: 10.1093/jn/131.2.319.

18 Kenneth M. Steele, "Do Rats Show a Mozart Effect?," *Music Perception* 21, no. 2 (Dec. 2003): 251-65, doi: 10.1525/mp.2003.21.2.251; Kenneth M. Steele, Karen E. Bass, and Melissa D. Crook, "The Mystery of the Mozart Effect: Failure to Replicate," *Psychological Science* 10, no. 4 (1999): 366-69; doi: 10.1111/1467-9280.00169.

19 Jakob Pietschnig, Martin Voracek, and Anton K. Formann, "Mozart Effect– Shmozart Effect: A Meta-Analysis," *Intelligence* 28, no. 3 (2010): 314-23; doi: 10.1016/j.intell.2010.03.001.

20 Gottfried Schlaug et al., "Increased Corpus Callosum Size in Musicians," *Neuropsychologia* 33, no. 8 (1995): 1047-55; doi: 10.1016/0028-3932(95)00045-5.

21 Bogdan Draganski et al., "Neuroplasticity: Changes in Grey Matter Induced by Training," *Nature* 427, no. 6972 (2004): 311-12; doi: 10.1038/427311a.

22 Sayuri Hayakawa and Viorica Marian, "Consequences of Multilingualism for Neural Architecture," *Behavioral and Brain Functions* 15, no. 6 (Mar. 25, 2019); doi: 10.1186/s12993-019-0157-z.

23 Timothy A. Keller and Marcel Adam Just, "Structural and Functional Neuroplasticity in Human Learning of Spatial Routes," *Neuroimage* 125 (Jan. 15, 2016): 256-66; doi: 10.1016/j.neuroimage.2015.10.015; PMID: 26477660.

24 Minghui Wang et al., "Improved Spatial Memory Promotes Scatter Hoarding by Siberian Chipmunks," *Journal of Mammalogy* 99, no. 5 (Oct. 10, 2018): 1189-96; doi: 10.1093/jmammal/gyy109.

25 Katherine Woollett and Eleanor A. Maguire, "Navigational Expertise May Compromise Anterograde Associative Memory," *Neuropsychologia* 47, no. 4 (2009): 1088-95; doi: 10.1016/j.neuropsychologia.2008.12.036.

26 Peggy Li et al., "Spatial Reasoning in Tenejapan Mayans," *Cognition* 120, no. 1 (2011): 33-53. doi: 10.1016/j.cognition.2011.02.012.

27 Guy Deutscher, "Does Your Language Shape How You Think?," *New York*

Times, Aug. 26, 2010.

28 Sinisa Hrvatin et al., "Single-Cell Analysis of Experience-Dependent Transcriptomic States in the Mouse Visual Cortex," *Nature Neuroscience* 21, no. 1 (2018): 120-29. doi: 10.1038/s41593-017-0029-5.

29 Claudio Aporta and Eric Higgs, "Satellite Culture: Global Positioning Systems, Inuit Wayfinding, and the Need for a New Account of Technology," *Current Anthropology* 46, no. 5 (2005): 729-53.

9장 | GPS와 내비게이션, 그리고 쪼그라드는 뇌

1 Iceland Magazine, "American Traveler Who Became Famous for Getting Lost in Iceland Announces His Return," Feb 6, 2017; https://icelandmag.is/tags/noel-santillan.

2 Peter Holley, "Driver Follows GPS off Demolished Bridge, Killing Wife, Police Say," *Washington Post*, Mar. 31, 2015.

3 Lorna Dueck, "Seven Weeks in Wilderness: Rita Chretien Recalls Her Nightmare," *Globe and Mail*, Oct. 4, 2012.

4 Michelle Lou, "Nearly 100 Drivers Followed a Google Maps Detour—and Ended Up Stuck in an Empty Field," CNN, June 27, 2019, https://edition.cnn.com/2019/06/26/us/google-maps-detour-colorado-trnd/index.html?no-st=1561671662.

5 BBC, "Swedes Miss Capri after GPS Gaffe," July 28, 2009, http://news.bbc.co.uk/2/hi/europe/8173308.stm.

6 Allen Yilun Lin et al., "Understanding 'Death by GPS': A Systematic Study of Catastrophic Incidents Associated with Personal Navigation Technologies," *Proceedings of the 2017 CHI Conference on Human Factors in Computing Systems*, Association for Computing Machinery, 1154-66; doi: 10.1145/3025453.3025737.

7 Alex Davies, "A Woman Drove 900 miles instead of 50 because of Bad GPS

Directions," *Business Insider*, Jan. 16, 2013, https://www.businessinsider.com/gps-gives-wrong-directions-to-woman-2013-1.

8   BBC, "GPS Fail on Bus Sends Belgian Tourists on 1200km Detour," Mar. 10, 2015, https://www.bbc.com/news/world-europe-31814083#:~:text=A%20group%20of%20Belgian%20tourists,to%20France's%20border%20with%20Spain.

9   Guelph Mercury, "GPS to Ontario Driver: Make Left Turn into Swamp, Wait on Roof for an Hour," Oct. 6, 2010, https://www.guelphmercury.com/news-story/2704021-gps-to-ontario-driver-make-left-turn-into-swamp-wait-on-roof-for-an-hour/.

10   CBC News, "GPS-stranded Driver Stuck in Snow for 3 Days," Mar. 3, 2011, https://www.cbc.ca/news/canada/new-brunswick/gps-stranded-driver-stuck-3-days-in-snow-1.993878.

11   Claudio Aporta and Eric Higgs, "Satellite Culture: Global Positioning Systems, Inuit Wayfinding, and the Need for a New Account of Technology," *Current Anthropology* 46, no. 5 (2005): 729-53.

12   Louisa Dahmani and Véronique D. Bohbot, "Habitual Use of GPS Negatively Impacts Spatial Memory during Self-guided Navigation," *Scientific Reports* 10, no. 6310 (Apr. 14, 2020), doi: 10.1038/s41598-020-62877-0.

13   Antoine Coutrot et al., "Cities Have a Negative Impact on Navigation Ability: Evidence from 38 Countries," *bioRxiv*, Jan. 24, 2020, doi: 10.1101/2020.01.23.917211.

14   David Kushner, "Is Your GPS Scrambling Your Brain?," *Outside Magazine*, Nov. 15, 2016.

15   Klaus Gramann, Paul Hoepner, and Katja Karrer-Gauss, "Modified Navigation Instructions for Spatial Navigation Assistance Systems Lead to Incidental Spatial Learning," *Frontiers in Psychology* 8, no. 193 (Feb. 13, 2017), doi: 10.3389/fpsyg.2017.00193.

16   Anna Wunderlich and Klaus Gramann, "Brain Dynamics of Assisted

Pedestrian Navigation in the Real-World," *bioRxiv* 2020.06.08.139469 (June 8, 2020), doi: 10.1101/2020.06.08.139469.

10장 | 어맨다 엘러, 길을 찾다

1   Personal communication with one of Eller's rescuers, Javier Cantellops, Sept. 2020.

2   Naia Carlos, "This Is How Missing Hiker Amanda Eller Survived Two Weeks in Hawaii Forest," *Tech Times*, May 27, 2019, https://www.techtimes.com/articles/243783/20190527/this-is-how-missing-hiker-amanda-elle-survived-two-weeks-in-hawaii-forest.htm.

3   Breena Kerr, "Amanda Eller, Hiker Lost in Hawaii Forest, Is Found Alive after 17 Days," *New York Times*, May 25, 2019.

4   Amir-Homayoun Javadi et al., "Backtracking during Navigation Is Correlated with Enhanced Anterior Cingulate Activity and Suppression of Alpha Oscillations and the 'Default-mode' Network," *Proceedings of the Royal Society of Biological Sciences* 286, no. 1908 (2019): 20191016, doi: 10.1098/rspb.2019.1016.

5   Heather Burte and Daniel R Montello, "How Sense-of-Direction and Learning Intentionality Relate to Spatial Knowledge Acquisition in the Environment," *Cognitive Research* 2, no. 1 (2017): 18; doi: 10.1186/s41235-017-0057-4.

부록 1 야생에서 길을 잃었을 때 해야 하는 일

1   Robert Koester, *Lost Person Behavior* (Charlottesville, VA, dbS Productions LLC, 2008).

2   Jared Doke, "Analysis of Search Incidents and Lost Person Behavior in Yosemite National Park," Kansas University graduate degree thesis, 2012,

https://kuscholarworks.ku.edu/bitstream/handle/1808/10846/Doke_ku_0099M_12509_DATA_1.pdf?sequence=1&isAllowed=y.

찾아보기

옮긴이 **홍경탁**

카이스트 전기 및 전자공학과를 졸업하고 대학원에서 경영과학 석사학위를 받았다. 이후 대기업 연구소와 벤처기업에서 연구원으로 일했다. 그동안 해보지 못했던 일을 찾던 중에 번역의 매력에 빠져 번역가의 길을 걷게 되었다. 《공기의 연금술》《폭염 사회》《길 잃은 사피엔스를 위한 뇌과학》《우아한 방어》《데이터 자본주의》《콜드 스타트》등을 번역했다.

뇌, 가장 위대한 내비게이션

길을 찾는 평범한 능력은 어떻게 인간의 지능을 확장하는가

초판 1쇄 인쇄 2024년 4월 16일
초판 1쇄 발행 2024년 4월 24일

지은이 크리스토퍼 켐프
옮긴이 홍경탁
펴낸이 최순영

출판2 본부장 박태근
지적인 독자 팀장 송두나
편집 김광연
디자인 조은덕

펴낸곳 ㈜위즈덤하우스 **출판등록** 2000년 5월 23일 제13-1071호
주소 서울특별시 마포구 양화로 19 합정오피스빌딩 17층
전화 02) 2179-5600 **홈페이지** www.wisdomhouse.co.kr

ISBN 979-11-7171-182-6 03400